“十四五”职业教育国家规划教材

高等职业教育数字艺术设计
新形态一体化教材

U0886227

# VRay 6.0+3ds Max 2024 室内效果图案例教程（第3版）

VRay 6.0 + 3ds Max 2024

Shinei Xiaoguotu Anli Jiaocheng

李　涛　组　编

蔡丽芬　刁俊琴　付景珊　主　编

徐　霞　马士伟　刘花丽　张梦帆　副主编

中国教育出版传媒集团

高等教育出版社·北京

内容提要

本书为“十四五”职业教育国家规划教材，也是高等职业教育数字艺术设计新形态一体化教材。

本书全面、系统地介绍VRay 6.0与3ds Max 2024的基本操作方法和室内效果图的制作技巧，内容包括室内效果图制作流程，3ds Max 2024的建模、材质模拟、灯光布置，使用VRay 6.0进行渲染，现代风格及田园风格客厅的表现，简欧风格卫生间的表现，封闭空间的表现，综合办公室空间的表现和前台接待大厅的表现。

本书配有微课视频、授课用PPT、案例素材、习题答案等丰富的数字化学习资源。与本书配套的数字课程“VRay+3ds Max室内效果案例”在“智慧职教”平台（www.icve.com.cn）上线，学习者可登录平台进行在线学习，授课教师可调用本课程构建符合自身教学特色的SPOC课程，详见“智慧职教”服务指南。授课教师也可登录“高等教育出版社产品信息检索系统”（xuanshu.hep.com.cn）搜索并下载本书配套教学资源，首次使用本系统的用户，请先进行注册并完成教师资格认证。

本书可作为高等职业院校艺术设计类和建筑类专业相关课程的教材，也可作为相关培训机构的教学用书，还可作为室内设计爱好者的自学用书。

**图书在版编目（CIP）数据**

VRay 6.0+3ds Max 2024室内效果图案例教程 / 李涛组编；蔡丽芬，刁俊琴，付景珊主编. -- 3版. -- 北京：高等教育出版社，2024.8

ISBN 978-7-04-061967-6

Ⅰ. ①V… Ⅱ. ①李… ②蔡… ③刁… ④付… Ⅲ. ①室内装饰设计-计算机辅助设计-三维动画软件-高等职业教育-教材 Ⅳ. ①TU238-39

中国国家版本馆CIP数据核字（2024）第053408号

VRay 6.0+3ds Max 2024 Shinei Xiaoguotu Anli Jiaocheng

策划编辑 刘子峰　　责任编辑 刘子峰 柴佳昭　　封面设计 杨立新　　版式设计 杜微言
责任校对 吕红颖　　责任印制 耿 轩

| | | | |
|---|---|---|---|
| 出版发行 | 高等教育出版社 | 网　　址 | http://www.hep.edu.cn |
| 社　　址 | 北京市西城区德外大街4号 | | http://www.hep.com.cn |
| 邮政编码 | 100120 | 网上订购 | http://www.hepmall.com.cn |
| 印　　刷 | 捷鹰印刷（天津）有限公司 | | http://www.hepmall.com |
| 开　　本 | 850mm×1168mm 1/16 | | http://www.hepmall.cn |
| 印　　张 | 13.5 | 版　　次 | 2015年3月第1版 |
| 字　　数 | 350千字 | | 2024年8月第3版 |
| 购书热线 | 010-58581118 | 印　　次 | 2024年8月第1次印刷 |
| 咨询电话 | 400-810-0598 | 定　　价 | 59.80元 |

本书如有缺页、倒页、脱页等质量问题，请到所购图书销售部门联系调换
版权所有 侵权必究
物 料 号 61967-00

# “智慧职教”服务指南

“智慧职教”（www.icve.com.cn）是由高等教育出版社建设和运营的职业教育数字教学资源共建共享平台和在线课程教学服务平台，与教材配套课程相关的部分包括资源库平台、职教云平台和App等。用户通过平台注册，登录即可使用该平台。

● 资源库平台：为学习者提供本教材配套课程及资源的浏览服务。

登录“智慧职教”平台，在首页搜索框中搜索“VRay+3ds Max室内效果案例”，找到对应作者主持的课程，加入课程参加学习，即可浏览课程资源。

● 职教云平台：帮助任课教师对本教材配套课程进行引用、修改，再发布为个性化课程（SPOC）。

1. 登录职教云平台，在首页单击“新增课程”按钮，根据提示设置要构建的个性化课程的基本信息。

2. 进入课程编辑页面设置教学班级后，在“教学管理”的“教学设计”中“导入”教材配套课程，可根据教学需要进行修改，再发布为个性化课程。

●App：帮助任课教师和学生基于新构建的个性化课程开展线上线下混合式、智能化教与学。

1. 在应用市场搜索“智慧职教icve”App，下载安装。

2. 登录App，任课教师指导学生加入个性化课程，并利用App提供的各类功能，开展课前、课中、课后的教学互动，构建智慧课堂。

“智慧职教”使用帮助及常见问题解答请访问help.icve.com.cn。

# 系列教材序言——奔赴未来

一件好的作品，技术决定下限，审美决定上限。技能的训练如铁杵磨针，日久方见功力；美感的培养则需要博观约取，厚积才能薄发。优秀的作品哪怕表面上只有寥寥几笔，背后却蕴藏着创作者的眼界、见地和训练的积累。而正是艺术和技术的结合，让人脱颖而出。

身处数字时代，职业技能的学习掌握是生存的基本条件之一。图像表达既需要艺术的体验，也需要技术的习得。技能起到的支撑作用，可以让创意得以实现，是谓从心所欲而不逾矩。如何打造一套数字艺术设计新形态一体化系列教材，让学习者达到艺技双得、心手双畅的程度，是这套教材的构思初心。

如何围绕典型工作任务进行分析，将工作领域转换为学习领域，从而构建科学实用的理实一体化教学过程，继而设计出具有科学性、职业性的学习情境，既是培养学生工作能力的前提，也是职业教育改革关注的难点。

我们从行业、产业以及头部企业对专业人才的需求入手，对相应岗位群所需进行调研分析，经过历次研讨，明确了技能与专业的职业领域，分析了对应工作岗位的工作任务。按照学生的认知规律，将具有教学价值的典型工作任务设计为教学技能包，通过专业课程体系、工作情境再现等方式，完成了从工作任务到技能提取再到教学实践的三重转换。

在这一过程中，我们避免软件说明或案例罗列式的旧形态，在技能梳理上秉承“少即多，多则惑”的理念，力求更加简洁、准确，将传授“方法”和获取“技能”作为本套教材的核心，最终“磨”出了这套教材。希望教材的最终呈现能够符合构思它的初衷。

这是个充满机会的世界，作为数字艺术设计类学科的学生，用面向未来的技能武装自己，做一个丰沛热情的人、敢于实践的人，将永远不会缺少舞台。愿大家摒弃浮躁，脚踏实地，带着开放的心，做一个新时代的水手，乘风破浪，奔赴未知的码头，构建全新的未来。

系列教材主编　李涛

于北京

# 前言

## 本书介绍

本书为“十四五”职业教育国家规划教材。全书从理论到案例都进行了较详尽的叙述，内容由浅入深，全面覆盖目前数字媒体技术领域应用非常广泛的三维制作软件3ds Max和渲染器VRay的相关知识及其在建筑及室内效果设计中的应用。全书共9章，主要内容如下：

第1章　建筑效果图快速入门，旨在让读者快速地了解建筑及室内设计效果图的制作流程，为后面的学习奠定良好的基础。

第2章　VRay基本功能与使用技巧详解，采用“理论叙述+对比测试”的讲解模式，帮助读者全面掌握VRay中各参数的含义及使用方法。

第3章　材质与贴图技术，详细讲解金属、玻璃、瓷器、布料、石料、木料等材质的质感表现，包括材质设置、渲染设置、后期处理等。

第4章　现代风格客厅表现，对材质、灯光及渲染等内容进行详细而深入的讲解。

第5章　田园风格客厅表现，介绍物理摄像机的使用、室内空间的把握以及后期调整清新感觉的方法。

第6章　简欧风格卫生间表现，系统介绍如何利用VRay来调整光影空间中的明暗对比关系。

第7章　封闭空间——中式厨房表现，详细讲解使用VRay处理封闭空间中风格和光影之间相互融合关系的技术。

第8章和第9章，通过综合办公室空间和前台接待大厅这两个典型的室内设计案例，讲解工装空间的表现方法和相关技巧。

本书的精彩设计案例融入了编者丰富的设计经验和教学心得，旨在帮助读者全方位了解行业规范、设计原则和表现手法，提高实战能力，以灵活应对不同工作需求。整个学习流程联系紧密、环环相扣、一气呵成，可让读者在轻松的学习过程中享受成功的乐趣。

## 主要修订内容

随着软件版本及相关技术的不断更新和设计内容的不断丰富，为了满足数字艺术设计技术技能人才培养需求，推进党的二十大精神进教材、进课堂、进头脑，同时及时反映产业升级和行业发展动态，编者紧跟设计行业理念、技术发展，并结合目前最新的数字艺术类课程教改成果，从以下几个方面对第2版教材内容进行了修订。

1. 软件版本升级为VRay 6.0+3ds Max 2024，增加部分新功能讲解，更新并优化了案例的操作步骤介绍，同步录制了更加精美的微课视频，手机扫描二维码即可学习。

2. 在各章现有学习要求的基础上，深入挖掘建筑及室内效果设计师应当具备的核心能力与素养，在每章首页通过二维码的形式进行教学指引，重点培养学生的美学修养与艺术表达能力、艺术创新创作思维、职业道德与工匠精神、文化自信与文化传承精神等基本职业素养，落实新时代德才兼备的高素质艺术设计类人才培养要求。

3．在各章知识讲解、案例分析中更新或补充了大量具有中国传统建筑特色或者能展现当代中式室内设计风格的案例作品，并通过如“北京老字号”店铺设计专题介绍，引导学生认知社会、体察生活，从了解老字号所蕴含的文化和历史价值，到探索与城市发展内涵相符的设计理念和手法。通过这种兴文化、展形象的方式提炼展示中华文明的精神标识和文化精髓，增强学生的文化自信与美学修为，并激发其文化创新创造活力，为推动我国文化事业和文化产业的繁荣发展奠定人才培养坚实基础。

4．在附录部分补充了与平面设计相关的1+X职业技能等级标准及证书简要介绍，体现书证融通特色，方便教师按照章节结构灵活安排课时，强化职业技能培养在当代文化文艺人才队伍建设中的关键作用，并体现高素质技术技能人才的自主培养特色。

5．丰富了配套实训和课后练习，新增了更多教学资源并同步更新了在线数字课程，推动现代信息技术与教育教学的深度融合，落实国家文化数字化战略要求。

## 配套教学资源

本书提供了丰富的融媒体教学资源，包括教学课件（PPT）、高质量微课视频、案例和拓展训练的素材及源文件、课后练习答案等。微课视频以二维码形式在书中相应位置出现，随扫随学，以强化学习效果。通过众多的配套资源，希望能为广大师生在“教”与“学”之间铺垫出一条更加平坦的道路，力求使每一位读者通过本书的学习均可达到一定的职业技能水平。

本书由李涛组编，蔡丽芬、刁俊琴、付景珊担任主编，徐霞、马士伟、刘花丽、张梦帆担任副主编，参与编写的还有江宏宇、谢明天和曹珣。

由于编者水平有限，疏漏之处在所难免，恳请广大读者批评指正。

编　者

2024年5月

# Chapter 1 建筑效果图快速入门

# Chapter 2 VRay基本功能与使用技巧详解



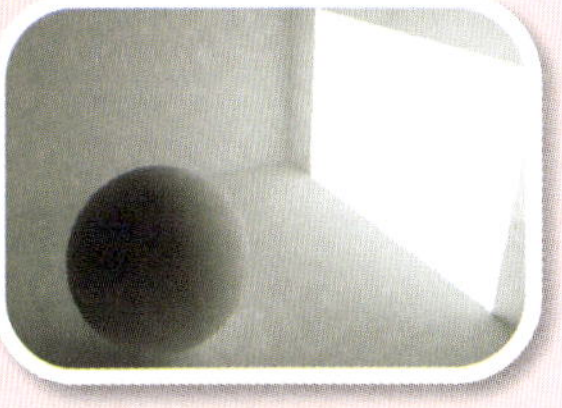

# Chapter 3 材质与贴图技术

# Chapter 4 现代风格客厅表现

# Chapter 5 田园风格客厅表现

# Chapter 6 简欧风格卫生间表现



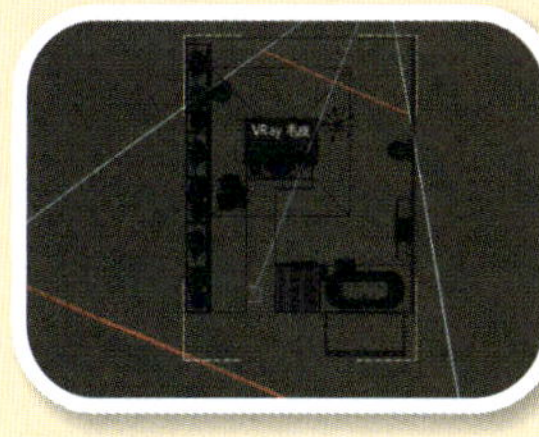

# Chapter 7 封闭空间——中式厨房表现

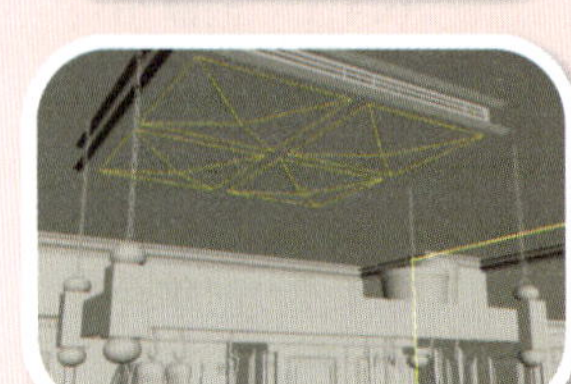

# Chapter 8 综合办公室空间表现



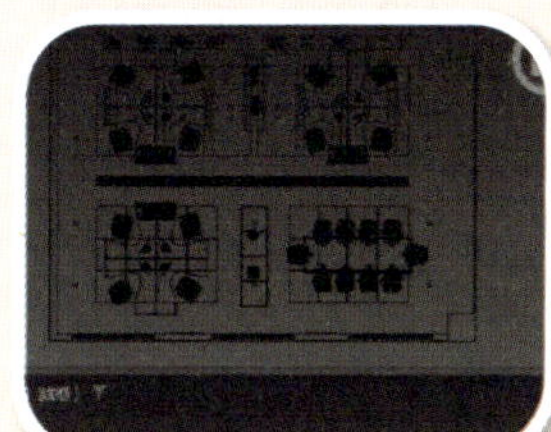

# Chapter 9 前台接待大厅表现

Chapter 1

# 建筑效果图快速入门

建筑效果图的表现涉及方方面面，包括图纸、模型、材质、灯光、渲染和后期等。要让这些工作有条不紊地进行，设计师们必定需要成熟稳定的工作平台。本章将着重介绍制作三维效果图必备的工作软件和效果图的表现流程。

| 学习要求 | 知识点 | 学习目标 | | | |
|---|---|---|---|---|---|
| | | 了解 | 应用 | 创新 | 重点知识 |
| | 行业分析 | 🚩 | | | |
| | 效果图制作相关软件 | | 🚩 | | |
| | 3ds Max 2024的工作界面 | | 🚩 | | |
| | 渲染设置 | | | | 🚩 |
| | 灯光设置 | | | | 🚩 |
| | 材质模拟 | | | | 🚩 |
| | 最终渲染 | | 🚩 | | |
| | 后期处理 | | 🚩 | | |

能力与素养目标

# 1.1 建筑效果图表现概述

建筑效果图表现根据表现的主体可以细分为建筑外观表现、室内效果图表现、庭院景观表现等。建筑效果图表现的方式也多种多样，有手绘设计、计算机制图、沙盘模型等。图1-1所示为手绘效果图。在本书中，将建筑效果图表现狭义地定义为在计算机中使用三维软件进行建模、材质制作、灯光设置并渲染出图的一系列工作流程。图1-2所示为使用三维软件制作的建筑效果图作品。

图 1—1

图 1—2

## 1.1.1 行业分析

建筑效果图行业是指提供建筑设计效果图服务的产业，其客户包括房地产开发商、室内设计师、装修公司等。随着人们对居住环境品质的要求不断提高，建筑设计效果图在装修过程中的重要性也越来越突出。同时，随着互联网的普及和技术的发展，效果图行业也在不断壮大。以下是对建筑效果图行业的一些分析。

1. 市场规模和增长潜力

建筑效果图行业的市场规模正在不断扩大，市场研究机构的数据显示，全球建筑设计市场规模目前已经达到万亿美元级别，而且未来还有较大的增长潜力。其中，中国的建筑设计市场也在不断扩大，行业发展迅速。

2. 竞争格局

建筑效果图行业的竞争比较激烈，行业内存在大量的中小型企业和个体户，大型企业正在不断崛起。同时，互联网企业的加入也加剧了行业的竞争。

3. 技术和人才

随着计算机图形学技术和三维建模技术的发展，效果图制作的技术门槛也在不断提高。因此，行业内对于技术人才的需求也越来越高，但同时，也存在一定的人才流失现象。目前，大多数建筑效果图企业采用自主研发或外包方式获取技术支持。

4. 未来趋势

未来建筑效果图行业将继续保持增长，大型企业的市场份额将会继续扩大。同时，行业将会更加注重技术创新和人才培养。随着人工智能、虚拟现实等技术的发展，效果图的制作将会更加智能化、精细化，为客户提供更好的服务。

## 1.1.2 效果图制作相关软件

学习效果图制作之前，不仅要了解建筑效果图的制作流程，还要清楚流程中各个环节需要用到的制作软件。就目前而言，效果图涉及的常用软件有AutoCAD、3ds Max、VRay和Photoshop。

### 1. AutoCAD 2024：图纸处理

AutoCAD是一款建筑制图软件，主要用来制作工程图纸。图纸处理的主要目的是将详细的设计方案简化为建模参考图。效果图制作是把设计师的设计方案具象化的过程，所以在制作效果图之前，通常要获取详细的设计方案，然后根据建模需要进行图纸处理。AutoCAD的图纸都是由二维线条构成的，但是能如实表达建筑师的思想。图1–3所示为AutoCAD的启动界面，工作界面如图1–4所示，图纸样本如图1–5所示。

图 1–3

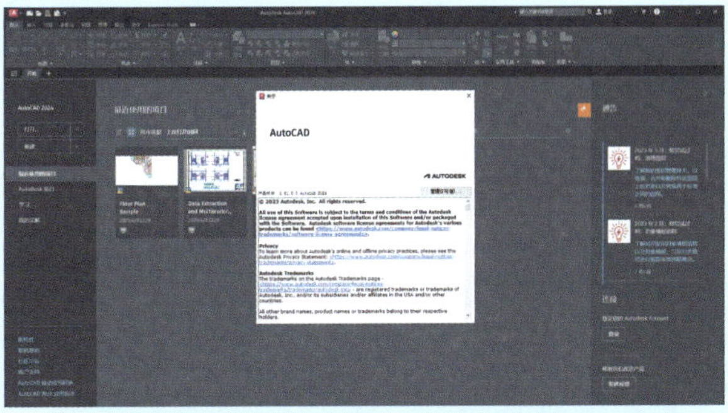

图 1–4

在建筑三维设计中，早期也有用AutoCAD来建立三维模型的案例，但随着3ds Max的出现，AutoCAD对于三维的制作优势不再明显。在效果图表现行业，AutoCAD是一个必备的辅助软件。用户可以利用其与3ds Max良好的文件转换功能，将图纸转换到3ds Max中，从而准确地搭建模型。

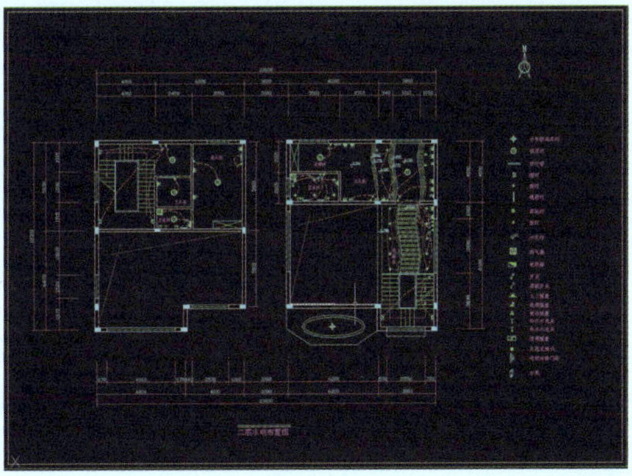

图 1–5

### 2. 3ds Max 2024：场景建模

3ds Max是效果图表现的核心软件，几乎所有的工作都是围绕它来进行的。在处理好设计图纸后，设计师会根据设计图纸进行场景建模，也就是将二维图纸处理成三维场景。建筑三维设计其实只是运用了3ds Max的一些基本和常用的功能，但3ds Max在室内效果图表现中的作用不仅限于根据设计图纸建模，后续的构图、材质、灯光和渲染等工作也都可以在3ds Max中进行。图1–6所示为3ds Max 2024的启动界面，工作界面如图1–7所示。

图 1-6

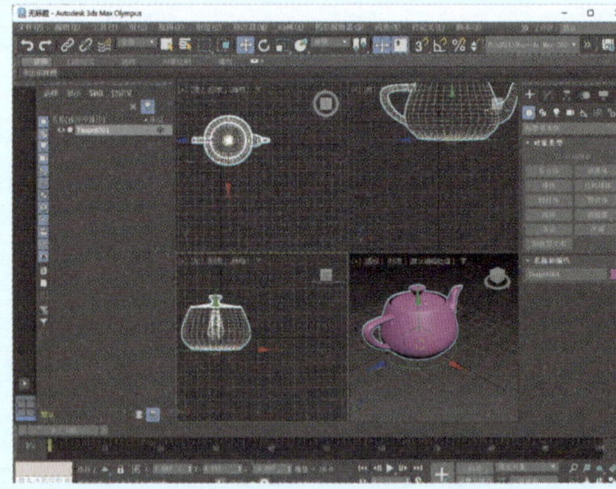

图 1-7

3. VRay：构图/灯光/材质/渲染

当场景模型制作好后，需要用场景模拟真实世界中的效果，这个过程主要分为构图、灯光、材质和渲染4个环节。除了渲染是固定的最后一个环节，其他3个环节的顺序可根据用户的个人习惯来定。

构图：使用3ds Max自带的摄影机或“VRay物理摄影机”拍摄场景，选定一个或多个角度来表现室内效果，如图1-8所示。

灯光：模拟灯光时，不仅要照亮场景，还要体现场景的空间层次感、明暗对比和冷暖对比等，如图1-9所示。

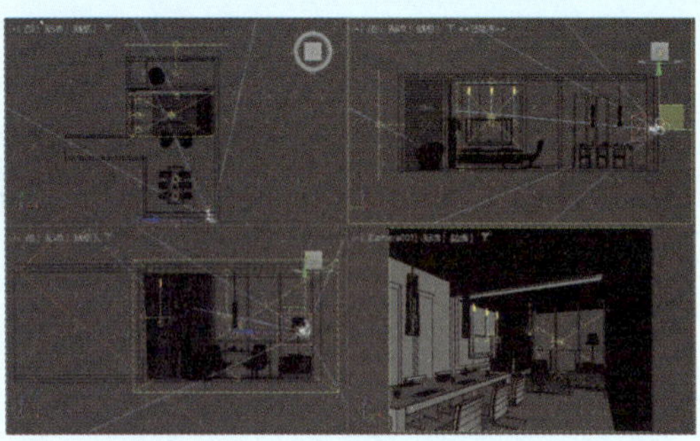

图 1-8

图 1-9

材质：在3ds Max中创建的模型都是白模，如果要模拟真实世界的材质，就必须为模型制作相应的材料和纹理，这就是材质环节的工作。图1-10所示是一个没有严格布光的场景，读者注意观察模型的材质。

渲染：通过VRay将3ds Max中的三维场景生成照片级的二维图片，如图1-11所示。

图 1-10

图 1-11

在上述4个环节中，除了构图可以使用3ds Max自带的摄影机，其余3个环节的大部分工作都依赖VRay来完成。VRay是一款渲染软件，如图1-12所示。其主要配合3ds Max使用，能快速渲染出高质量的图片。注意，VRay不是一款独立的软件，而是作为插件嵌入3ds Max中的，界面（局部）如图1-13所示。

图 1-12

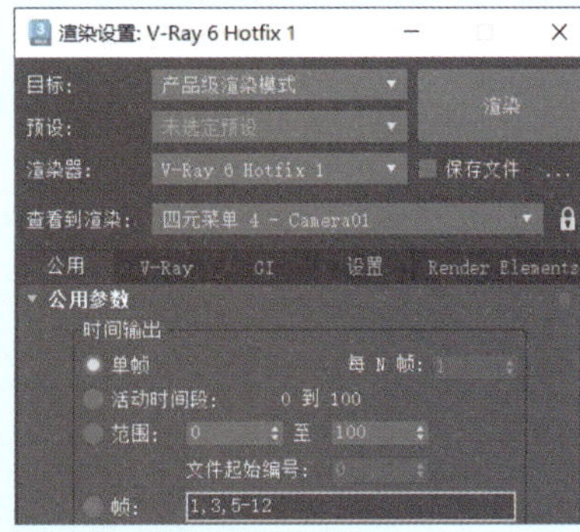


图 1-13

4．Photoshop：图像后期处理

Photoshop是一款著名的图像处理软件，在业内享有很高的声誉，广泛应用于建筑三维设计。通常情况下，使用3ds Max和VRay渲染出来的效果图或多或少都会有一些瑕疵，如噪点太多、曝光不足和阴影过硬等。这个时候就可以使用图形图像编辑软件来对效果图进行调整和处理，使图片内容更具有表现力。此外，用户还可以在Photoshop中修改3ds Max材质贴图，也可以手绘贴图。图1-14所示为Photoshop的启动界面。后期处理效果对比如图1-15所示。

图 1-14

图 1-15

## 1.2 效果图的表现流程

随着技术的发展和普及，效果图制作的技术和工具也在不断地提升和更新，效果图制作发展到了一个非常成熟的阶段，有了一套模式化的操作流程。制作时一般遵循“图纸处理→场景建模→构图/灯光/材质/渲染→后期处理”这一流程，从中能够细分出建模师、渲染师、灯光师、后期制作师等岗位。正确的流程能够保证效果图的制作效率与质量，增强设计方案的可视性和吸引力。

## 1.2.1 3ds Max 2024工作界面

下面通过一个案例来讲解效果图的表现流程。在讲解之前首先介绍3ds Max 2024的工作界面。启动3ds Max 2024后，打开本书配套资源中的“Chapter 1/卫生间.max”文件。其工作界面如图1-16所示。3ds Max 2024的工作界面分为菜单栏、主工具栏、视图区域、命令面板、时间尺、状态栏、时间控制按钮、视图导航按钮、Ribbon和场景资源管理器共10部分，如图1-17所示。

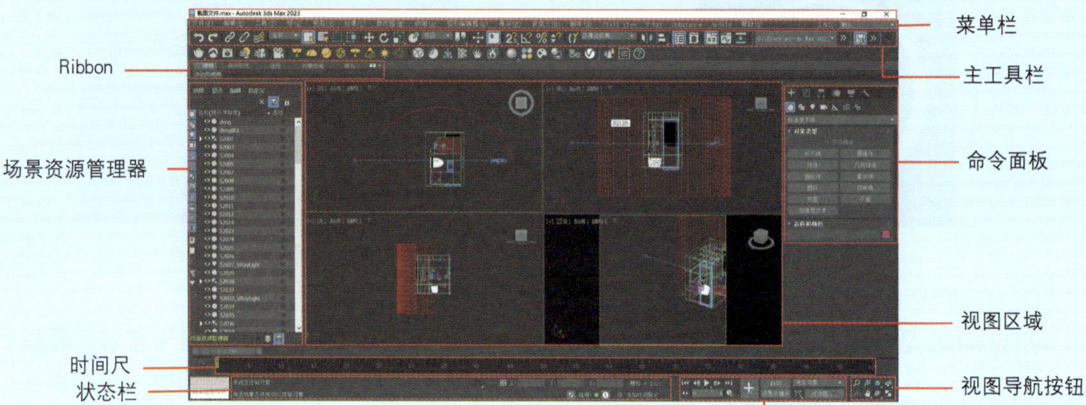


图 1-16

下面对软件常用部分进行简单介绍。

### 1. 菜单栏

菜单栏包含文件、编辑、工具、组、视图、创建、修改器、动画、图形编辑器、渲染、自定义、脚本、Substance、Civil View、Arnold和帮助，共16个主菜单，如图1-17所示。

图 1-17

各菜单的主要作用介绍如下。

文件：提供新建、打开、保存、另存为等一系列文件操作命令。

编辑：包含在场景中选择和编辑对象的命令。

工具：帮助用户更改或管理对象和对象集合。

组：包含将场景中的对象成组和解组的功能。

视图：包含设置和控制视图窗口的命令。

创建：提供创建几何体、灯光、摄影机和辅助对象的方法，该菜单下包含若干子菜单。

修改器：包含常用修改器。该菜单按修改器类型划分子菜单，此菜单上各个修改器的可用性取决于当前选定的对象。如果修改器不适用于当前选定的对象，则在该菜单上不可用。

动画：提供一组有关动画、约束、控制器以及反向运动学解算器的命令。该菜单还提供自定义属性和参数关联控件，以及用于创建、查看和重命名动画预览的控件。

图形编辑器：包含管理场景及其层次和动画的视图窗口。

渲染：包含渲染场景、设置环境和渲染效果、使用VideoPost合成场景以及访问RAM 播放器的命令。

自定义：包含自定义3ds Max用户界面（UI）的命令。

脚本：以前版本中的Max Script菜单，是3ds Max的内置脚本语言，包含用于创建和处理脚本的命令。

Substance：3ds Max中的Substance插件，可构建用于常用渲染器的明暗器网络，使用动画编辑器创建、管理和使用内嵌预设以及关键帧的Substance参数。

Civil View：一款供土木工程师以及交通运输基础设施规划人员使用的可视化工具，可与各种土木设计应用程序（包括AutoCAD Civil 3D软件）紧密集成，从而在设计更改时可以立即更新可视化模型。

Arnold：默认渲染器，支持通过界面进行交互式渲染。

帮助：通过“帮助”菜单可以使用3ds Max的联机帮助功能以及访问其他学习资源。

### 2. 主工具栏

主工具栏集合了最常用的一些编辑工具按钮。图1–18所示为默认状态下的主工具栏。某些工具的右下角有一个三角形图标，单击该图标就会弹出下拉工具列表。

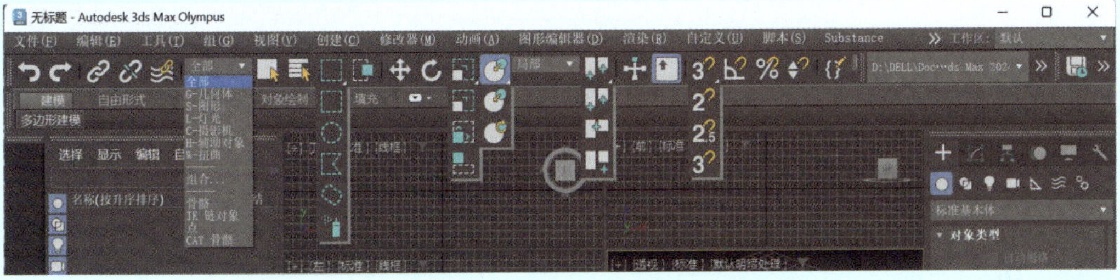


图 1–18

### 3. 命令面板

针对场景对象的操作都可以在该面板中完成，包含“创建”面板按钮、“修改”面板按钮、“层次”面板按钮、“运动”面板按钮、“显示”面板按钮和“实用程序”面板按钮，如图1–19所示。

### 4. 视图区域

这是工作界面中最大的一个区域，也是3ds Max 2024中用于实际工作的区域，默认状态下显示4个视图，包括顶视图、左视图、前视图和透视图。在这些视图中可以从不同的角度对场景中的对象进行观察和编辑。每个视图的左上角都会显示视图的名称和模型的显示方式，右上角有一个导航器（视图不同，显示的状态也不同），如图1–20所示。

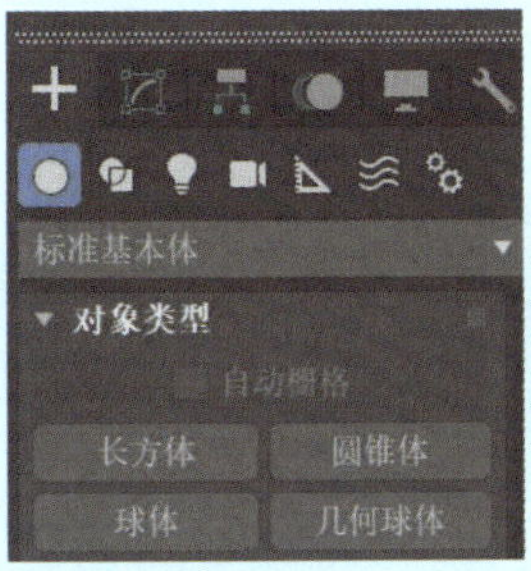


图 1–19

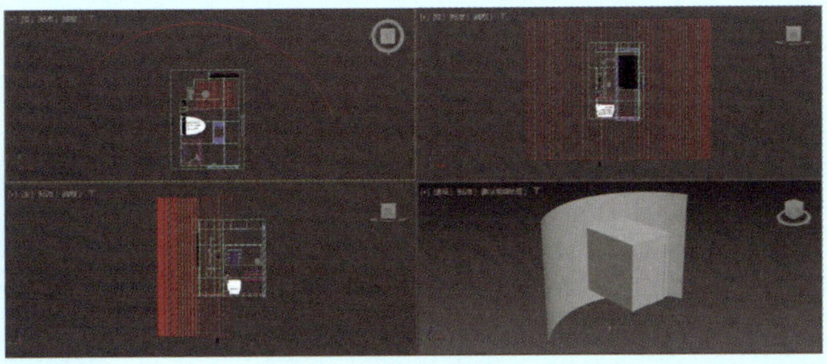

图 1–20

**技巧 提示**

视图区域是3ds Max非常重要的部分，也是工作中使用非常频繁的一个功能区域。单击选中其中一个视图，被选择的视图将会有黄色边框，此时用户便可以在该视图进行操作。按快捷键Alt+W，可以将窗口最大化，再次按快捷键Alt+W即可返回原视图。顶视图的快捷键为T，左视图的快捷键为L，前视图的快捷键为F，透视图的快捷键为P，摄影机视图的快捷键为C。按相应的快捷键，便可以切换至对应的视图。

## 1.2.2 渲染设置

**01** 测试模型。按F10键（或单击主工具栏上的“渲染设置”按钮），打开“渲染设置”窗口，可见当前的渲染器是默认的扫描线渲染器。现在需要指定VRay渲染器，用户可以通过互联网获取VRay的下载方式，然后直接安装。安装好VRay后，需要在3ds Max中加载才可以使用其功能。在窗口中展开“渲染器”下拉列表，指定“V-Ray 6 Hotfix 1”渲染器，如图1-21所示。

微课：渲染设置

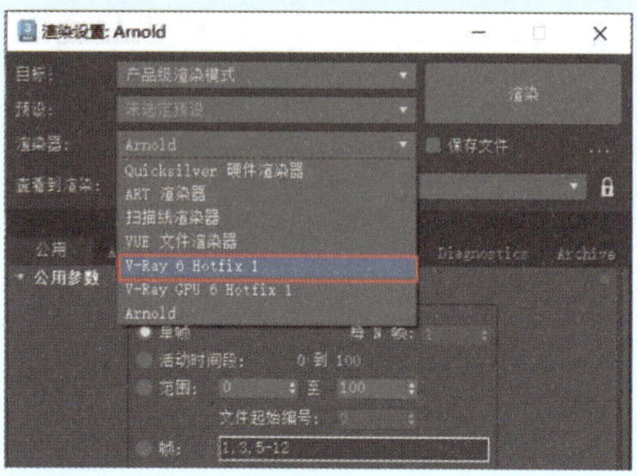


图 1-21

**02** 为了节省渲染的时间，要将渲染尺寸改小一点。在“公用”选项卡中把渲染尺寸改为“1000×1000”，如图1-22所示。然后在“GI”选项卡中打开“全局照明”卷展栏，选中“启用GI”复选框，如图1-23所示，这样VRay渲染器的设置就完成了。

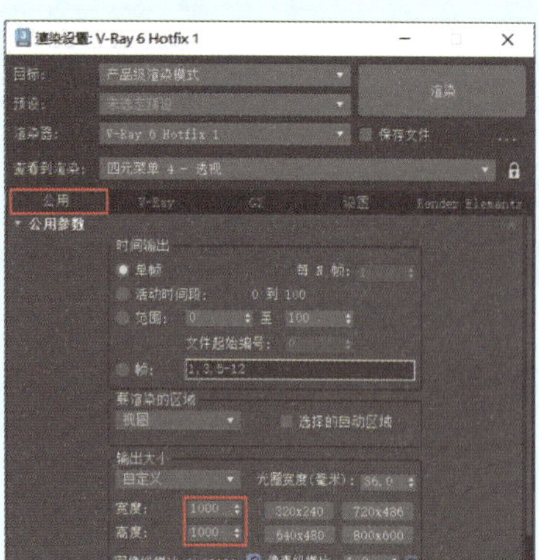


图 1-22

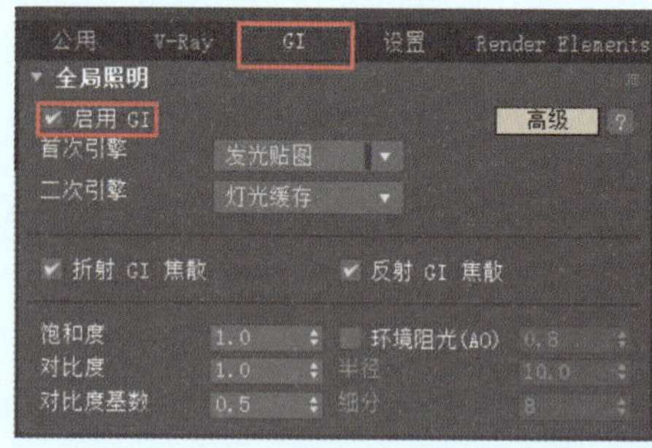


图 1-23

**03** 进行渲染。场景中有5盏VRay灯光，一盏外景平面灯光。进入“V-Ray”选项卡，打开“全局开关”卷展栏，将“默认灯光”切换为“关闭全局照明（GI）”，如图1-24所示。

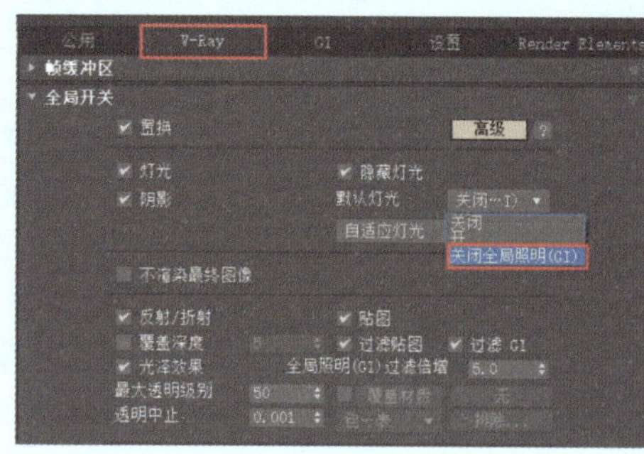


图 1-24

**04** 单击主工具栏中的“渲染”按钮，或按快捷键Shift+Q，得到如图1-25所示的效果，发现渲染出来的场景太暗了。

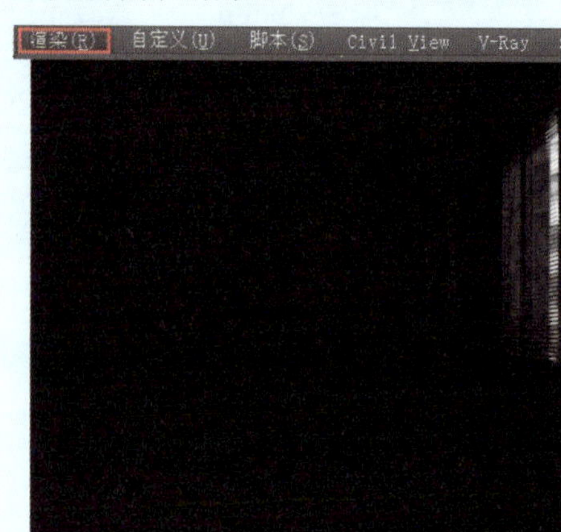


图 1-25

**05** 调整默认材质球的漫反射颜色，使其更亮。打开“渲染设置”窗口，把“环境”卷展栏下的颜色值改为4，如图1-26所示。

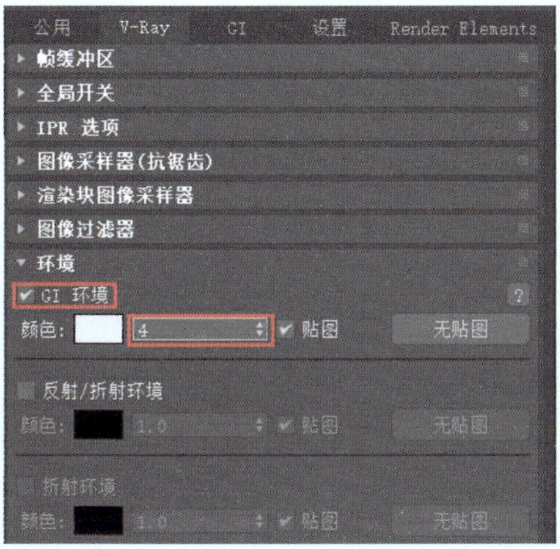


图 1-26

**06** 继续渲染，可以发现室内慢慢变亮了，如图1-27所示。如果场景中没有黑面、重面、漏光，模型的检查就完成了，至于场景中的黑斑如何消除会在后面讲解。

图 1-27

**07** 另外一种渲染操作如下。按快捷键F10打开“渲染设置”窗口，选择“GI”选项卡，打开“全局照明”卷展栏，分别设置“首次引擎”和“二次引擎”为“发光贴图”和“灯光缓存”。打开“灯光缓存”卷展栏，勾选“显示计算相位”复选框。然后选择“V-Ray”选项卡，打开“环境”卷展栏，勾选“GI环境”复选框，然后把“颜色”的强度改为3.0，如图1-28所示。

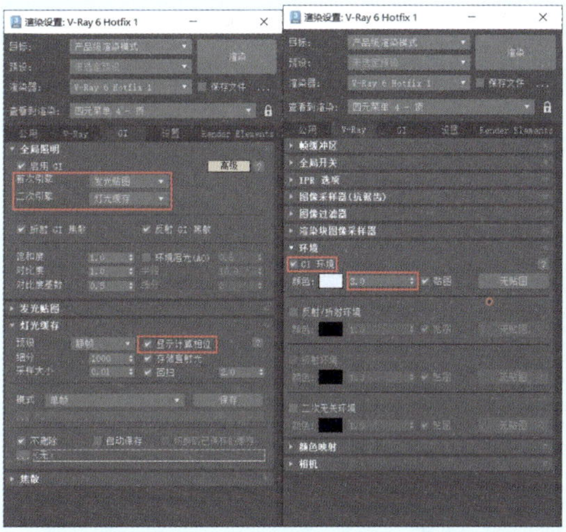

图 1-28

**08** 继续渲染，得到如图1-29所示效果。很明显这种方式的效果更好，建议读者尽量采用这种方式来检查模型。

图 1-29

## 1.2.3 灯光布置

**01** 通过渲染效果图可以看到，整个场景的照明目前只依靠于外景平面灯光，接下来我们来创建镜子后面的灯带。切换到顶视图，选择镜子模型，右击并选择“孤立当前选择”命令，或按快捷键Alt＋Q将模型孤立，如图1-30所示。

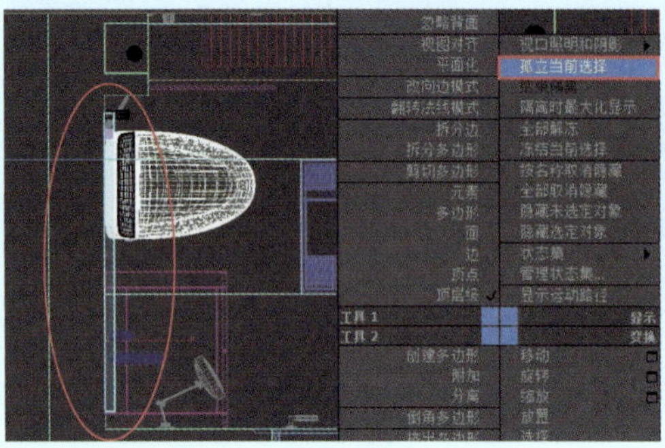

图 1-30

**02** 使用“创建”面板下的“VRay灯光”工具在场景中创建一盏平面灯光，如图1-31所示。

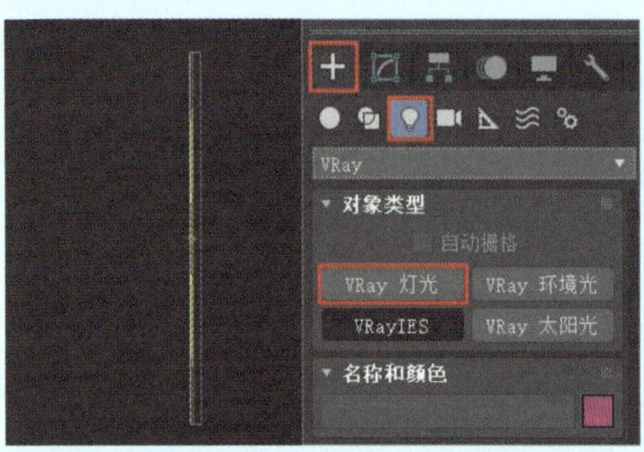


图 1-31

**03** 选择创建的平面灯光，切换到“修改”面板，在“常规”卷展栏下设置“类型”为“平面”，“倍增”为“2”，“颜色”为（红：255，绿：171，蓝：95），勾选“不可见”复选框，如图1-32所示。

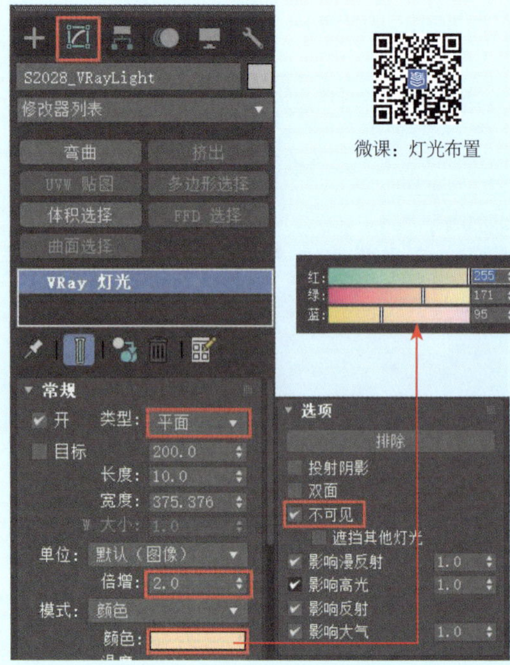


微课：灯光布置

图 1-32

**04** 切换到左视图，右击主工具栏中的“捕捉开关”按钮，弹出“栅格和捕捉设置”窗口，勾选“中点”复选框，再按快捷键S打开捕捉开关，如图1-33所示。

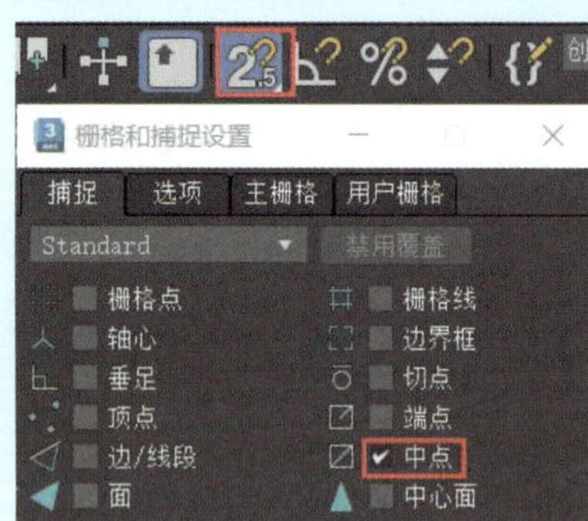


图 1-33

**05** 将创建的VRay灯光调整到镜子模型的顶面，如图1-34所示。打开主工具栏中的“选择并移动”按钮，按住Shift键将创建的平面灯光复制到镜子模型的底面，如图1-35所示。

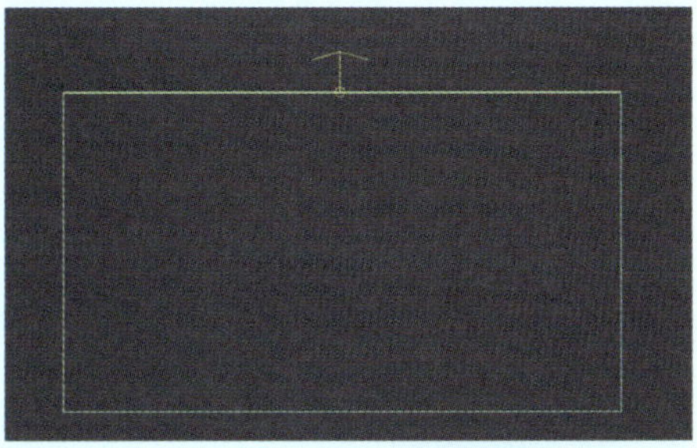

图 1-34

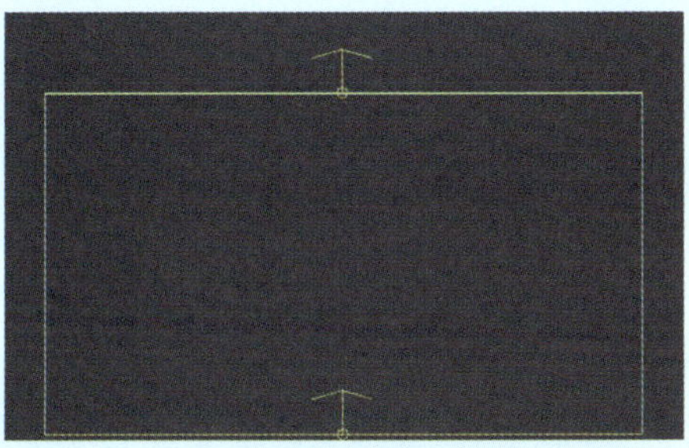

图 1-35

**06** 选择复制的平面灯光，单击主工具栏中的“镜像”按钮，弹出“镜像：屏幕 坐标”对话框，选择“Y轴”，单击“确定”按钮，如图1-36所示。

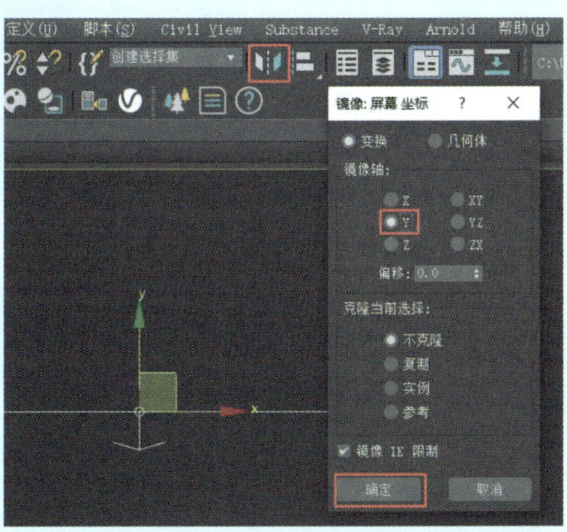


图 1-36

**07** 使用相同的方法在镜子的左边和右边各创建一盏平面灯光，右击，选择“结束隔离”命令，如图1-37所示。

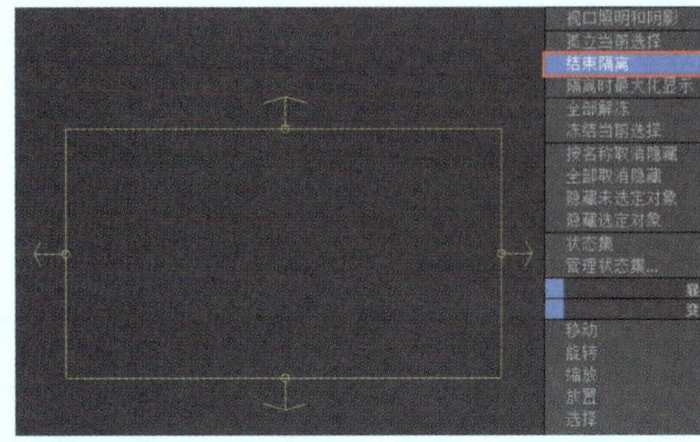

图 1-37

**08** 选择创建的平面灯光，切换到“修改”面板，设置“类型”为平面，“倍增”为20，“颜色”为（红：255，绿：171，蓝：95），勾选“不可见”复选框，如图1-38所示。

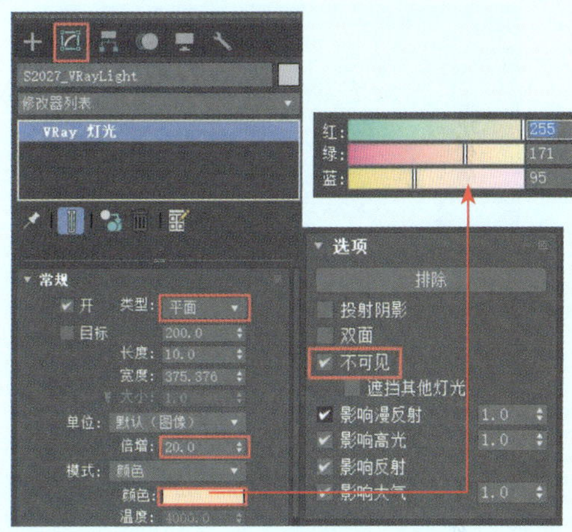


图 1-38

**09** 用同样的方法在洗脸台下方靠墙的位置创建一盏平面灯光，灯光参数和上述平面灯光一致，透视图和顶视图如图1-39所示。

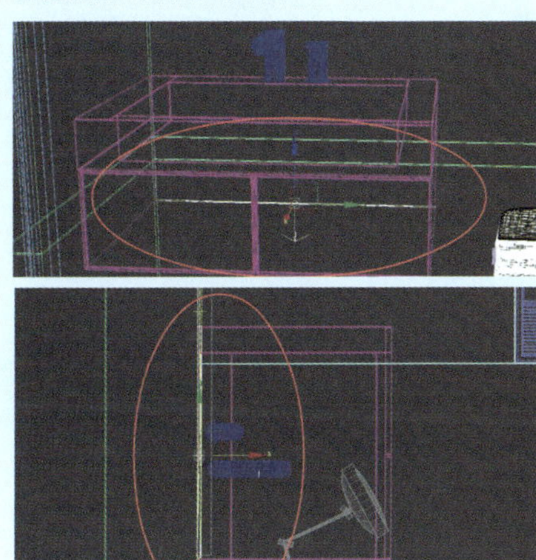

图 1-39

**10** 按快捷键C切换到摄影机视图，创建完灯光后的视图效果如图1-40所示。按快捷键Shift＋Q渲染场景，效果如图1-41所示。

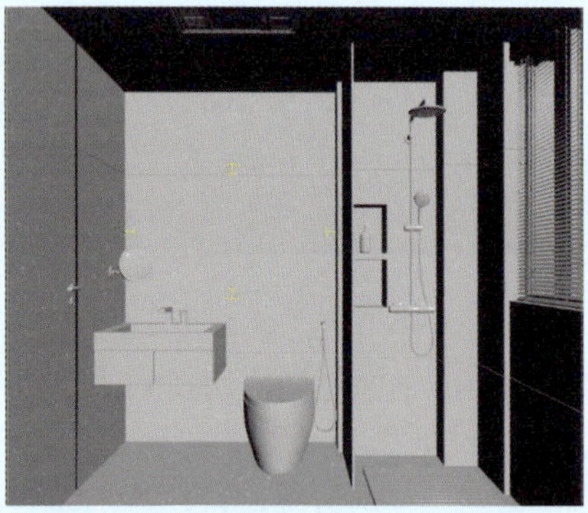

图 1-40

图 1-41

**11** 按快捷键M打开“材质编辑器”窗口，选择一个空白材质球，为其加载VRay灯光材质，并在“灯光材质参数”卷展栏下设置“颜色”的亮度为10，如图1-42所示。

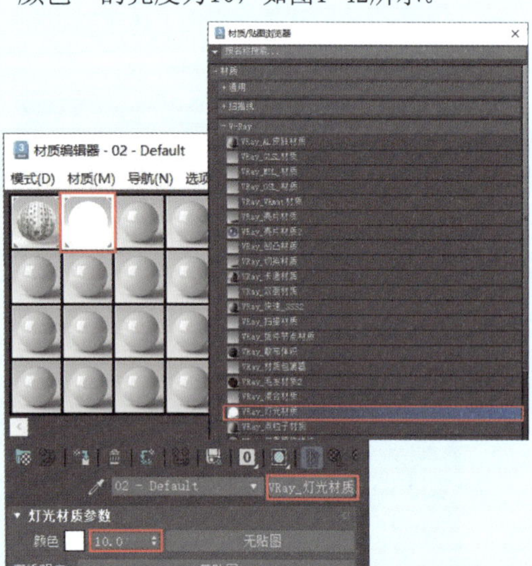


图 1-42

**12** 选择顶灯和镜子前的小圆镜，单击“将材质指定给选定对象”按钮和“视口中显示明暗处理材质”按钮，如图1-43所示，其视图效果如图1-44所示。按快捷键Shift＋Q渲染摄影机视图，效果如图1-45所示。

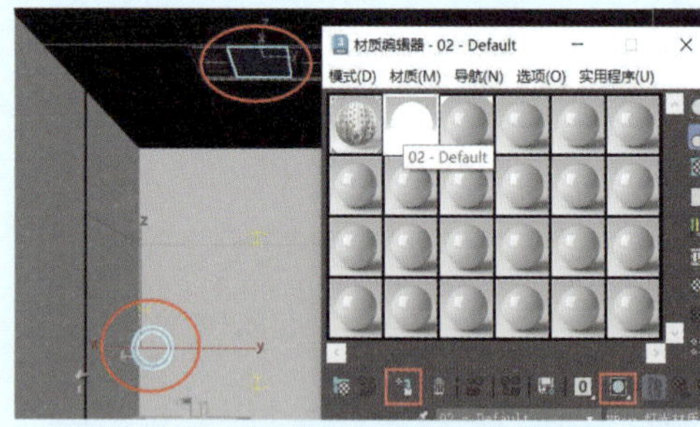


图 1-43

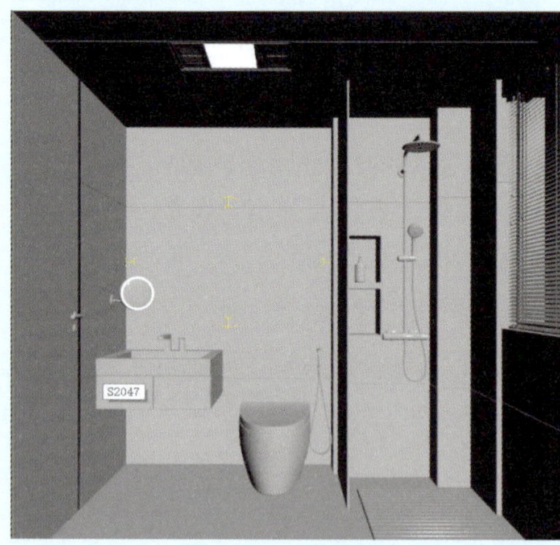

图 1-44

图 1-45

## 1.2.4 材质模拟

**通过观察最终渲染效果可以看出，整个场景的材质比较简单，主要有大面积的瓷砖、不锈钢金属和瓷器三大种类。**

微课：材质模拟

**01** 设置卫生间地面和墙面的材质。按快捷键M打开“材质编辑器”窗口，选择一个空白材质球，为其指定一个VRayMtl材质。具体参数如图1-46所示。

- 设置“漫反射”颜色为（红：190，绿：187，蓝：185），并在“漫反射”贴图通道中加载本书配套资源中的“Chapter 1/材质包/0004.jpg”贴图。
- 在“反射”选项组中设置“反射”颜色为（红：250，绿：250，蓝：250），“光泽度”为“0.7”，并在“光泽度”贴图通道中加载“Chapter 1/材质包/0004.jpg”贴图。勾选“菲涅尔反射”复选框。
- 设置“折射率”为1.52。

其他参数及材质球效果如图1-47所示。

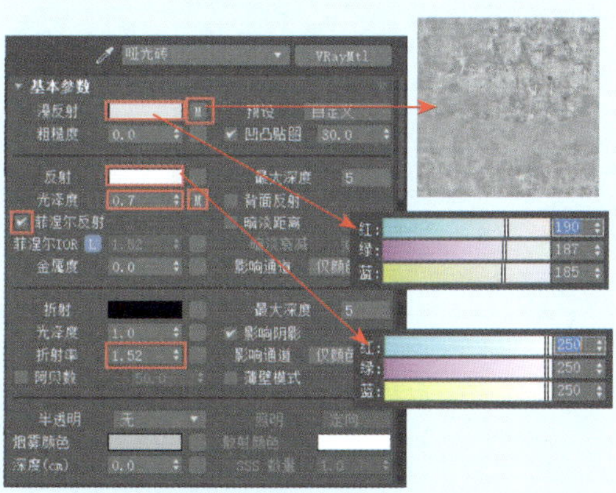

图 1-46

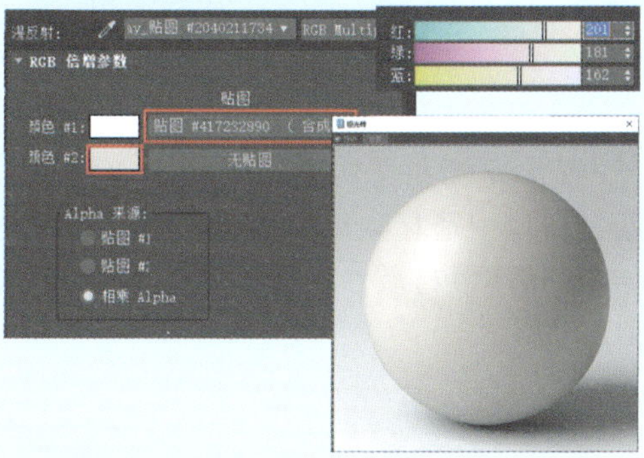

图 1-47

**02** 设置吊顶的材质。按M键打开“材质编辑器”窗口，选择一个空白材质球，为其指定一个VRayMtl材质，具体参数如图1-48所示。

- 设置“漫反射”颜色为（红：190，绿：187，蓝：185），并在“漫反射”贴图通道中加载“Chapter 1/材质包/0004.jpg”贴图。
- 在“反射”选项组中设置“反射”颜色为灰色（红：23，绿：23，蓝：23）。“光泽度”为0.35，并在“光泽度”贴图通道中加载“Chapter 1/材质包/0004.jpg”贴图。
- 设置“折射率”为1.52。“折射”选项组的其他参数及材质球效果如图1-49所示。

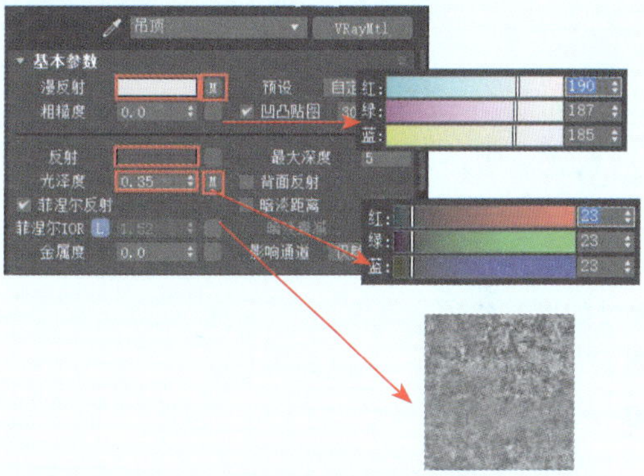

图 1-48

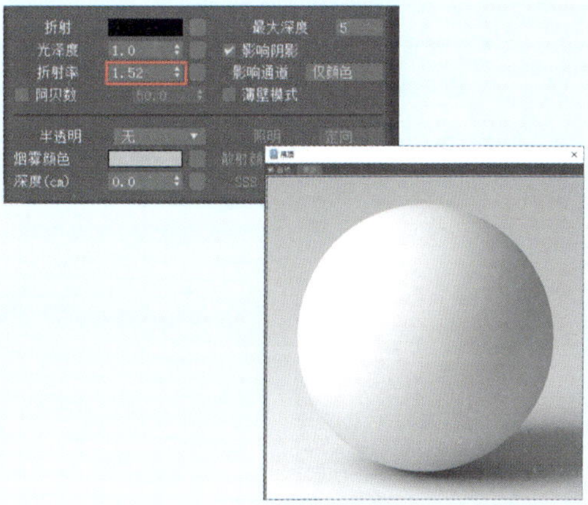

图 1-49

**03** 设置镜子的材质。按 M 键打开“材质编辑器”窗口，选择一个空白材质球，为其指定一个VRayMtl材质。具体参数及材质球效果如图1-50所示。

- 设置“漫反射”颜色为黑色。
- 设置“反射”颜色为白色。

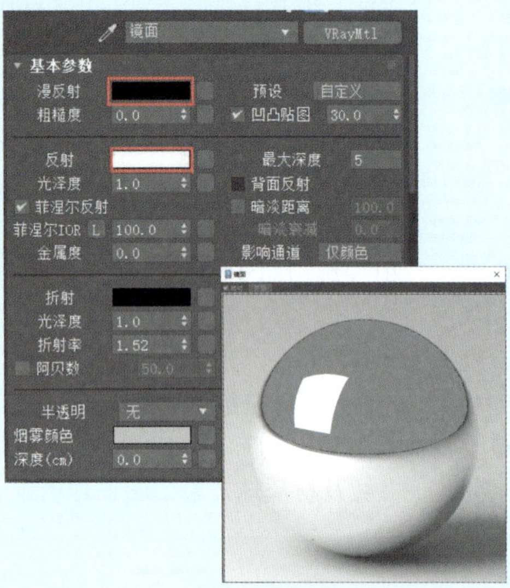

图 1-50

**04** 设置透明玻璃门的材质。按M键打开“材质编辑器”窗口，选择一个空白材质球，为其指定一个VRayMtl材质。设置参数及材质球效果如图1-51所示。

- 设置“漫反射”颜色为黑色。
- 设置“反射”颜色为白色，勾选“菲涅尔反射”复选框。
- 设置“折射”颜色为白色。

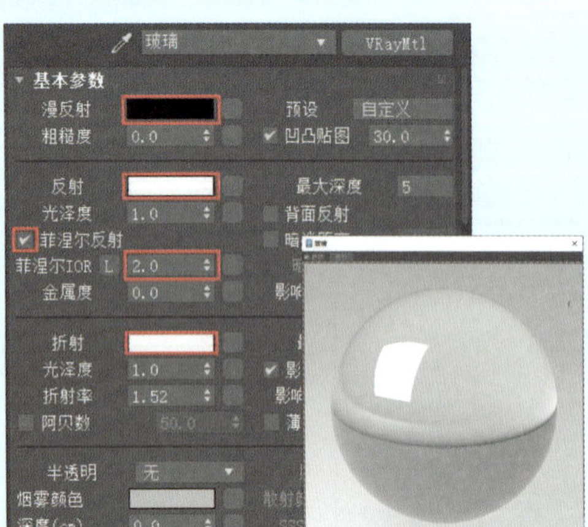

图 1-51

**05** 设置洗脸台木质柜体的材质。按M键打开“材质编辑器”窗口，选择一个空白材质球，为其指定一个VRayMtl材质。设置参数及材质球效果如图1-52所示。

- 设置“漫反射”颜色为（红：31，绿：28，蓝：20），并在“漫反射”贴图通道中加载图片文件“Chapter 1/材质包/0007.jpg”。
- 设置“反射”的颜色为白色，“光泽度”为0.5，并且在“光泽度”贴图通道中加载图片文件“Chapter 1/材质包/0007.jpg”。勾选“菲涅尔反射”复选框。
- 设置“折射率”为1.52。

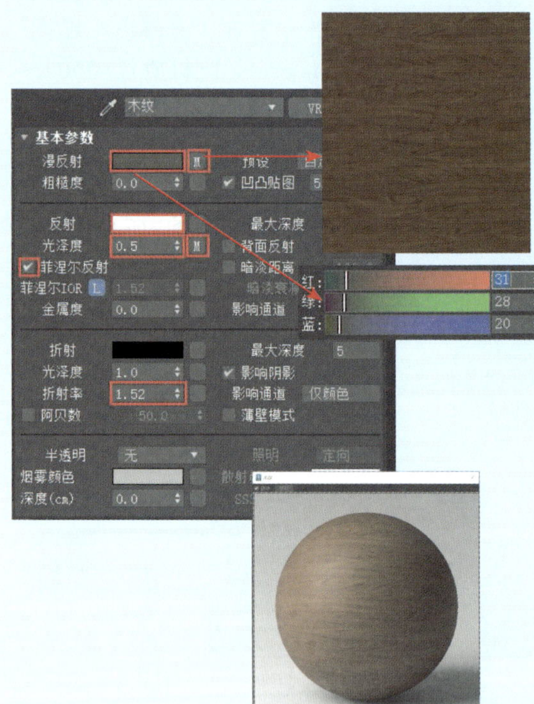

图 1-52

**06** 设置水龙头和花洒的材质。在“材质编辑器”窗口中选择一个空白材质球，为其指定一个VRayMtl材质。设置参数及材质球效果如图1-53所示。

- 设置“漫反射”颜色为（红：9，绿：9，蓝：9）。
- 设置“反射”颜色为白色，并在“反射”贴图通道中加载“Chapter 1/材质包/0005.jpg”。
- 在“反射”选项组中设置“光泽度”为0.7，并在“光泽度”贴图通道中加载“Chapter 1/材质包/0005.jpg”贴图。勾选“菲涅尔反射”复选框，设置参数为1.8。
- 设置“折射率”为1.52。

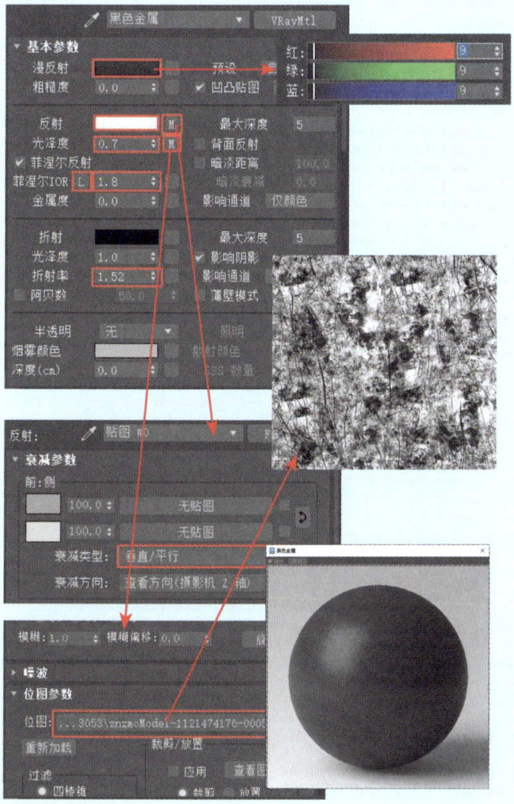

图 1-53

**07** 设置马桶的材质。按M键打开“材质编辑器”窗口，选择一个空白材质球，然后为其加载VRay混合材质。

打开“参数”卷展栏，双击“基本材质”后的按钮。设置“基本材质”为“VRayMtl”。

- 设置“光泽度”为0.84，“菲涅尔IOR”为2.0，“折射率”为1.52。

设置参数及材质球效果如图1-54所示。

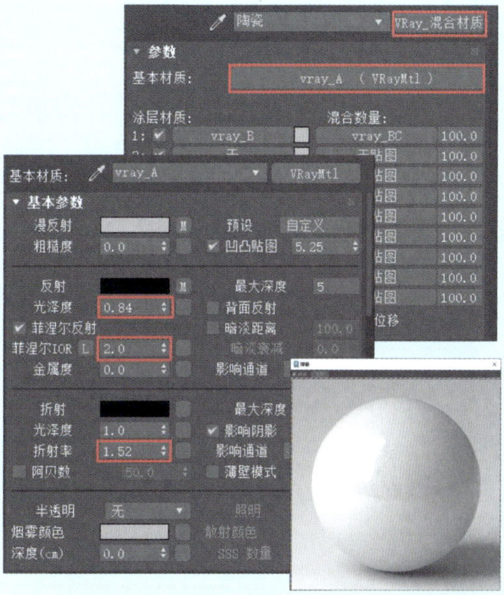

图 1-54

**08** 该场景的主要材质基本全部介绍完毕，对于其他未讲解的材质，读者可以通过“完成文件/卫生间/卫生间.max”文件来查看。完成后的摄影机视图如图1-55所示。

图 1-55

## 1.2.5 最终渲染

当材质和灯光都设置完毕以后，就将进入3ds Max的最后一步——渲染最终效果图。对于最终效果图的渲染参数，本书所给的均为参考参数，读者在学习的时候，可以适当降低渲染的质量，提高渲染速度。在商业效果图中，渲染的速度和质量一直是大家关注的问题，建议读者选择折中的参数进行渲染。

微课：最终渲染

**01** 按F10打开“渲染设置”窗口。切换到“公用”选项卡，打开“公用参数”卷展栏，调整“宽度”和“高度”均为4 000，如图1-56所示。

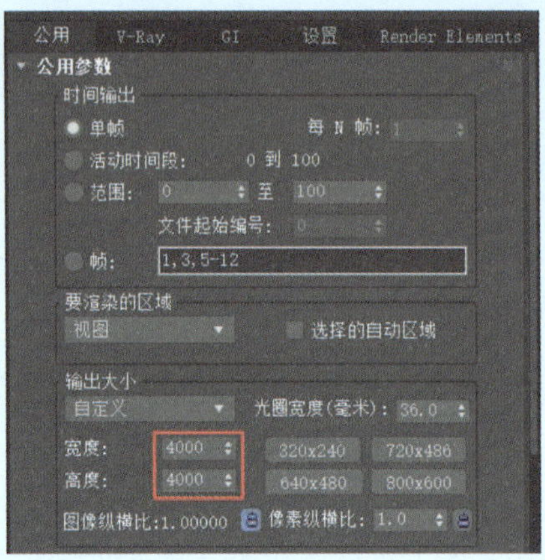


图 1-56

**02** 切换到“V-Ray”选项卡，打开“全局开关”卷展栏，将“自适应灯光”设置为“全光求值”，如图1-57所示。

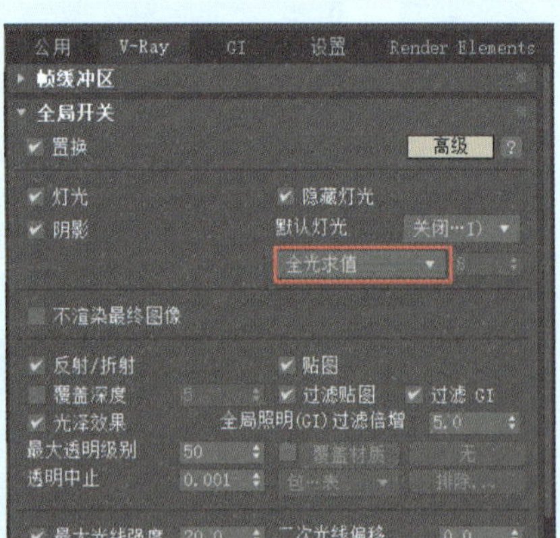


图 1-57

**03** 打开“图像采集器（抗锯齿）”卷展栏，选择“类型”为“渲染块”，设置“最小着色比率”为16。打开“渲染块图像采集器”卷展栏，设置“最大细分”为24，“噪波阈值”为0.001。打开“颜色映射”卷展栏，选择“类型”为“指数”，“模式”为“颜色贴图和伽玛”，如图1-58所示。

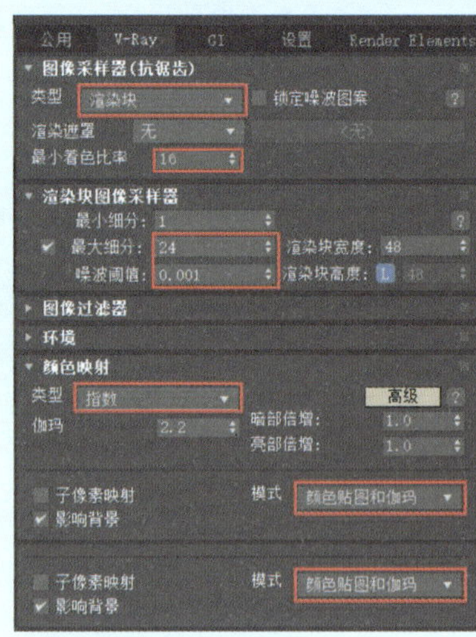


图 1-58

**04** 切换到“GI”选项卡，打开“灯光缓存”卷展栏，设置“细分”为1 500，“采样大小”为0.02，勾选“显示计算相位”复选框，如图1-59所示。

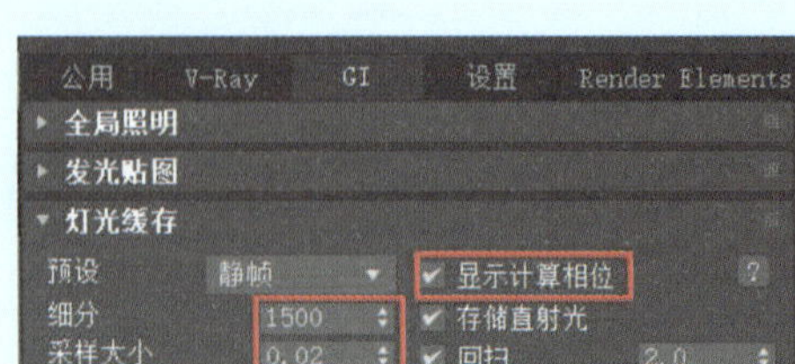


图 1-59

**05** 切换到摄影机视图，按快捷键Shift+Q渲染摄影机视图，渲染后的效果如图1-60所示。

图 1-60

**06** 需要将渲染好的效果图保存下来，以供后期处理使用。在“渲染”菜单下打开“渲染帧窗口”，单击“保存图像”按钮，在弹出的“保存图像”对话中将效果图保存为OpenEXR图像文件，命名为“渲染效果图”，如图1-61所示。

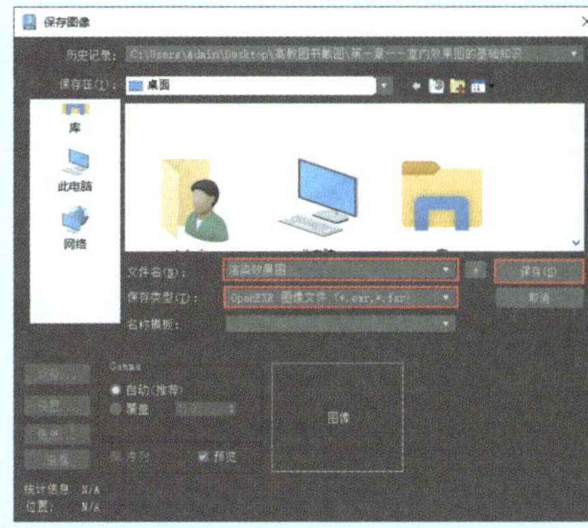


图 1-61

**07** 在系统弹出的“OpenEXR配置”对话框中，设置“格式”为“全浮点数（32位/每通道）”，“类型”为RGBA，“压缩”为“无压缩”，如图1-62所示。

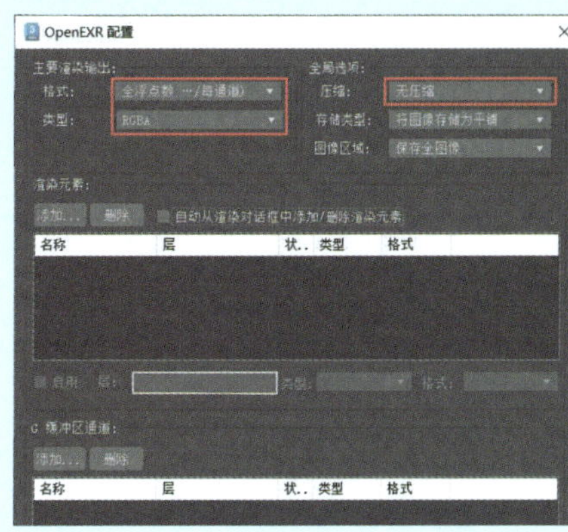


图 1-62

## 1.2.6 后期处理

**制作一幅优秀的商业效果图，除了需要高质量的渲染，还需要好的后期处理。后期处理既可以解决渲染时出现的曝光、色彩、色调等方面的小问题，还可以增加一些特效。**

**01** 在Photoshop中打开前面保存的“渲染效果图.exr”文件，如图1-63所示。

图 1-63

**02** 执行“图像”菜单→“调整”→“曝光度”命令，打开“曝光度”对话框，设置“曝光度”为0.7、“位移”为-0.028 5，“灰度系数校正”为1.06，处理后的效果图如图1-64所示。

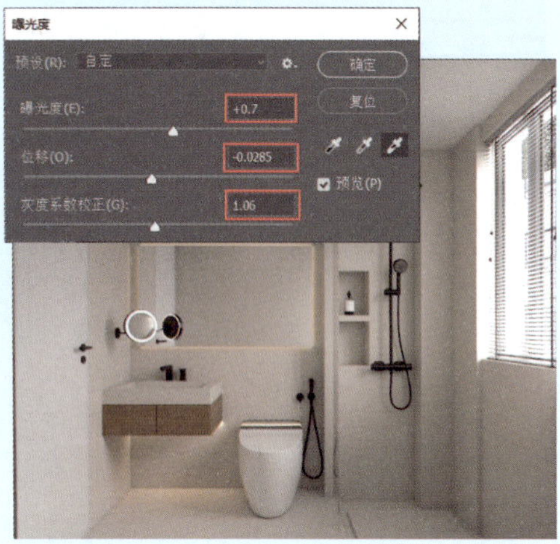


图 1-64

**03** 执行“图像”菜单→“调整”→“色阶”命令，打开“色阶”对话框，调整色阶参数，增加画面的层次感，调整后的效果如图1-65所示。

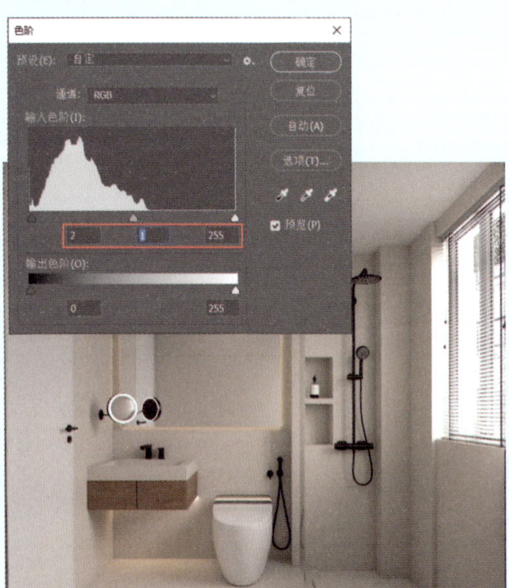


图 1-65

**04** 单击“创建新的填充或调整图层”按钮，选择“照片滤镜”，在“照片滤镜”的“属性”面板中，设置“滤镜”为“Warming Filter（85）”，设置“密度”为12%，为图像增加暖色调，此时的效果如图1-66所示。

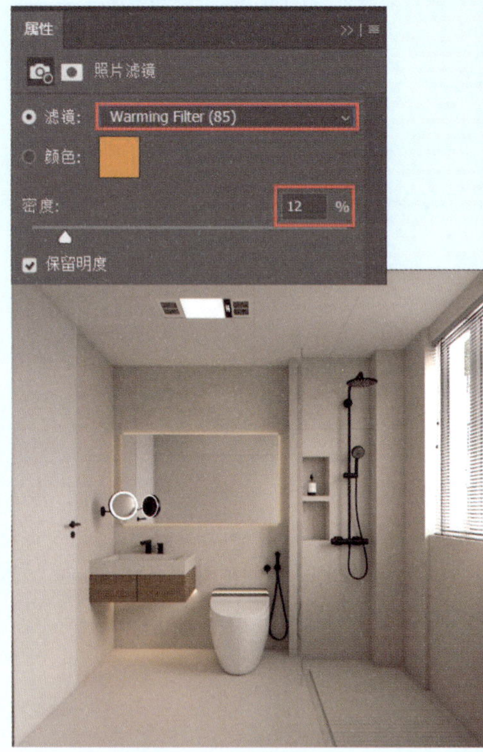


图 1-66

到此，卫生间的日光表现就完成了，本章使用的操作比较简单，主要是为了让读者熟悉效果图的表现流程。

## 1.3 知识与技能梳理

本章通过一个简单案例，让读者快速了解如何制作一幅室内效果图，其中涉及了室内效果图制作的整个流程：建模、材质模拟、灯光布置、渲染设置。在后面的章节中对此会有更详细的讲解。

- 重要工具：“渲染设置”窗口、VRay灯光创建面板、材质编辑器。
- 核心技术：渲染设置的参数调整、VRay灯光的创建、材质编辑器的使用。
- 实际运用：3ds Max视图的控制方法和室内效果图表现流程。

## 1.4 课后练习

一、选择题（共3题），请扫描二维码进入即测即评。

1.4 课后练习

1．3ds Max默认的坐标系是（ ）。

A．世界坐标系　　B．视图坐标系

C．屏幕坐标系　　D．网格坐标系

2．下列方式中，通过获取截面和路径使二维形体生成三维物体的是（ ）。

A．拉伸　　B．旋转　　C．放样　　D．弯曲

3．为了让球体更加光滑，可以修改（ ）。

A．半球　　B．分段　　C．半径　　D．切除

二、简答题

1.为什么拿到模型后的第一件事情是检查模型？

2.在3ds Max中，如果不小心将主工具栏删除了，怎样才能将其调出使用？

# VRay基本功能与使用技巧详解

Chapter 2

效果图是借助计算机专业软件制作的设计表现图，具有无可比拟的真实感和灵活性。制作效果图需要掌握建筑及室内设计等方面的知识，经过建模的模型需要通过渲染将其质感表现出来。对模型进行渲染输出时，有多种渲染器可供选择，用户可根据实际使用需求选择适用的渲染器。使用不同的渲染工具，可以得到不同的渲染效果。本章首先简单介绍3ds Max的几款渲染器，然后重点介绍VRay的相关知识。

| | 知识点 | 学习目标 | | | |
|---|---|---|---|---|---|
| | | 了解 | 应用 | 创新 | 重点知识 |
| 学习要求 | 渲染的基础知识 | 🚩 | | | |
| | VRayMtl材质 | | | | 🚩 |
| | VRay灯光系统 | | | | 🚩 |
| | VRay渲染技术 | | | | 🚩 |
| | LWF线形工作流 | 🚩 | | | |
| | VRay的物理相机 | 🚩 | | | |
| | VRay景深 | 🚩 | | | |

能力与素养目标

# 2.1 渲染的基本常识

渲染可以被简单理解成使用三维软件进行最终图像计算的方法。3ds Max为用户提供了多种渲染器，也允许用户安装由第三方软件商提供的渲染器插件。

## 2.1.1 渲染器的类型

使用3ds Max渲染场景时，可以使用其自带的渲染器，也可以加载渲染场景的引擎，渲染场景的引擎有很多种，如VRay、Renderman、mental ray、Brazil、FinalRender、Maxwell、Lightscape等。3ds Max 2024默认的渲染器有Quicksilver硬件渲染器、ART渲染器、扫描线渲染器、VUE文件渲染器和Arnold，如图2-1所示。

下载并安装好VRay之后，可以加载使用VRay来渲染场景，如图2-2所示。

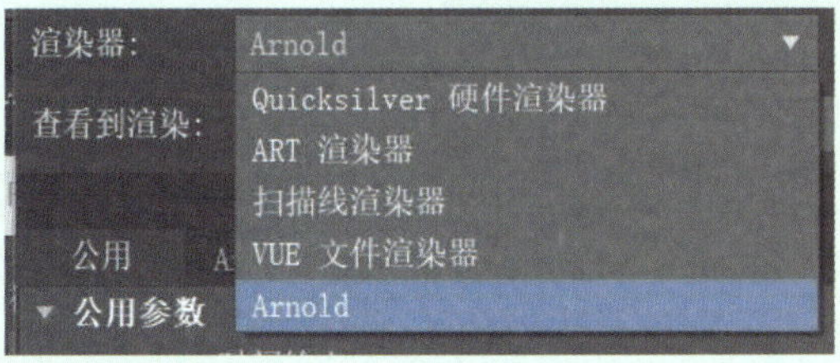


图 2-1

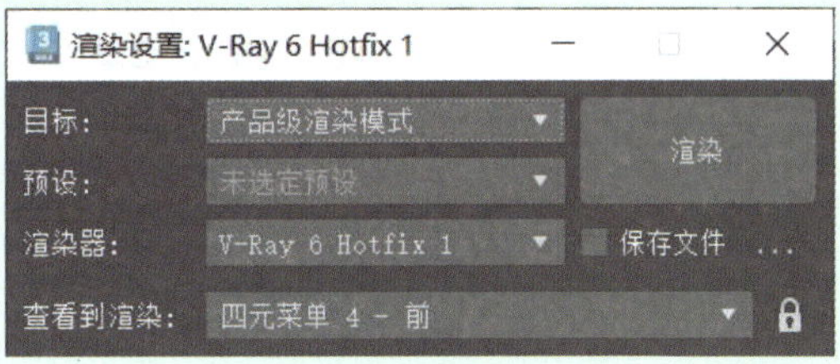


图 2-2

## 2.1.2 扫描线渲染器

3ds Max自带的默认渲染器是扫描线渲染器。扫描线渲染是一行一行进行线扫描计算的技术和算法集。其原理为：首先将所有待渲染的多边形按照顶点y坐标出现的顺序排序，然后使用扫描线与列表中多边形的交点计算图像的每行或者每条扫描线，在活动扫描线沿图像逐步向下计算的时候更新列表，丢弃不可见的多边形。

这种方法的一个优点是不必将主内存中的所有顶点都转到工作内存，只有与当前扫描线相交时，边界的约束顶点才需要读取工作内存，并且每个顶点数据只需要读取一次，可以大幅度地提升运算速度。但缺点是渲染功能不强。按F10打开“渲染设置”窗口，选择渲染器类型为“扫描线渲染器”，窗口内包括公用、渲染器、Render Elements、光线跟踪器和高级照明5个选项卡。图2-3所示为“渲染设置”窗口。

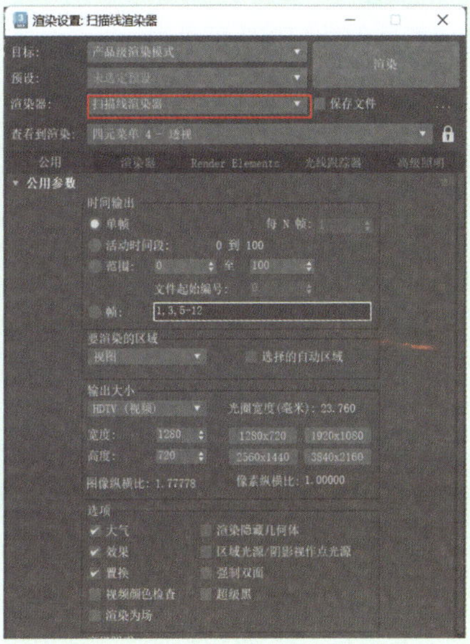


图 2-3

## 2.1.3 渲染工具

渲染工具组位于主工具栏的右上角，单击其中的按钮可以调用相应的渲染工具，也可以选择“渲染”菜单，在弹出的下拉菜单中选择对应命令，如图2-4所示。各按钮介绍如下。

**渲染设置**：单击该按钮，打开如图2-3所示的“渲染设置”窗口，在此可以完成各项渲染参数的设置。

**渲染帧窗口**：单击该按钮，系统会弹出“渲染帧窗口”，窗口中会显示图形的渲染结果。

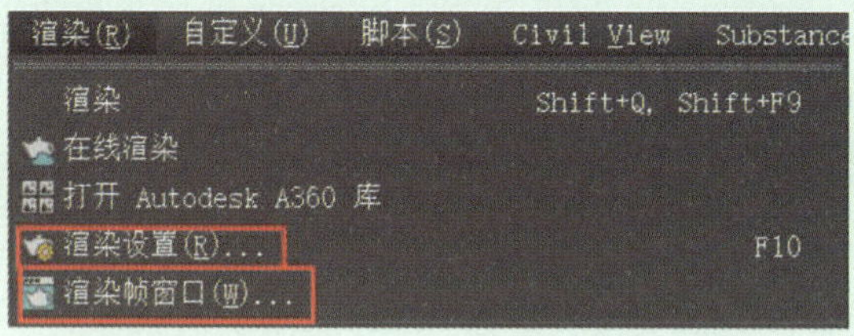


图 2-4

## 2.1.4 加载VRay

VRay是插件，而不是独立的渲染软件，所以VRay必须嵌入平台软件才能使用。在室内效果图表现中，一般使用基于3ds Max的VRay（VRay for 3ds Max）。将其加载到对应版本的3ds Max上的方法如下。

**01** 启动3ds Max，然后按F10打开3ds Max的“渲染设置”窗口，如图2-5所示，此时，3ds Max使用的是扫描线渲染器。

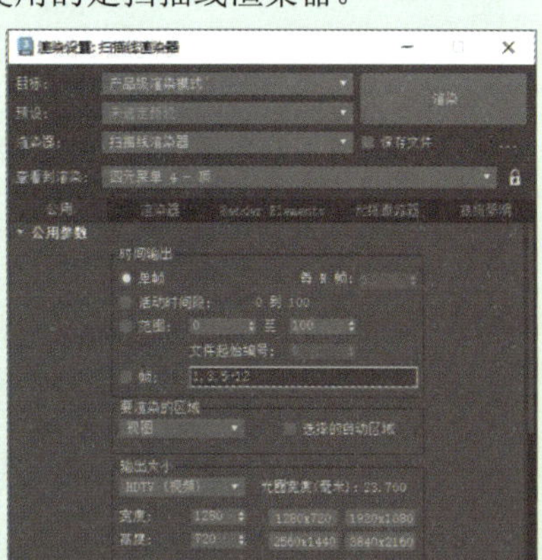

图 2-5

**02** 在“公用”选项卡下，打开“指定渲染器”卷展栏，打开“产品级”后面的“选择渲染器”下拉列表，如图2-6所示。

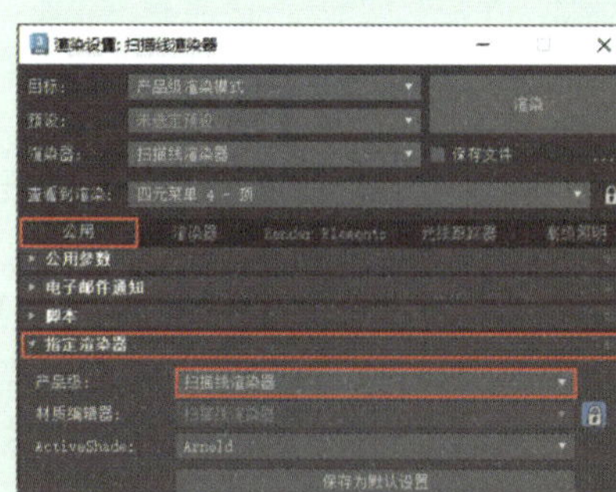

图 2-6

**03** 选择当前版本的“V-Ray 6 Hotfix 1”，如图2-7所示。

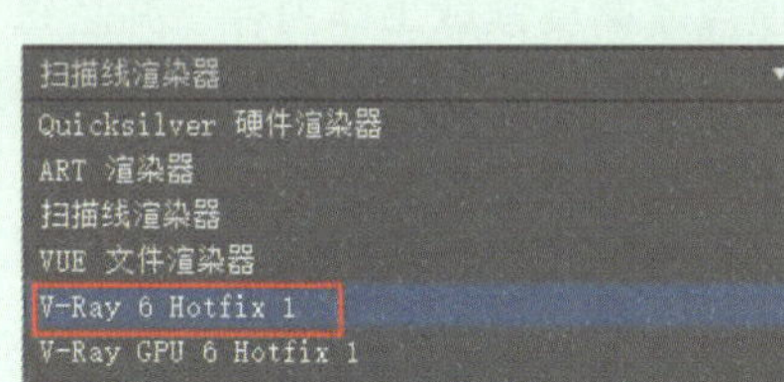


图 2-7

04 系统自动加载VRay材质编辑器，如图2-8所示，整个窗口的内容也发生了变化。

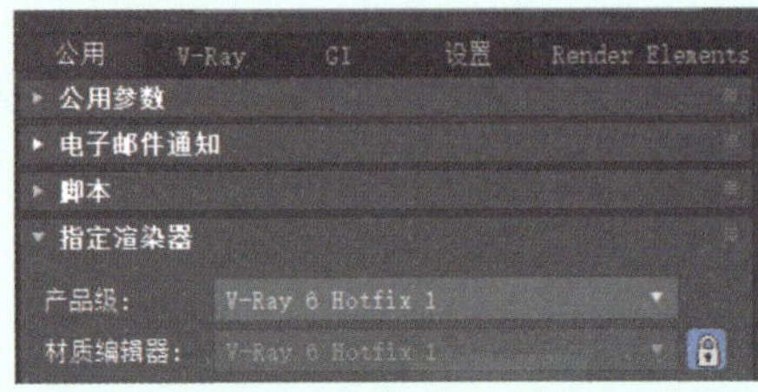


图 2-8

## 2.2 VRayMtl材质

VRayMtl材质是最常用的一种材质，它几乎可以模拟效果图中的任何材质。在制作效果图的时候，为了方便模型和材质的管理，会使用“多维/子对象”材质来对模型和材质进行ID编号，但是各个子材质本质上还是VRayMtl材质。加载好VRay渲染器后，可以直接从“材质/贴图浏览器”对话框中加载VRayMtl材质球，具体方法如下。

01 按M键打开“材质编辑器”窗口，单击材质通道按钮“物理材质”（默认材质为“标准”材质），如图2-9所示。

02 系统会打开“材质/贴图浏览器”对话框，打开“材质” 卷展栏，然后打开“V-Ray”卷展栏，选择“VRayMtl”材质，单击“确定”按钮，如图2-10所示。

03 系统会自动加载VRayMtl材质球，如图2-11所示。

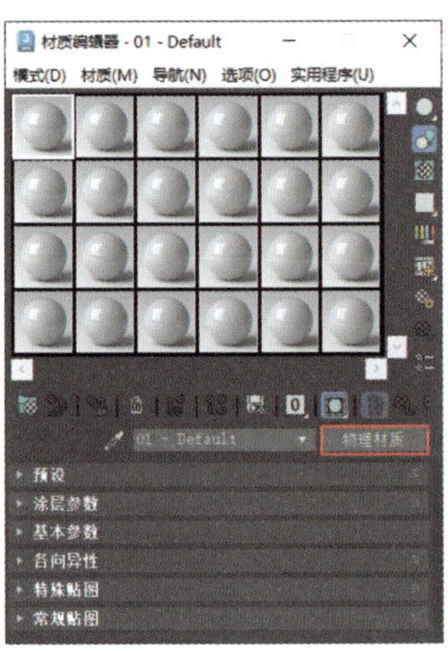


图 2-9

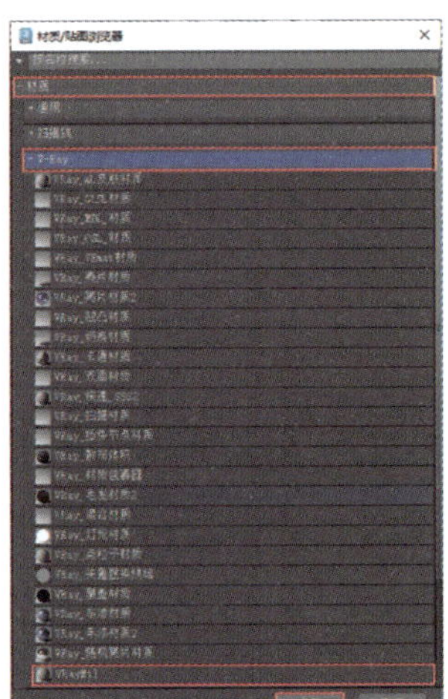

图 2-10

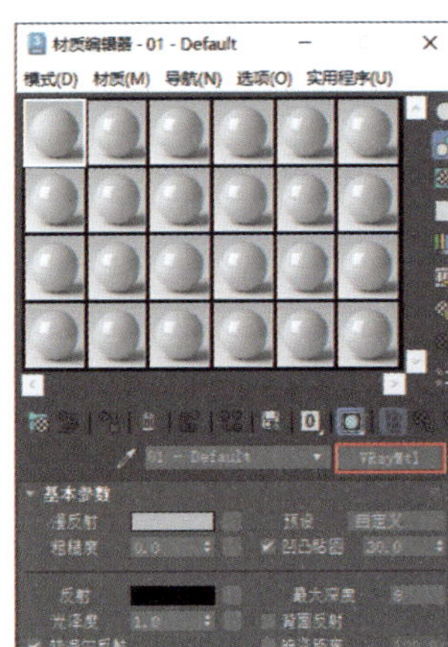


图 2-11

### 2.2.1 基本参数

打开“基本参数”卷展栏，如图2-12所示，该卷展栏主要控制材质的漫反射、反射以及折射效果。

### 1. “漫反射”选项组

“漫反射”中的参数主要用于设置材质的表现颜色和纹理。“漫反射”决定了材质的基本颜色，但不是最终表现的颜色。通过单击它的色块，可以调整漫反射颜色。单击色块后面的按钮可以选择不同的贴图类型，一般使用“位图”贴图来模拟纹理。

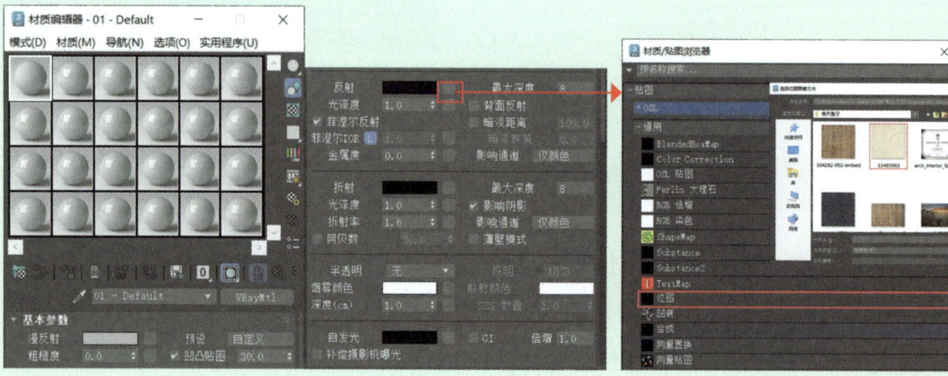

图 2–12

### 2. “反射”选项组

“反射”中的参数主要用于控制材质的反射效果，如材质是否光滑，是否反射其他颜色。

反射：反射效果是靠颜色的亮度来控制的，颜色越白反射越亮，越黑反射越弱。通过色块选择的颜色决定了反射出来的颜色，和反射的强度是分开计算的。单击色块后面的按钮，可以使用贴图的灰度来控制反射的强弱，一般会使用“衰减”程序贴图来模拟菲涅尔反射效果，如图2–13所示。

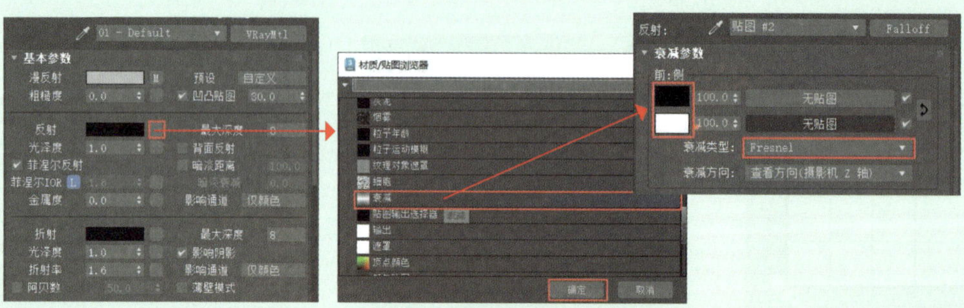

图 2–13

光泽度：物理世界中所有的物体都有反射光泽度，只是多少的区别。默认值“1”表示没有模糊效果，即镜面成像，值越小表示模糊效果越强烈。单击右边的按钮，可以通过贴图的灰度来控制反射模糊的强弱。“光泽度”的数值为0.7~0.9时，材质会表现半亚光效果。日常生活中，常见的半亚光材质有木地板、亚光金属等。

菲涅尔反射：菲涅尔反射是一种真实的反射效果，世界上绝大多数的材质都拥有菲涅尔反射，因此在设置材质参数时，基本上都会勾选该复选框。勾选后，反射强度会与光在物体上的入射角度有关系，入射角度越小，反射越强烈；光线垂直入射的时候，反射强度最弱。同时，菲涅尔反射的效果也和“菲涅尔IOR”有关。当“菲涅尔IOR”为0或100时，将产生完全反射；而当“菲涅尔IOR”从1变化到0时，反射越来越强烈；同样，当“菲涅尔IOR”从1变化到100时，反射也越来越强烈。

### 3. “折射”选项组

“折射”选项组中的参数主要控制物体的透明强弱、折射效果和透明颜色，玻璃、水、水晶和窗帘等材质的透明属性可以在这里进行设置，该选项组如图2–14所示。

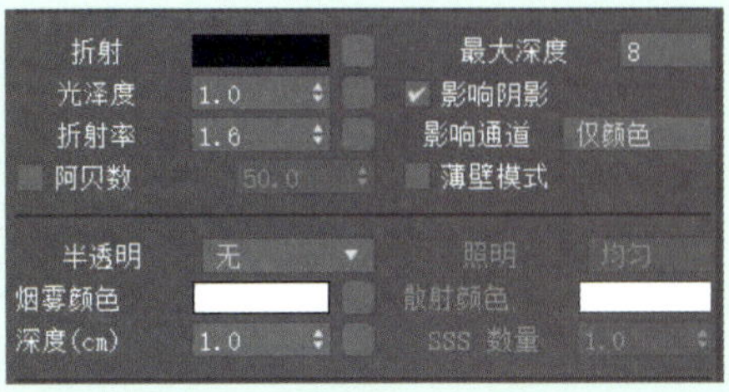


图 2–14

折射：和反射的原理一样，颜色越白，物体越透明，进入物体内部产生折射的光线也就越多；颜色越黑，物体越不透明，产生折射的光线也就越少。单击右边的按钮，可以通过贴图的灰度来控制折射的强弱。

光泽度：用来控制物体的折射模糊程度。值越小，模糊程度越明显；默认值“1”表示不产生折射模糊。单击右边的按钮，可以通过贴图的灰度来控制折射模糊的强弱。

折射率：设置透明物体的折射率。

影响阴影：用来控制透明物体产生的阴影。勾选该复选框时，透明物体将产生真实的阴影。

烟雾颜色：可以在光线通过透明物体后减少光线的量，类似于物理世界中的半透明物体。颜色和物体的尺寸有关，厚的物体需要设置淡一点的颜色才有效果。

**技巧 提示**

真空的折射率是1，水的折射率是1.33，玻璃的折射率是1.5，水晶的折射率是2，钻石的折射率是2.4，这些都是制作效果图常用的折射率。

注意，“影响阴影”这个参数仅对“VRay灯光”和“VRay阴影”有效。另外，在制作有色玻璃和有色透明玻璃时需要勾选该复选框，否则不能填充颜色。

## 2.2.2 双向反射分布函数

“双向反射分布函数”是模拟材质高光区域的一个参数。在物理世界中，物体表面的工艺处理存在差异性，改变了正常光照在物体表面的表现，可以看到光盘表面的高光形状由两个锥形构成，这就是双向反射现象，如图2–15。

图 2–15

“双向反射分布函数”是表现这类物体表面反射特性的方法，它用于定义物体表面光谱和空间的反射特性，参数如图2–16所示，材质的高光区域包含“多面”(Phong)、“反射”(Blinn)、“沃德”(Ward)、“微面GTR（GGX）”4种类型。

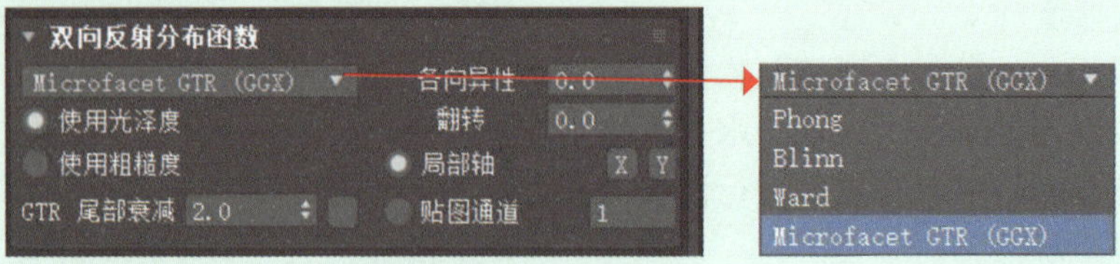


图 2-16

其中，Phong高光硬区小，反射清晰，反光呈椭圆形；Blinn具有标准高光反射质感的特点，适合表现大多数种类的材质；Ward高光弱、区域大，反射比较模糊；Microfacet GTR相当于把上面3种类型进行混合，高光反射的层次效果最丰富。

其余重要参数解析如下。

各向异性：控制高光区域的形状，可以用该参数来设置拉丝效果。

翻转：控制高光区的旋转方向。

局部轴：有X、Y这2个轴可供选择。

贴图通道：可以使用不同的贴图通道与UVW贴图进行关联，从而实现一个物体在多个贴图通道中使用不同的UVW贴图，这样可以得到不同贴图各自相对应的贴图坐标。

## 2.2.3 选项

展开“选项”卷展栏，如图2-17所示，该选项组中常用的是“跟踪反射”选项，用于控制光线是否追踪反射。如果不勾选该复选框，VRay将不渲染反射效果。

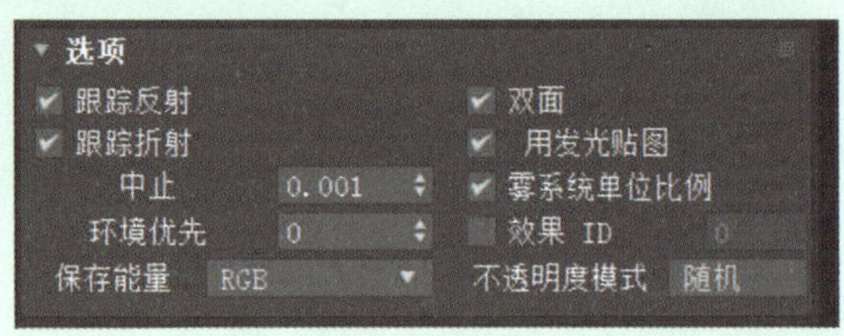


图 2-17

重要参数解析如下。

跟踪反射：控制光线是否追踪反射。如果不勾选该复选框，VRay将不渲染反射效果。

跟踪折射：控制光线是否追踪折射。如果不勾选该复选框，VRay将不渲染折射效果。

中止：指定材质的反射和折射的最小值。

环境优先：控制“环境优先”的数值。

双面：控制VRay渲染的面是否为双面。

## 2.2.4 贴图

“贴图”卷展栏中的参数主要用于设置“凹凸”和“环境”贴图，当然，“漫反射”“反射”和“折射”选项组中使用到的贴图，也能在该卷展栏中进行设置。“贴图”卷展栏如图2-18所示。

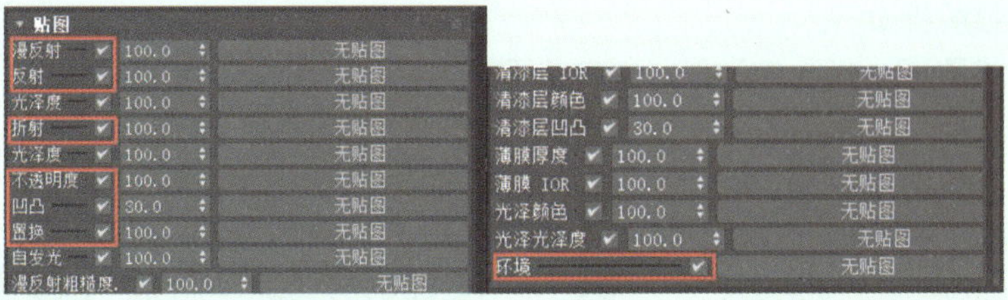


图 2–18

重要参数解析如下。

不透明度：主要用于制作透明物体，如窗帘、灯罩等。

凹凸：主要用于制作物体的凹凸效果，可以在后面的通道中加载一张凸凹贴图。

置换：用于制作物体的置换效果，可以在后面的通道中加载一张置换贴图。

环境：主要根据上面的一些贴图来设定，例如在“反射”贴图、“折射”贴图等的效果上加入环境贴图效果。

**技巧 提示**

在每个贴图通道都有一个数值输入框，该输入框内的数值主要有以下两个功能：

第一个用于调整参数的强度。如在“凹凸”贴图通道中加载了凹凸贴图，那么该参数值越大，所产生的凹凸效果就越强。

第二个用于调整参数颜色通道与贴图通道的混合比例。如在“漫反射”通道中既调整了颜色，又加载了贴图，那么，如果此时数值为100，就表示只有贴图产生作用；如果数值调整为50，则两者各作用一半；如果数值为0，则贴图将完全失效，只表现颜色效果。

## 2.3 VRay灯光系统

灯光是视觉画面的一部分，它可以提供一个完整的整体氛围，展现出影像实体，营造出空间的氛围。VRay拥有一套成熟的灯光系统，单击“创建”面板下的“灯光”按钮，进入“灯光”面板，在“标准”下拉列表中选择“VRay”。该面板提供了4种VRay自带的灯光，分别是“VRay灯光”“VRay环境光”“VRayIES”“VRay太阳光”，如图2–19所示。

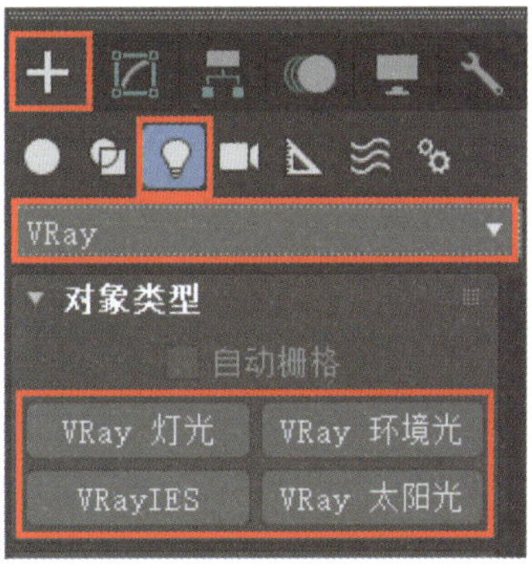


图 2–19

### 2.3.1 灯光系统

VRay灯光可以用来模拟室内灯光，是效果图制作中使用频率最高的一种灯光，参数如图2–20所示，图中已经标示出了常用的参数。

重要参数解析如下。

类型：设置VRay灯光的类型，共有“平面”“穹顶”“球体”“网格”和“圆形”5种类型，如图2-21所示。

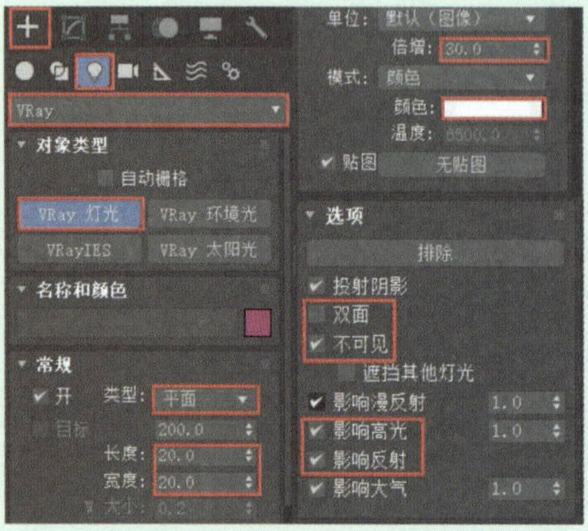


图 2-20

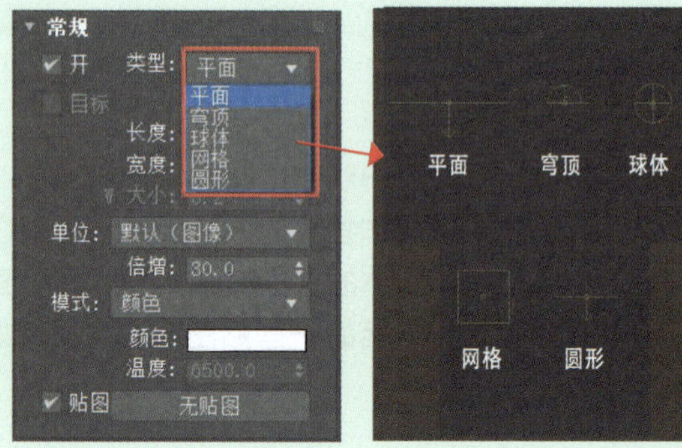


图 2-21

• 平面：将VRay灯光设置成平面形状，该光源以一个平面区域的方式显示，以该区域来照亮场景。由于该光源能够均匀、柔和地照亮场景，因此常用于模拟自然光源或大面积的反光。

• 穹顶：将VRay灯光设置成穹顶状，光线来自位于灯光z轴的半球体状圆顶。该光源能够均匀照射整个场景，光源位置和尺寸对照射效果几乎没有影响，常用于空间较为宽广的室内场景或在室外场景中模拟环境光。

• 球体：以光源为中心向四周发射光线，该光源常用于模拟人造灯光，例如室内设计中的壁灯、台灯和吊灯光源。

• 网格：网格灯光是LWF渲染中比较常用的一种灯光，它可以拾取网格对象，将对象变为光源，具体用法在后面的效果图表现实例中会详细介绍。

• 圆形：可以模拟太阳灯、筒灯、射灯等各种圆形光源。

倍增：设置VRay灯光的强度。

模式：设置VRay灯光的颜色模式，共有“颜色”和“色温”两种。

投射阴影：控制光照是否对物体产生阴影。

双面：用来控制灯光的双面是否都产生照明效果(当灯光类型设置为“平面”时有效，其他灯光类型无效）。图2-22和图2-23所示分别是开启与关闭该选项时的灯光效果。

图 2-22

图 2-23

不可见：用来控制最终渲染时是否显示VRay灯光的形状。图2-24和图2-25所示分别是关闭与开启该选项时的灯光效果。

图 2-24

图 2-25

**影响高光**：控制灯光是否影响物体材质属性的高光。

**影响反射**：勾选该复选框后，灯光将照射物体的反射区，即物体可以反射灯光。

## 2.3.2 VRay灯光实例——茶壶

**01** 打开本书配套资源中的“Chapter 2/2.3.2 茶壶案例/茶壶（场景文件）.max”文件，如图2-26所示。

微课：茶壶

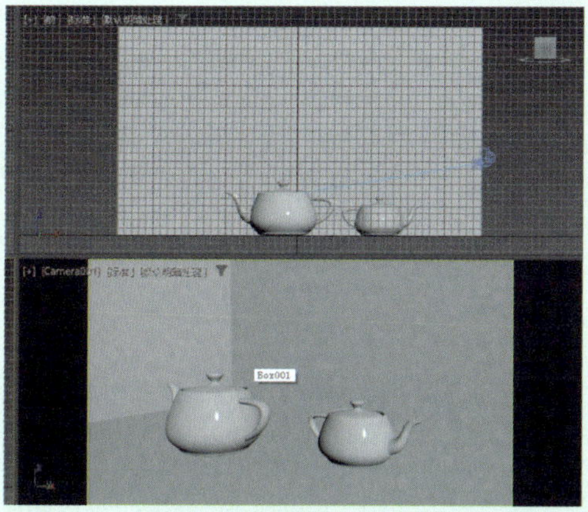

图 2-26

**02** 切换到顶视图，按快捷键F3切换到线框模式，在命令面板中创建一盏“VRay灯光”，选择“类型”为“平面”，设置“倍增”为“3.0”，如图2-27所示。

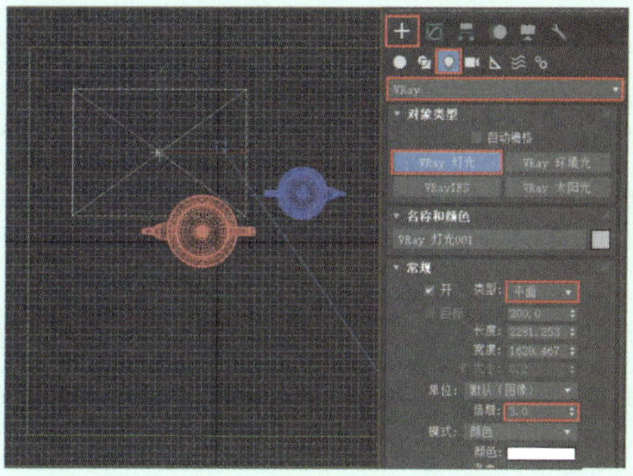

图 2-27

**03** 切换到前视图，选中刚刚创建的“VRay灯光”，单击主工具栏中的“选择并移动”按钮或按快捷键W，将其沿Y轴向上移动到一定高度，如图2-28所示。

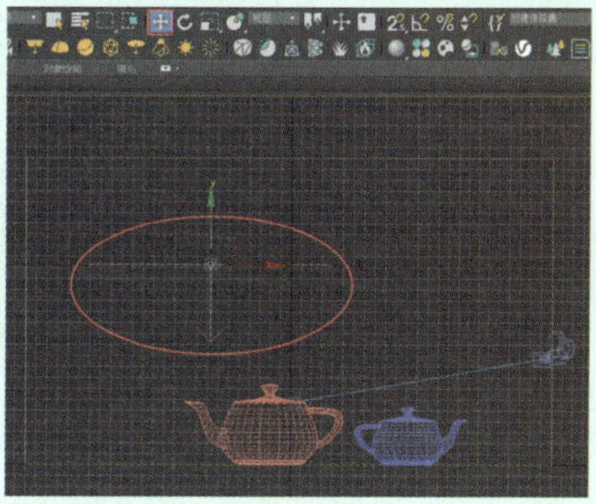

图 2-28

**04** 单击主工具栏中的“选择并旋转”按钮或按快捷键E，将其逆时针旋转30度，如图2-29所示。

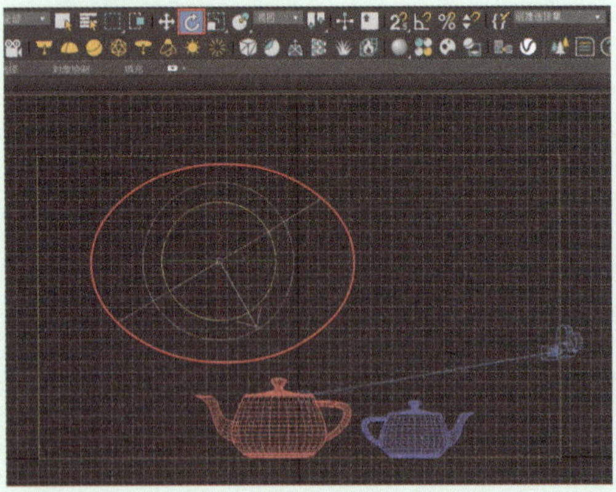

图 2-29

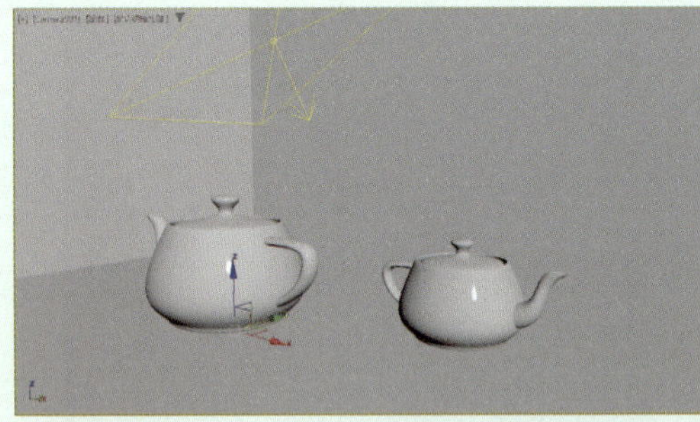

图 2-30

**05** 至此，VRay灯光就创建完成了，接下来可以开始渲染了。按快捷键C切换到摄影机视图，如图2-30所示。按快捷键Shift＋Q渲染摄影机视图，最终渲染效果如图2-31所示。

图 2-31

## 2.3.3 VRay太阳光

“VRay太阳光”主要用来模拟真实的室外太阳光。常用卷展栏包括“太阳参数”和“天空参数”卷展栏，如图2-32所示。

重要参数解析如下。

**强度倍增**：这个参数是指阳光的亮度，默认值为“1”。

**大小倍增**：用于设置太阳的大小，主要控制阴影的模糊程度，较大的值可以使阳光阴影更模糊。

**过滤颜色**：用于自定义太阳光的颜色。

**浊度**：用于控制空气的浑浊度，它影响VRay太阳和VRay天空的颜色。比较小的值表示空气清新干净，此时VRay太阳和VRay天空的颜色比较蓝。

**臭氧**：用于控制空气中臭氧的含量。值较小，天空的颜色比较黄；值较大，天空的颜色比较蓝。

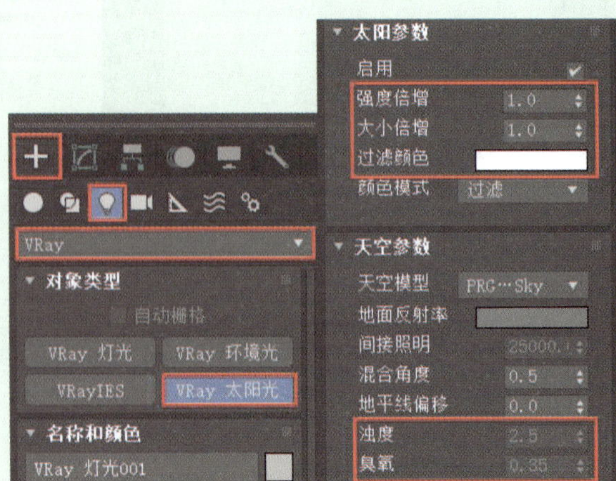


图 2-32

## 2.3.4 VRay灯光材质

“VRay灯光”材质主要用来模拟自发光效果，常用于制作电脑、电视和发光灯管等对象的材质。按M键打开“材质编辑器”窗口，选择一个空白材质球，单击通道“物理材质”按钮，如图2–33所示，系统会打开“材质/贴图浏览器”对话框，打开“材质”卷展栏，然后打开“V-Ray”卷展栏，选择“VRay–灯光材质”，单击“确定”按钮，如图2–34所示。其参数如图2–35所示。

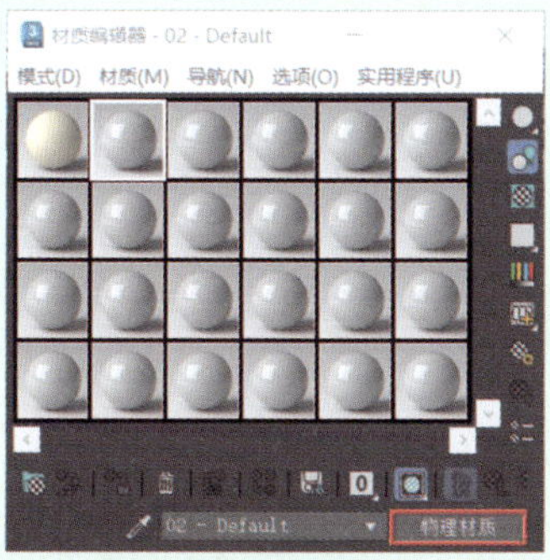

图 2–33

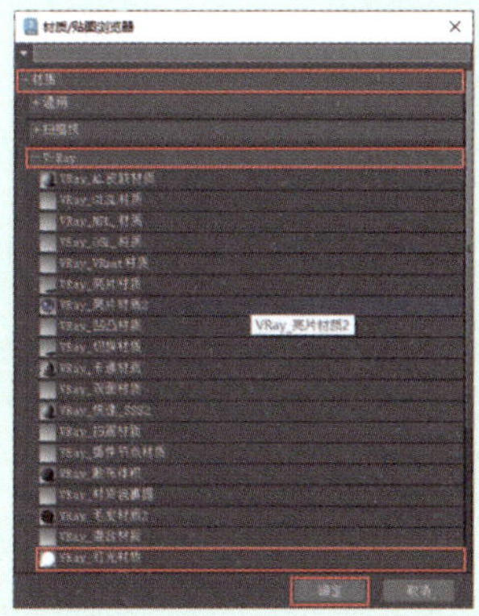
图 2–34

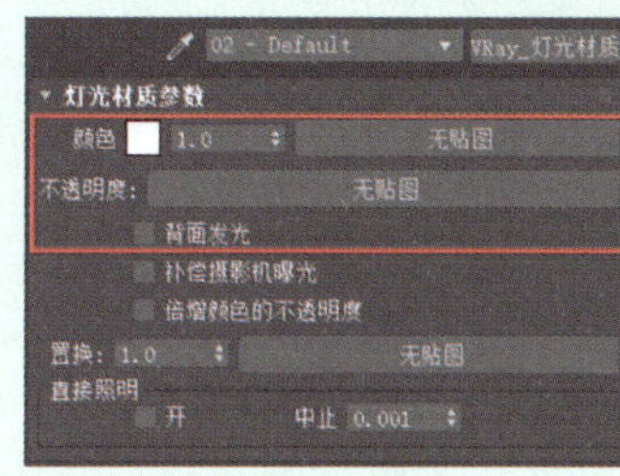

图 2–35

重要参数解析如下。

颜色：设置对象自发光的颜色，输入框用于设置自发光的强度。贴图通道用于加载贴图来代替自发光的颜色。

不透明度：用贴图来指定发光体的透明度。

背面发光：勾选该复选框后，材质光源双面发光。

## 2.3.5 VRay灯光材质实例——窗户

**01** 打开本书配套资源中的“Chapter 2/2.3.5 窗户案例/窗户（场景文件）.max”文件，如图2-36所示。

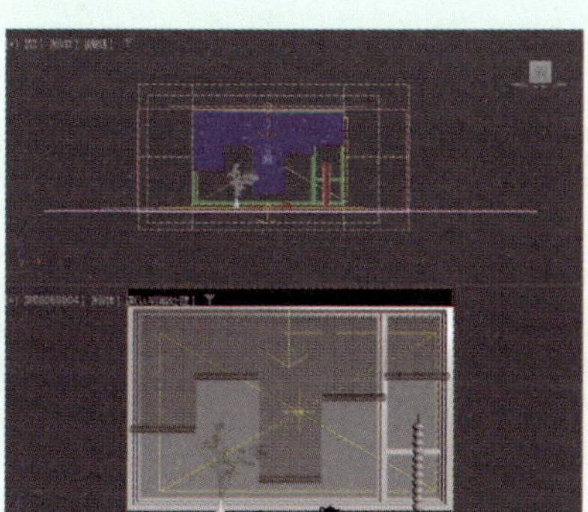
图 2–36

**02** 按M键打开“材质编辑器”窗口，新建一个“VRay灯光”材质球，将其命名为“外景面片”，如图2-37所示。

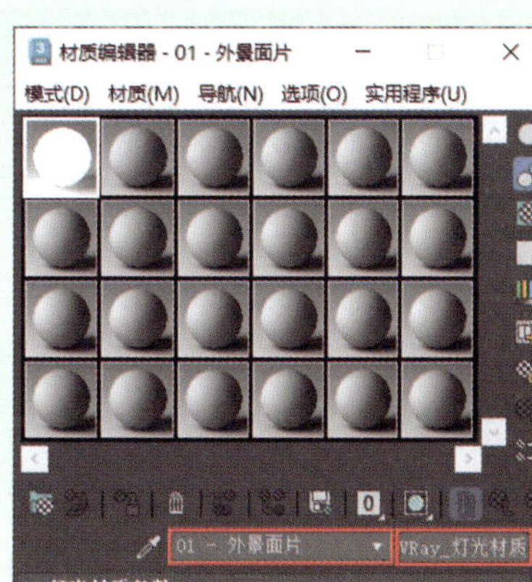

图 2–37

微课：窗户

**03** 在“灯光材质参数”卷展栏下设置“颜色”为黑色，“亮度”为5.0，在贴图通道中加载“Chapter 2/2.3.5 窗户案例/材质包/003.jpg”位图，设置“模糊”为“0.1”，如图2-38所示。

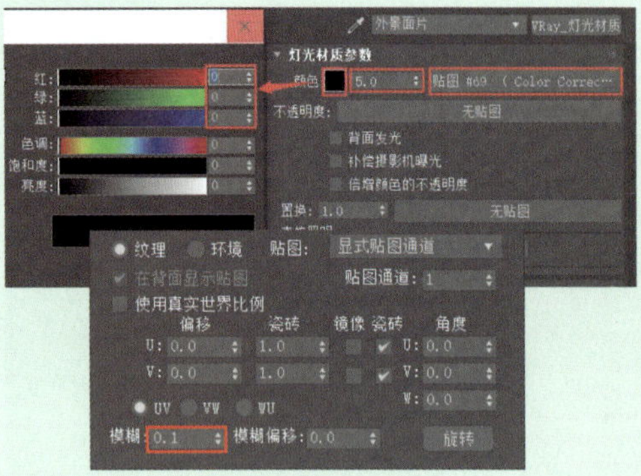


图 2-38

**04** 材质参数设置完毕后，选择窗外的长方体，单击“将材质指定给选定对象”按钮和“视口中显示明暗处理材质”按钮，将材质指定给对象，如图2-39所示。

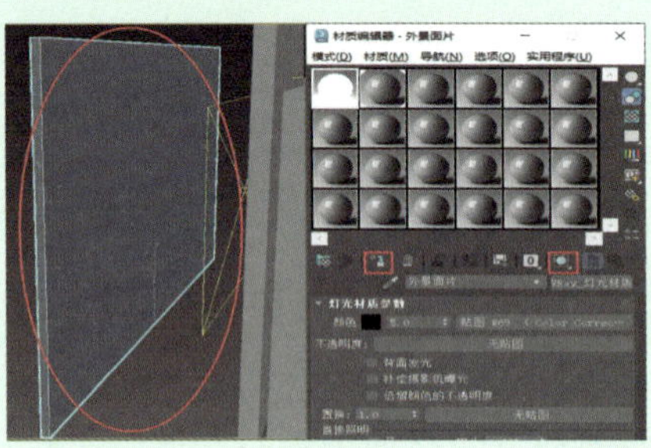

图 2-39

**05** 按C键切换到摄影机视图，此时该视图效果如图2-40所示，按快捷键Shift+Q渲染当前视图，效果图如图2-41所示。

图 2-40

图 2-41

## 2.4 VRay渲染技术

VRay渲染技术是VRay最重要的一个部分，它最大的特点是较好地平衡了渲染品质与计算速度。VRay提供了多种GI(全局照明）方式，使用户可以灵活地选择渲染方案：既可以选择快速高效的渲染方案，也可以选择高品质的渲染方案。按F10键可以打开“渲染设置”窗口。加载了VRay的“渲染设置”窗口如图2-42所示。

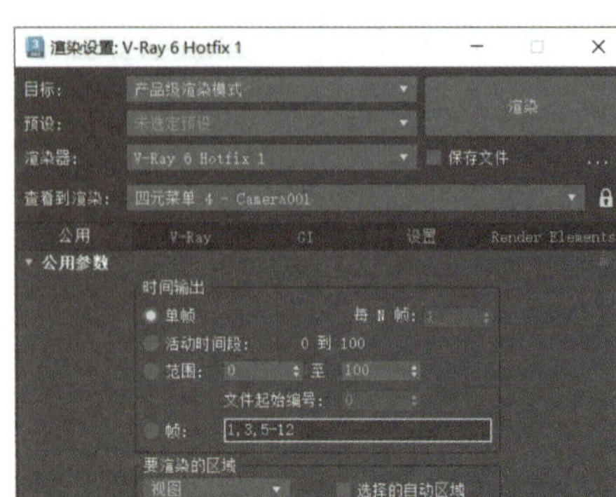


图 2-42

## 2.4.1 VRay面板

VRay渲染参数主要包括“公用”“V-Ray”“GI（间接照明）”“设置”“Render Elements（渲染元素）”5个选项卡，切换到“V-Ray”选项卡，如图2-43所示。

### 1. “全局开关”卷展栏

“全局开关”卷展栏下的参数主要用来对场景中的置换、灯光、材质等进行全局设置，例如是否开启置换、是否使用默认灯光、是否开启阴影等，如图2-44所示。

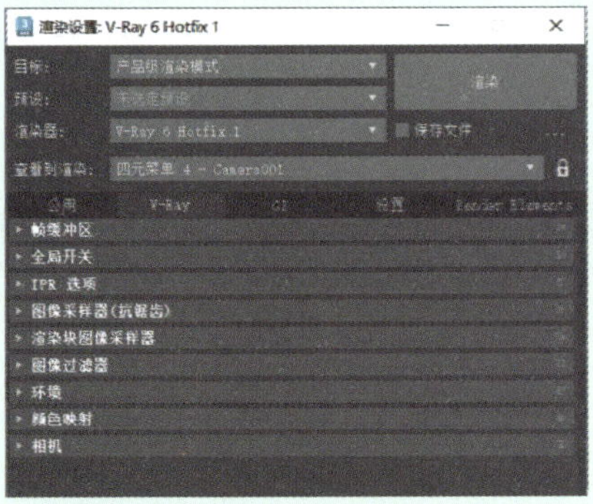


图 2-43

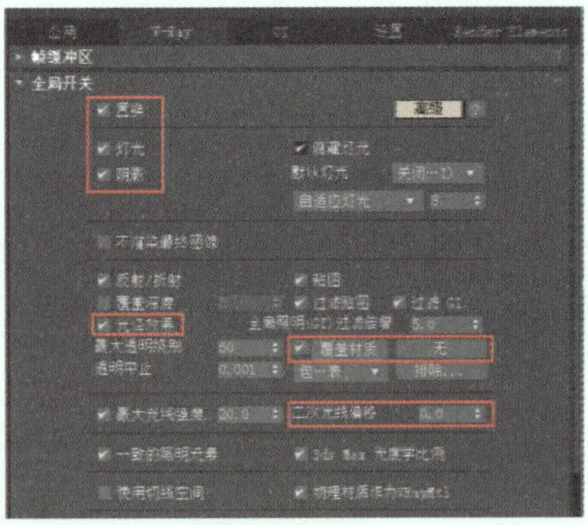

图 2-44

重要参数解析如下。

**覆盖材质**：是否给场景赋予一个全局材质。在后面的通道中设置了一个材质后，场景中所有的物体都将使用该材质进行渲染，这在测试阳光效果及检查模型完整度时非常有用。

**光泽效果**：是否开启反射或折射模糊效果。关闭该选项后，场景中带模糊的材质将不会渲染出反射或折射模糊效果。

**二次光线偏移**：主要用来避免有重面的物体在渲染时产生黑斑。如场景中有重面，在默认值“0”的情况下将会产生黑斑，一般通过设置一个比较小的值（如0.001）来纠正渲染错误。如果这个值设置得比较大，那么场景中的间接照明将变得不正常。

### 2. “图像采样器（抗锯齿）”卷展栏

抗锯齿在渲染设置中是一个必须调整的参数，其数值的大小决定了图像的渲染精度和渲染时间，抗锯齿与全局照明精度的高低没有关系，只与场景物体的图像和物体的边缘精度有关，打开“过滤器”下拉列表可以看到很多过滤器选项，如图2-45所示。

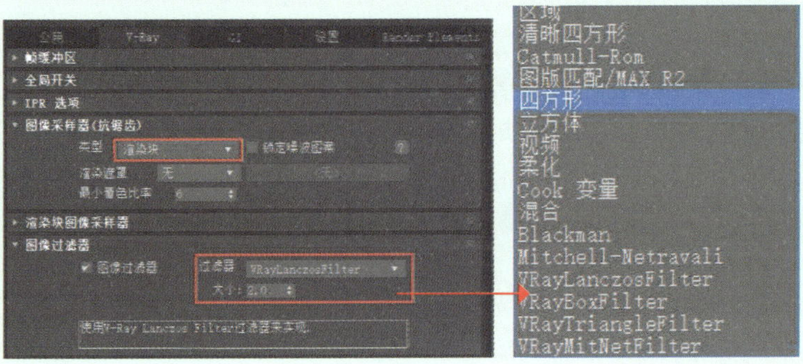


图 2-45

重要参数解析如下。

类型：用来设置图像采样器的类型，包括“固定”“自适应DMC”和“自适应细分”3种类型。

图像过滤器：勾选该复选框后，可以从后面的下拉列表中选择一个抗锯齿过滤器来对场景进行抗锯齿处理；如果不勾选该复选框，那么渲染时将使用纹理抗锯齿过滤器。抗锯齿过滤器常用的有“区域”“Mitchell–Netravali”“Catmull–Rom”“VRaySincFilter”4个选项。“区域”表示用区域大小来计算抗锯齿；“Mitchell–Netravali”能产生微量模糊的图像效果。“Catmull–Rom”是具有边缘增强效果的过滤器，可以产生比较清晰的图像效果。“VRaySincFilter”可以很好地平衡渲染速度和质量。

大小：设置过滤器的大小。

### 3. “颜色映射”卷展栏

“颜色映射”卷展栏下的参数主要用来控制整个场景的颜色和曝光方式，“类型”下拉列表下的几种模式如图2–46所示。

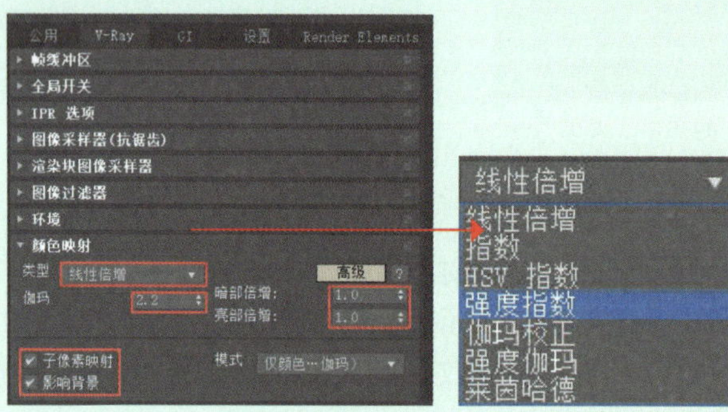


图 2–46

重要参数解析如下。

类型：提供不同的曝光模式，包括“线性倍增”“指数”“HSV指数”“强度指数”“伽玛校正”“强度伽玛”和“莱因哈德”7种模式，常用的有以下3种。

- 线性倍增：这种模式将基于最终色彩亮度来进行线性倍增，可能会导致靠近光源的点过分明亮。“线性倍增”模式包括3个局部参数：“暗色倍增”可对暗部的亮度进行控制，加大该值可以提高暗部的亮度；“亮度倍增”可对亮部的亮度进行控制，加大该值可以提高亮部的亮度；“伽玛值”主要用来控制图像的伽玛值。
- 指数：采用指数模式曝光，可以降低靠近光源处表面的曝光效果，同时降低场景颜色的饱和度。“指数”模式的局部参数与“线性倍增”一样。
- 莱因哈德：这种曝光方式可以把“线性倍增”和“指数”曝光混合起来。它包括一个“加深值”局部参数，主要用来控制“线性倍增”和“指数”曝光的混合值，“0”表示“线性倍增”不参与混合；“1”表示“指数”不参加混合；“0.5”表示“线性倍增”和“指数”曝光效果各占一半。

子像素映射：在实际渲染时，物体的高光区与非高光区的界限处会有明显的黑边，而勾选“子像素映射”复选框后就可以缓解这种现象。

影响背景：控制是否让曝光模式影响背景。当关闭该选项时，背景不受曝光模式的影响。

## 2.4.2 GI(全局照明)

切换到“GI”选项卡，如图2-47所示。下面重点讲解“全局照明”“发光贴图”和“灯光缓存”卷展栏下的参数。

### 1. “全局照明”卷展栏

开启GI照明后，光线会在物体与物体之间互相反弹，因此光线计算会更加准确，图像也更加真实，其参数如图2-48所示。

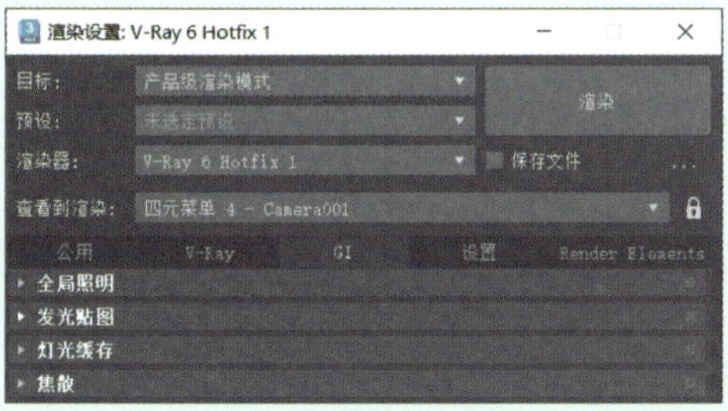

图 2-47

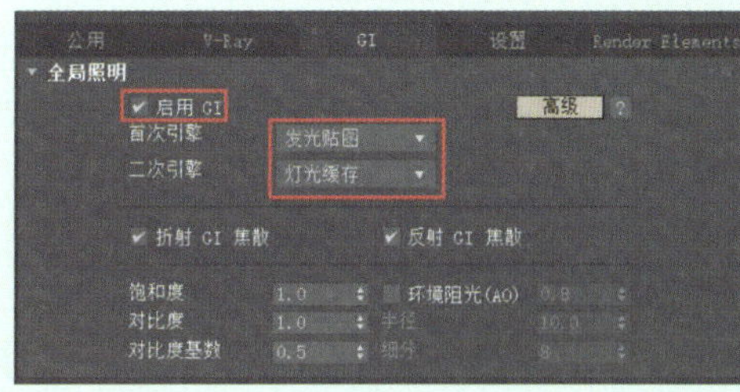

图 2-48

**首次引擎**：用于设置光线的首次反弹。首次反弹的GI引擎包括“发光贴图”“光子图”“BF算法”和“灯光缓存”4种，通常设置为“发光贴图”。

**二次引擎**：用于设置光线的二次反弹。二次反弹的GI引擎包括“无”（表示不使用引擎）、“光子图”“BF算法”和“灯光缓存”4种，通常设置为“灯光缓存”。

> **技巧 提示**
>
> 在默认情况下是没有“灯光缓存”卷展栏的，要调出这个卷展栏，需要先在“全局照明”卷展栏下将“二次引擎”设置为“灯光缓存”。

### 2. “发光贴图”卷展栏

“发光贴图”中的“发光”描述了三维空间中的任意一点及全部可能照射到这点的光线，它是一种常用的全局光引擎，只存在于“首次引擎”中，“当前预设”下拉列表包括8种预设模式，如图2-49所示。

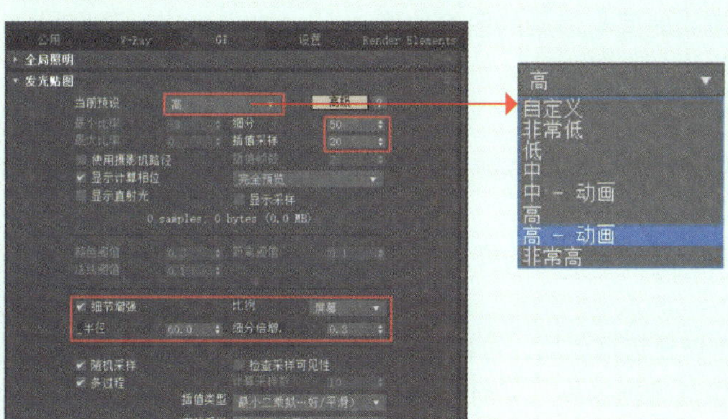


图 2-49

**当前预设**：设置发光贴图的预设类型，共有以下8种。

- **自定义**：选择该模式时，可以手动调节参数。
- **非常低**：这是一种非常低的精度模式，主要用于测试阶段。
- **低**：一种比较低的精度模式，不适合保存光子贴图。
- **中**：一种中级品质的预设模式。
- **中-动画**：用于渲染动画效果，可以解决动画闪烁的问题。
- **高**：一种高精度模式，一般用在光子贴图中。
- **高-动画**：比中等品质效果更好的一种动画渲染预设模式。
- **非常高**：预设模式中精度最高的一种，可以用来渲染高品质的效果图。

**细分**：因为VRay采用的是几何光学，所以该参数用来模拟光线的数量，值越高，模拟的光线越多，样本精度越高，渲染的品质越好，同时渲染时间也会增加。

**插值采样**：用于对样本进行模糊处理，较大的值可以得到比较模糊的效果，较小的值可以得到比较锐利的效果。

**细节增强**：用于设置是否开启“细节增强”功能。

**比例**：细分半径的单位依据，有“屏幕”和“世界”两个单位选项。“屏幕”是指用渲染图的最后尺寸来作为单位；“世界”是用3ds Max系统中的单位来定义。

**半径**：表示细节部分有多大区域使用“细节增强”功能。“半径”值越大，使用“细节增强”的区域也就越大，同时渲染时间也越慢。

**细分倍增**：指全局细分倍增，它是一个控制场景灯光、物体、反射折射的统一的设置。这个值越高，渲染的细节就越好，效果就越真实，但渲染时间也会越长。

### 3.“灯光缓存”卷展栏

“灯光缓存”卷展栏与“发光贴图”卷展栏的功能比较相似，都是将最后的光发散到摄影机后得到最终图像，只是“灯光缓存”与“发光贴图”的光线路径是相反的，“发光贴图”的光线追踪方向是从光源发射到场景的模型中，最后再反弹到摄影机，而“灯光缓存”是从摄影机开始追踪光线到光源，摄影机追踪光线的数量就是“灯光缓存”的最后精度。由于“灯光缓存”是从摄影机方向开始追踪光线的，所以最后的渲染时间与渲染的图像的像素没有关系，只与卷展栏中的参数有关，一般适用于“二次引擎”，其参数如图2-50所示。

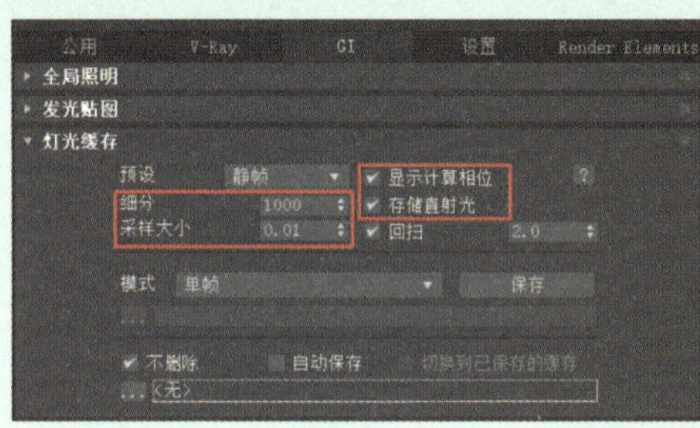


图 2-50

**细分**：用来决定“灯光缓存”的样本数量。值越高，样本总量越多，渲染效果越好，渲染时间越慢。

**采样大小**：用来控制“灯光缓存”的样本大小，比较小的样本可以得到更多的细节，但是同时需要更多的样本。

**显示计算相位**：勾选该复选框以后，可以显示“灯光缓存”的计算过程。

**存储直射光**：勾选该复选框以后，“灯光缓存”，将保存直接光照信息。当场景中有很多灯光时，使用这个选项会提高渲染速度。

# 2.5 LWF渲染模式

随着装修装饰行业的兴起和发展，效果图表现行业也发展得如火如荼。虽然效果图表现的流程遵循着固有的模式，然而随着社会需求的不断增加，越来越多的企业和设计师开始从传统效果图渲染模式转变为LWF（线形工作流）渲染模式。

## 2.5.1 什么是LWF

LWF的宗旨是“所见即所得”。从软件端来说，传统效果图渲染模式和LWF渲染模式的本质区别是Gamma值：在传统的效果图制作流程中，使用Gamma 1.0计算整个颜色空间的色阶；在LWF中，使用Gamma 2.2来计算颜色空间的色阶。图2-51和图2-52所示分别是传统渲染模式和LWF渲染模式的效果，如果从效果图布光的效果来看，前者必须通过 “补光”才能得到完美的光照效果。

图 2-51

图 2-52

相比于传统效果图布光的“补光”法，LWF的优势是：只需要在场景中真实存在光源的地方进行打光即可。例如，可以直接使用球形光源来模拟灯泡，而不需要设置现实中不存在的面光灯来补光，仅仅通过调整光源的数量和位置来打光，即可得到真实的照明效果。所以，使用LWF归根结底是优化打光的方法，从初始思路上就遵从现实场景的灯光设计，避免使用过量的灯光，这不仅使打光的过程变得非常简单真实，还提升了效果图制作的效率，更加满足商业化的需求。使用LWF制作效果图，更像是使用相机拍照的过程，还原的是真实的场景。

虽然LWF渲染模式下的效果图制作仍然遵守了固有流程，但是对图的效果有很大的影响。下面列出效果图制作中比较重要的3点注意事项。

第1点：因为大部分人在使用3ds Max的时候已经熟悉了Gamma 1.0的模式，所以在使用LWF模式布光的时候，要注意千万不要随意补光。在LWF模式中，仅需要按真实世界的灯光格局打光。

第2点：经LWF渲染的图像都会偏灰，因为LWF渲染的目的就是还原真实世界的灰阶和还原摄影机摄影的过程。对于这个问题，可以通过后期处理来解决。

第3点：LWF对效果图影响最大的还是布光方式。布光完成且光照强度都合适的情况下，如果画面仍然偏暗，注意不要增加“补光”，更不能增加灯光亮度。这时候，可以考虑在设计上增加灯具，也可以考虑使用“渲染设置”窗口中的“颜色贴图”来控制曝光度。

## 2.5.2 LWF的设置方法

前面已经提到过，在软件端，LWF和传统渲染模式的本质区别在于Gamma值，所以通过设置3ds Max的相关Gamma值即可设置LWF。

首先在3ds Max的菜单栏中执行“文件”菜单→“首选项”命令，如图2–53所示。然后打开“首选项设置”对话框，切换到“Gamma和LUT”选项卡，勾选“启用Gamma/LUT校正”复选框，设置“Gamma”值为2.2，勾选“影响颜色选择器”和“影响材质选择器”复选框，单击“确定”按钮，如图2–54所示。

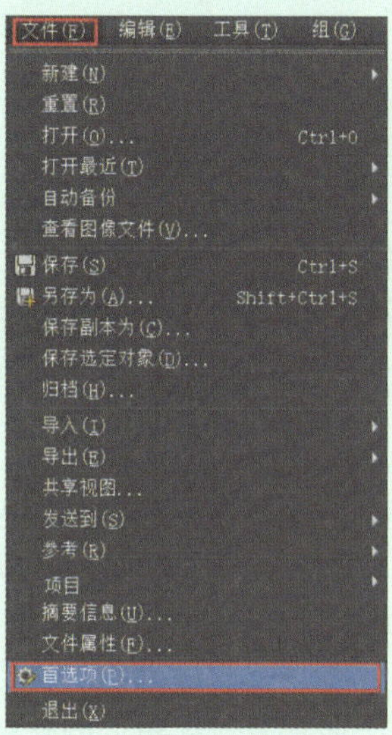

图 2–53

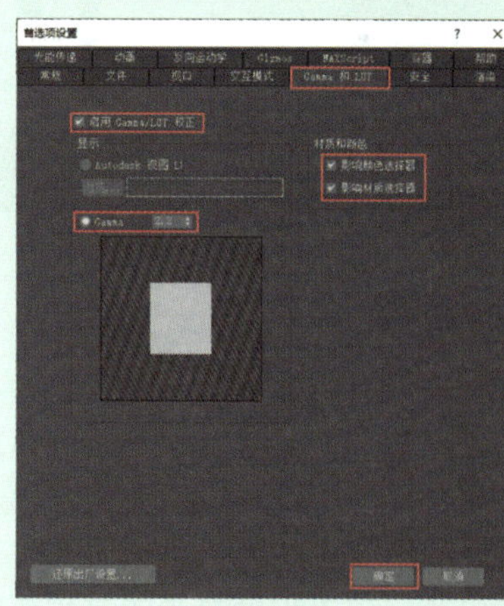

图 2–54

# 2.6 VRay的物理相机

## 2.6.1 物理相机介绍

VRay的物理相机是VRay系统中一个具有特效功能的相机，其常用功能包括相机类型的选择、景深效果和运动模糊效果。

## 2.6.2 物理相机面板分析

VRay物理相机的功能和现实中的相机功能相似，都有光圈、快门、曝光、ISO等调节功能。用户通过VRay物理相机能制作出更真实的作品。VRay物理相机的参数如图2-55所示。这里选取一些重要的参数进行讲解。

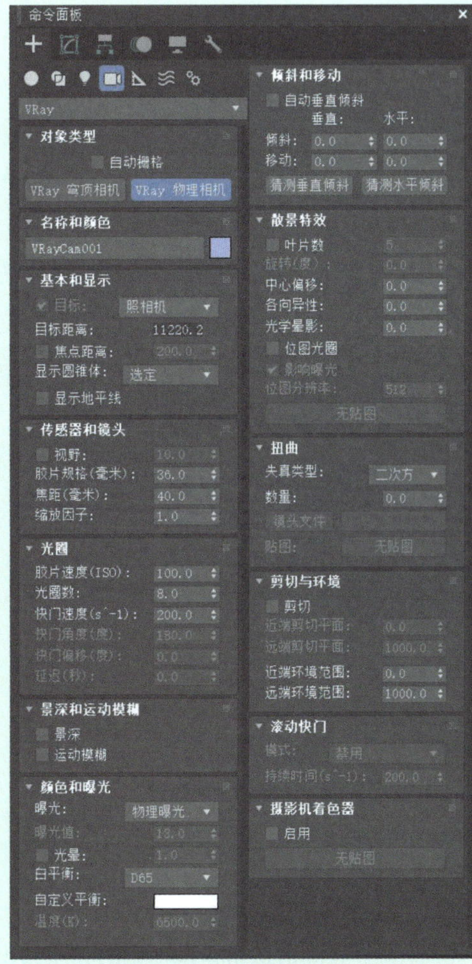


图 2-55

1.“对象类型”卷展栏

对象类型：VRay物理相机内置了两种类型的相机，通过该选项，用户可以根据需要选择合适的相机类型。

2.“基本和显示”卷展栏

照相机：用来模拟常见的静态画面的照相机。如图2-56所示。

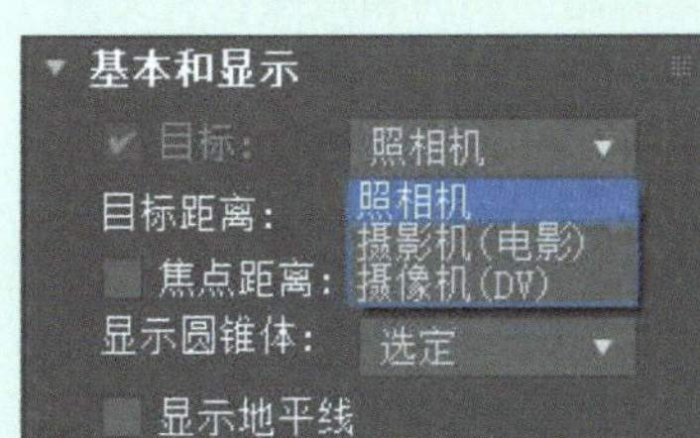


图 2-56

摄影机(电影)：用来模拟一台圆形快门的电影摄影机。

摄像机(DV)：用来模拟带有CCD矩阵的快门摄像机。

目标：选中该复选框，相机的目标点将放在焦平面上。

目标距离：控制相机到目标点的距离。默认情况下该选项是关闭的，即摄影机没有目标点。如果需要使用目标距离，需要手动启用并设置相关参数。在启用目标距离后，摄影机会自动对准目标点，保持与目标点的距离不变，从而实现一些特殊的拍摄效果。

3.“传感器和镜头”卷展栏

视野：选中该复选框后可以固定视域。

胶片规格：控制相机所看到的景色范围。

焦距：控制相机的焦长。

缩放因子：控制相机视图的缩放，值越大，相机视图拉得越近。

4.“光圈”卷展栏

胶片速度(ISO)：控制图像的明暗。值越大，表示感光系数越大，渲染出的图像就越亮。下面用例子来具体说明。

微课：茶室

打开本书配套资源中的“Chapter 2/2.6.2 茶室案例/茶室.max”文件，场景的材质灯光都已经设置好，选择场景中的物理相机，其参数设置如图2-57所示。单击“渲染”按钮，可以得到如图2-58所示的效果。

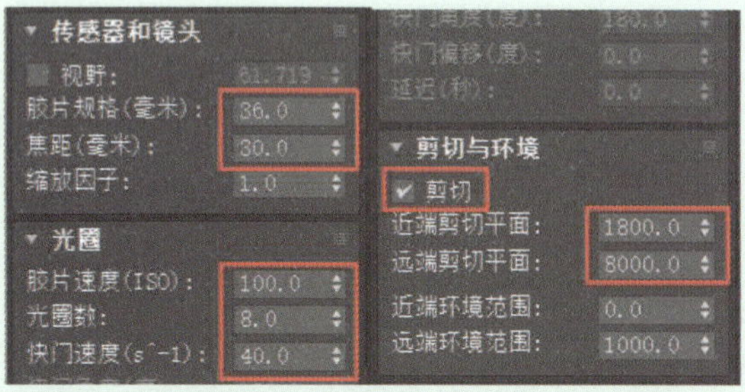


图 2-57

图 2-58

调整“胶片速度（ISO）”为40.0时，得到的效果如图2-59所示。调整“胶片速度（ISO）”为300.0时，得到的效果如图2-60所示。

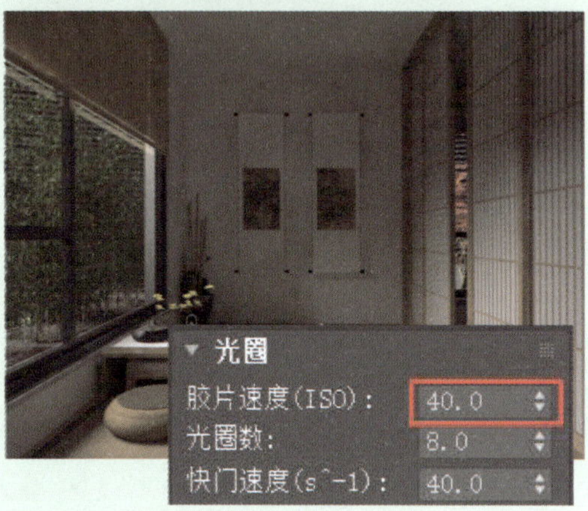


图 2-59

图 2-60

光圈数：光圈数是指物理相机的光圈大小，其可以控制渲染图的最终亮度。值越小图越亮，值越大图越暗，同时和景深也有关系，大光圈景深小，小光圈景深大。

调整“光圈数”为12，继续渲染，得到如图2-61所示的效果。调整“光圈数”为6，继续渲染，得到如图2-62所示的效果。

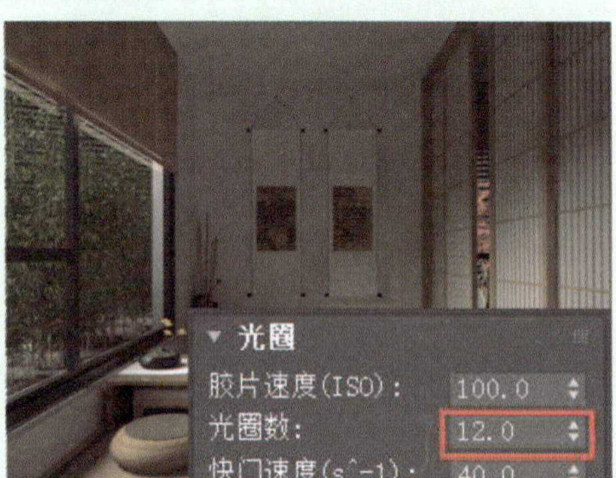


图 2-61

图 2-62

5. “景深和运动模糊”卷展栏

景深：控制是否产生景深。如果想得到景深效果，就需要选中该复选框。

运动模糊：控制是否产生动态模糊效果。

当使用了物理相机的景深和动态模糊时，渲染面板的景深和动态模糊将失去作用。

6. “倾斜和移动”卷展栏

垂直倾斜：控制相机在垂直方向上的变形，主要用于纠正三点透视到两点透视的效果。

水平倾斜：控制相机在水平方向上的变形，主要用于纠正三点透视到两点透视的效果。

垂直移动：矫正摄影机的垂直变形。

水平移动：矫正摄影机的水平变形。

7. “散景特效”卷展栏

叶片数：控制背景产生的小圆圈的边，默认为5。如果取消选中该复选框，那么背景就是圆形。

旋转(度)：背景小圆圈的旋转角度。

中心偏移：背景偏移原物体的距离。

各向异性：控制背景的各向异性，值越大，背景的小圆圈越长，于是会变成椭圆。

# 2.7 VRay景深

## 2.7.1 VRay景深介绍

若相机的镜头对某一物体聚焦清晰，那么在镜头中心所对位置、垂直镜头轴线的平面上的点都可以在胶片或者接收器上呈现相当清晰的图像，平面上沿着镜头轴线前后一定范围内的点也可以形成较清晰的像点，通常把这个前后距离称为相机的景深。

以拍摄者为基准，从焦点到近处容许弥散圆的距离称为前景深，从焦点到远方容许弥散圆的距离称后景深，弥散圆是指物点成像时，由于像差，其成像光束不能会聚于一点，在像平面上形成一个扩散的圆形投影，它的大小和形状会影响到模拟的光照和阴影效果。如图2–63所示。景深的大小能决定是把背景模糊化来突出拍摄对象，还是拍出清晰的背景。人们经常能够看到，摄影师在拍摄花、昆虫等的照片时，会将背景拍得很模糊(称为小景深)，如图2–64所示；但是在拍摄纪念照、集体照或风景等的照片时，摄影师一般会把背景拍摄得和拍摄对象一样清晰(称为大景深)。

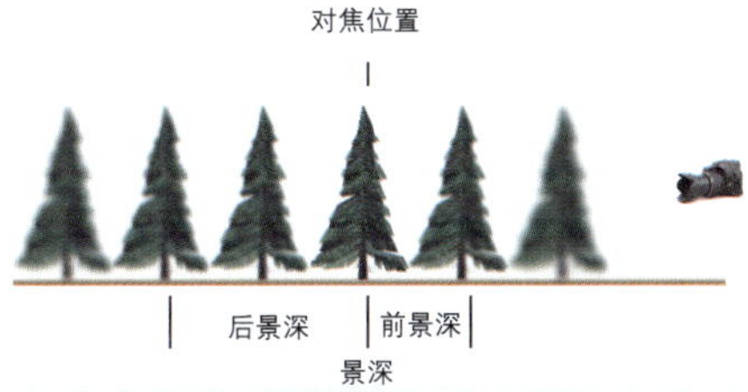


图 2–63

图 2–64

## 2.7.2 VRay景深实例——茶桌

**01** 打开本书配套资源中的“Chapter 2/2.7.2 茶桌案例/茶桌.max”文件，此场景的灯光和物理相机都已经布置好了，物理相机的参数设置如图2-65所示。

微课：茶桌

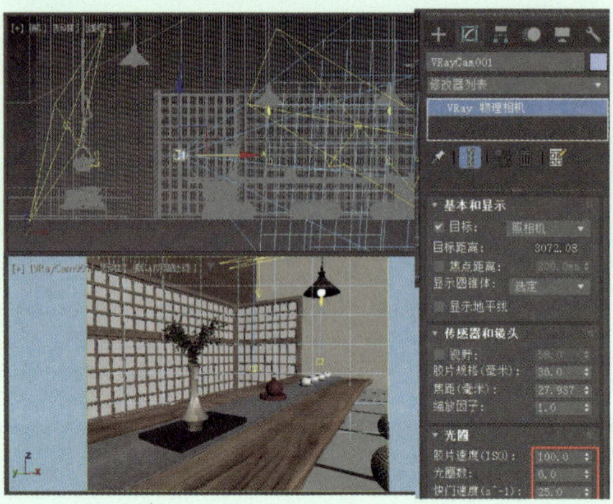

图 2-65

**02** 单击“渲染”按钮，可以得到如图2-66所示的渲染效果。

图 2-66

**03** 设置场景的景深参数。选择VRay物理相机，进入命令面板，打开“基本和显示”卷展栏，勾选“焦点距离”复选框，设定“焦点距离”为770mm，如图2-67所示，此时焦点在花瓶前，按快捷键Shift+Q进行渲染，可以得到如图2-68所示的效果。

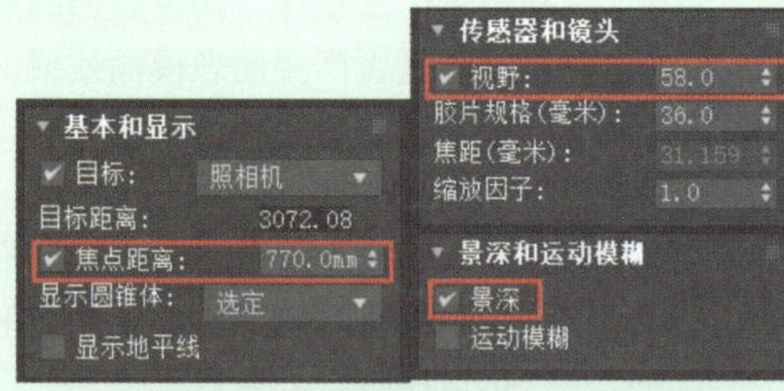


图 2-67

图 2-68

**04** 从图2-68可以看出，从花瓶开始往后，物体逐渐变模糊。接下来设定“焦点距离”为1300mm，如图2-69所示，此时焦点在红色茶壶前，按快捷键Shift+Q进行渲染，可以得到如图2-70所示的效果。

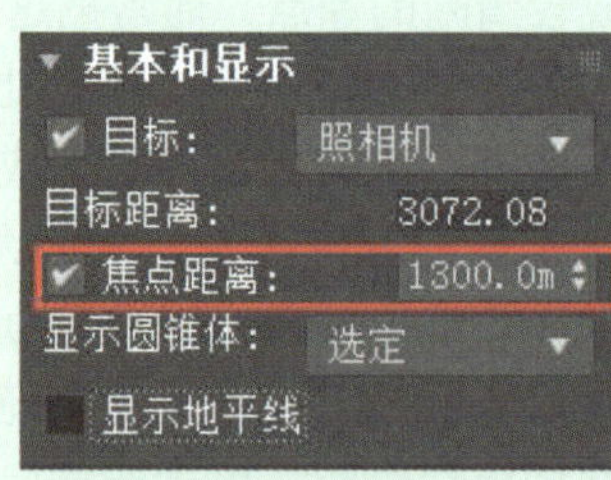


图 2-69

图 2-70

**05** 继续设定“焦点距离”为2400mm，如图2-71所示，此时焦点在四个茶杯前，按快捷键Shift＋Q进行渲染，可以得到如图2-72所示的效果。

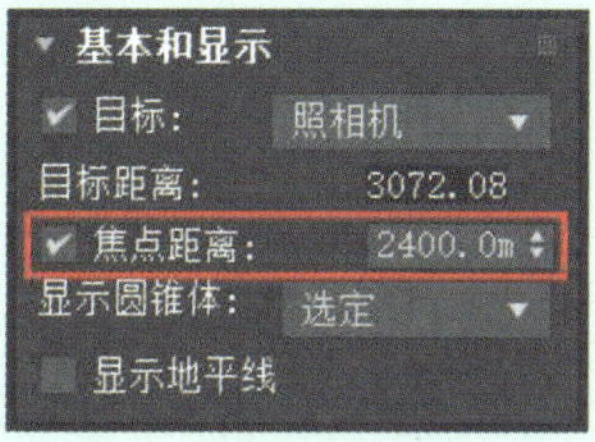


图 2-71

图 2-72

## 2.8 知识与技能梳理

使用3ds Max创作作品时，一般都遵循“建模→灯光→材质→渲染”这个最基本的步骤。由于VRay可以真实地模拟现实光照，并且操作简单，可控性也很强，因此被广泛应用于建筑表现、工业设计和动画制作等领域。VRay的渲染速度与渲染质量之间较平衡，在保证较高渲染质量的前提下也具有较快的渲染速度。本章介绍了VRay的重要技术，如全局开关、图像采样器、颜色贴图、环境、间接照明（GI）、发光图、灯光缓存、焦散等。

## 2.9 课后练习

一、选择题（共3题），请扫描二维码进入即测即评。

2.9 课后练习

1．3ds Max 2024自带的默认渲染器有（　　）个。

A．2　　B．3　　C．5　　D．7

2．3ds Max 2024默认的渲染器是（　　）。

A．mental ray渲染器　　B．VRay渲染器　　C．扫描线渲染器　　D．iray渲染器

3．在3ds Max 2024中，渲染当前激活视图窗口的快捷键是（　　）。

A．Alt+Q　　B．Shift+Alt+Q　　C．Shift+Q　　D．Ctrl+Q

二、简答题

1．为什么说VRay是目前3ds Max最受欢迎的渲染器？

2．VRay灯光对象类型有哪些？

Chapter 3

# 材质与贴图技术

材质主要用于表现物体的颜色、质地、纹理、透明度和光泽等特性，依靠各种类型的材质可以制作出现实世界中的大部分物体。与建模不同，材质模拟对象的本质，而不是外观，所以对象的逼真度、精细度都与材质有直接关联。本章将介绍材质球和贴图的使用方法，以及如何将材质球与不同的程序贴图结合制作出简单的材质。

| 学习要求 | 知识点 | 学习目标 | | | |
|---|---|---|---|---|---|
| | | 了解 | 应用 | 创新 | 重点知识 |
| | 材质基础知识及常见材质练习 | 🚩 | | | |
| | 不锈钢材质表现 | | 🚩 | | |
| | 玻璃材质表现 | | 🚩 | | |
| | 瓷器材质表现 | | 🚩 | | |
| | 其他材质表现 | | 🚩 | | |

能力与素养目标

# 3.1 材质基础知识

在3ds Max中，可以使用材质和纹理来模拟材料，然后通过渲染将材质分配给物体，从而使虚拟的物体产生实际的质感。在建筑作品中，使用3ds Max可以轻松模拟出玻璃、天空、金属等质感。在工业建模中，3ds Max也能够逼真地模拟跑车的金属光泽、按键的质感等。

## 3.1.1 什么是材质

材质可以看成是材料和质感的结合。在渲染过程中，材质是物体表面各种属性的结合，这些属性是指物体表面的色彩、纹理、光滑度、透明度、反射率、折射率、发光度等。正是有了这些属性，观者才能够认识到三维空间中的物体是怎样表现的，也正是有了这些属性，计算机模拟的三维虚拟世界才会和真实世界一样缤纷多彩。大部分质感可以通过仔细观察来掌握其本质属性。例如，水是透明的，岩石是坚硬的，雾气是朦胧的，等等。观察事物是编辑材质的开始，而有些时候还需要给现实中不存在的物体创造材质。

在3ds Max中，创建材质是一件非常简单的事情，任何模型都可以被赋予材质。在3ds Max中创建好模型后，可以使用“材质编辑器”来调整物体的颜色、光泽和质感特性。

## 3.1.2 认识材质编辑器

“材质编辑器”是编辑材质的窗口，它提供了各种编辑工具。通过使用这些工具，可以快速、准确地编辑出需要的效果。启动3ds Max 2024，按M键打开“材质编辑器”窗口，系统默认打开的是“Slate材质编辑器”，如图3–1所示。

执行“模式”菜单→“精简材质编辑器”命令，“材质编辑器”窗口变为如图3–2所示窗口。在工作中，通常使用“精简材质编辑器”进行材质制作。

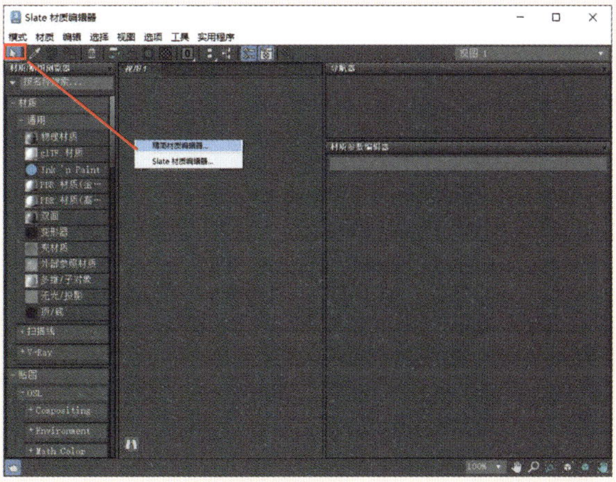


图 3–1

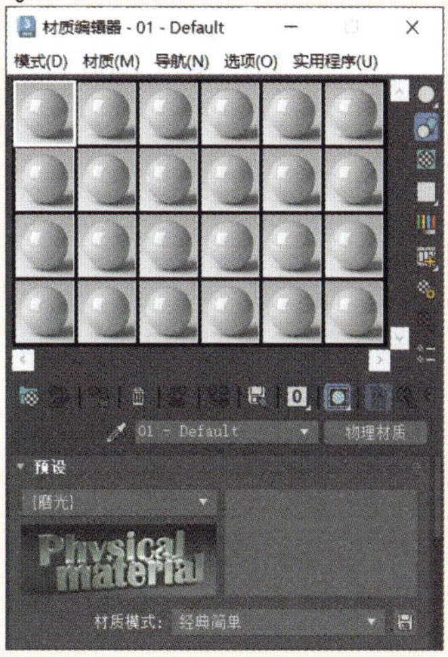


图 3–2

下面介绍重要工具的使用方法。

材质球通道按钮 ：单击该按钮，可以打开“材质/贴图浏览器”对话框，双击对话框中的材质名称可以新建对应的材质球。

“将材质指定给选定对象”按钮 ：选中需要添加材质的模型，然后选择材质，单击该按钮可以将材质添加到模型上。

“视口中显示明暗处理材质”按钮 ：在某些情况下，指定了材质后，视图中的模型未显示材质，此时单击该按钮，可以显示材质效果。

“转到父对象”按钮 ：单击该按钮，回到上一层级。

“从对象拾取材质”按钮 ：选择材质球后，使用该工具可以从模型上获取材质。

## 3.2 不锈钢材质表现

不锈钢金属物体的特点是其表面非常光滑，仿佛可以当作镜子来使用。不锈钢的应用比较广泛，常见的镜面不锈钢如图3-3所示。

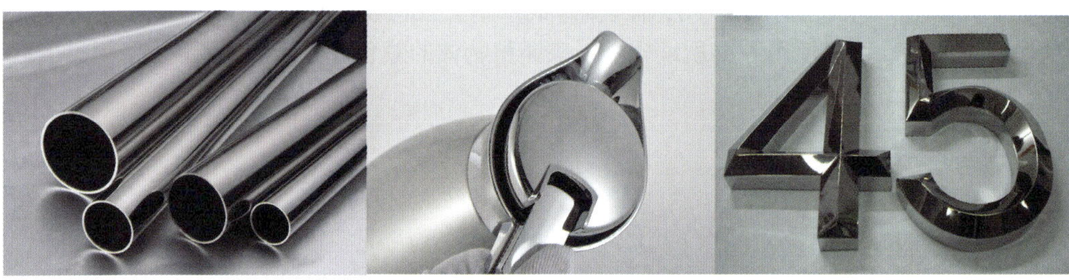


(a) (b) (c)

图 3–3

### 3.2.1 不锈钢材质分析

不锈钢除了拥有金属的表面光滑、强高光、强反射、有延展性等特性，最为突出的是其镜面成像效果，根据这些特性，下面制作一个不锈钢材料的锅，如效果图3-4所示，可以观察到，不锈钢锅的锅身清楚地反射了周围的背景。

图 3–4

## 3.2.2 不锈钢材质设置

**01** 打开本书配套资源中的“Chapter 3/3.2 不锈钢锅材质案例/不锈钢锅材质案例（场景文件）.max”文件，如图3-5所示。

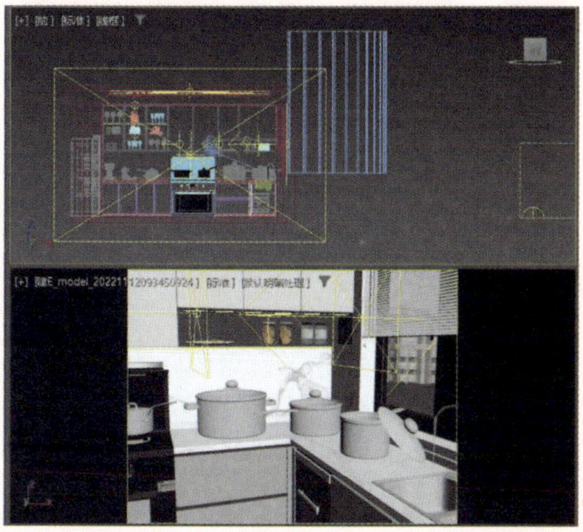

图 3-5

**02** 选择图中标示的物体，按M键打开“材质编辑器”窗口，选择一个空白材质球，给其指定一个VRayMtl材质，如图3-6所示。

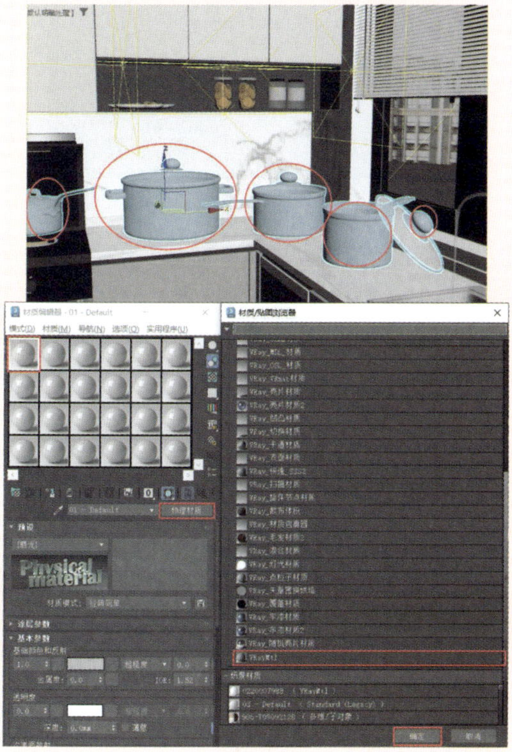

图 3-6

**03** 将创建的VRayMtl材质命名为“不锈钢”，设置“漫反射”颜色为（红：8，绿：8，蓝：8），“反射”颜色为（红：189，绿：189，蓝：168），勾选“菲涅尔反射”复选框，设置“折射率”为20。参数设置及材质球效果如图3-7所示。

微课：不锈钢材质设置

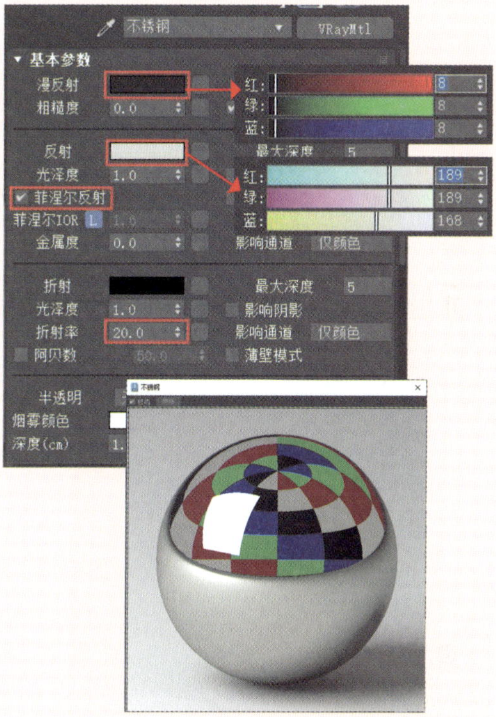


图 3-7

**04** 将材质指定给图中所标注的物体，如图3-8所示。

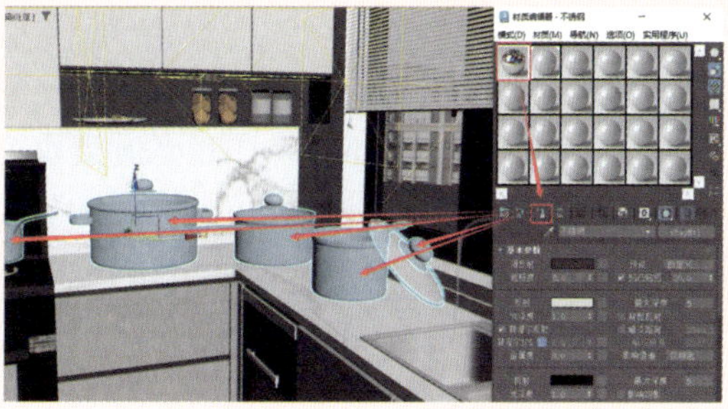

图 3-8

05 将材质指定给物体后的摄影机视图如图3-9所示。

图 3-9

## 3.2.3 最终渲染设置

本节介绍渲染设置方法，这些设置决定了渲染图像质量的好坏。

01 按F10键打开“渲染设置”窗口，设置渲染尺寸为1 500×1125，如图3-10所示。

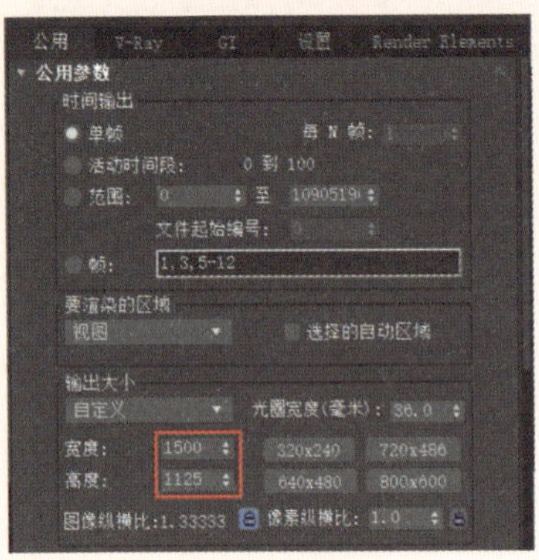


图 3-10

02 切换到“V-Ray”选项卡，打开“图像采样器（抗锯齿）”卷展栏，设置“类型”为“渲染块”。打开“图像过滤器”卷展栏，设置“过滤器”为“VRayLanczosFilter”，打开“渲染块图像采样器”卷展栏，设置“最大细分”为12，如图3-11所示。

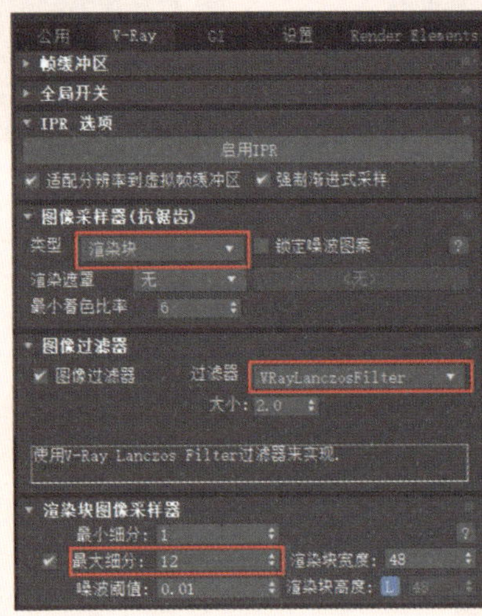


图 3-11

03 切换到“GI”卷展栏，打开“全局照明”卷展栏，勾选“启用GI”复选框，分别设置“首次引擎”和“二次引擎”为“发光贴图”和“灯光缓存”，如图3-12所示。

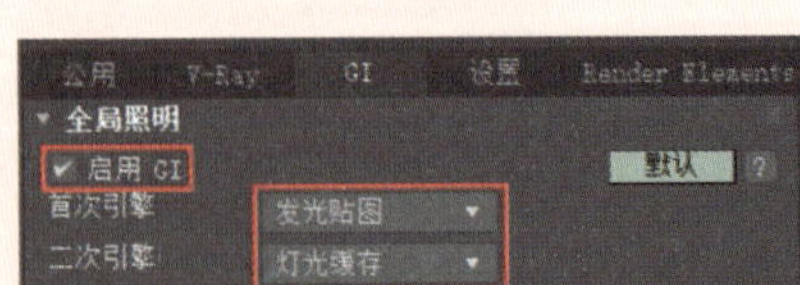


图 3-12

04 打开“发光贴图”卷展栏，选择“当前预设”为“高”，设置“细分”和“插值采样”数值分别为50和20，如图3-13所示。

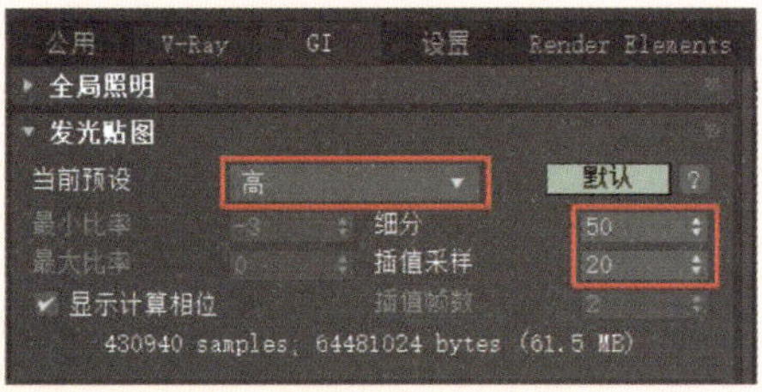


图 3-13

**05** 打开“灯光缓存”卷展栏，设置“细分”为1200，勾选“显示计算相位”复选框，如图3-14所示。

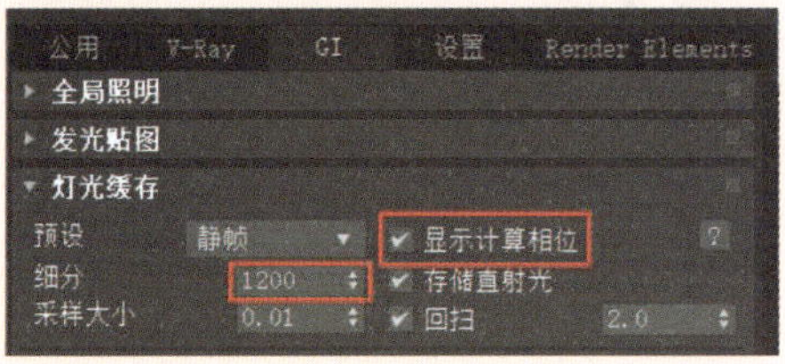


图 3-14

**06** 设置完毕后，就可以进行渲染了，按快捷键Shift+Q渲染摄影机视图，最终效果如图3-15所示。

图 3-15

## 3.2.4 不锈钢材质后期处理

**01** 用Photoshop打开渲染出来的效果图，解除背景图层锁定，将名称改为“图层0”，然后按快捷键Ctrl+J，得到“图层0拷贝”，如图3-16所示。

图 3-16

**02** 选择“图层0拷贝”，然后选择“图像”菜单→“调整”→“曲线”命令，弹出“曲线”对话框，调整曲线，让曲线中间部分向上一点，如图3-17所示，此时整体画面变亮了一些，如图3-18所示。

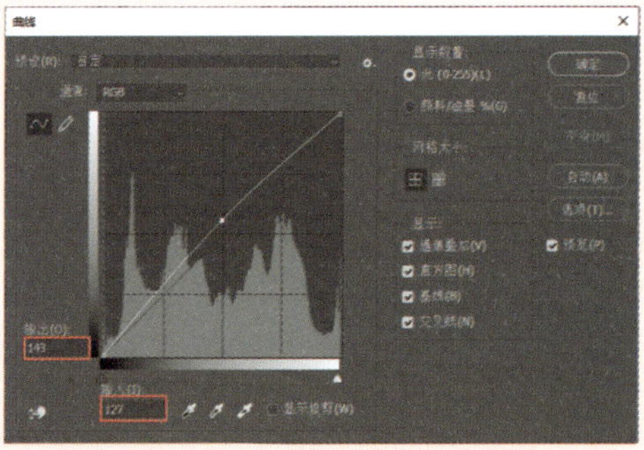

图 3-17

图 3-18

1
2
3
4
5
6
7
8
9

**03** 选择椭圆选框工具，在画面中框选如图3-19所示的区域并右击，在弹出的快捷菜单中选择“羽化”命令，然后在弹出的“羽化选区”对话框中输入“羽化半径”为200像素，单击“确定”按钮，如图3-19所示。

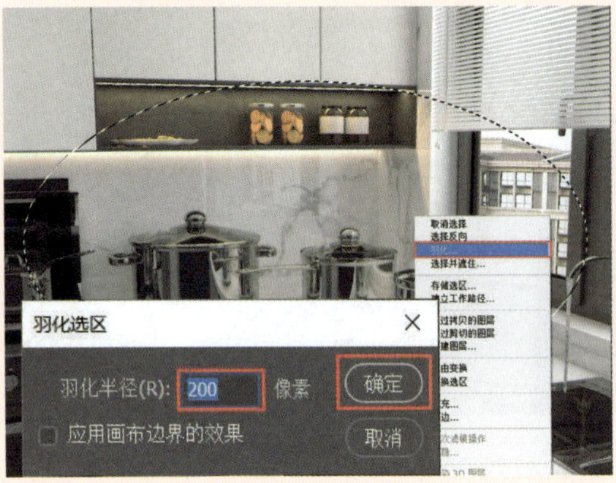


图 3-19

**04** 选择“图像”菜单→“调整”→“色彩平衡”命令，在弹出的“色彩平衡”对话框中调整色彩平衡，使画面更冷一些，如图3-20所示。

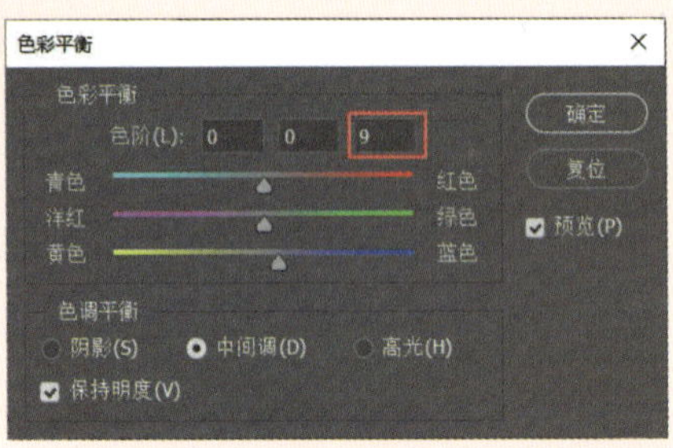


图 3-20

**05** 按快捷键Ctrl+Shift+I反选画面区域，再按快捷键Ctrl+H隐藏选区，然后按快捷键Ctrl+M弹出“曲线”对话框，将曲线中间部分向下调整一点，使外围画面更暗一些，如图3-21所示。不锈钢材质的后期处理就结束了，处理结果如图3-22所示。

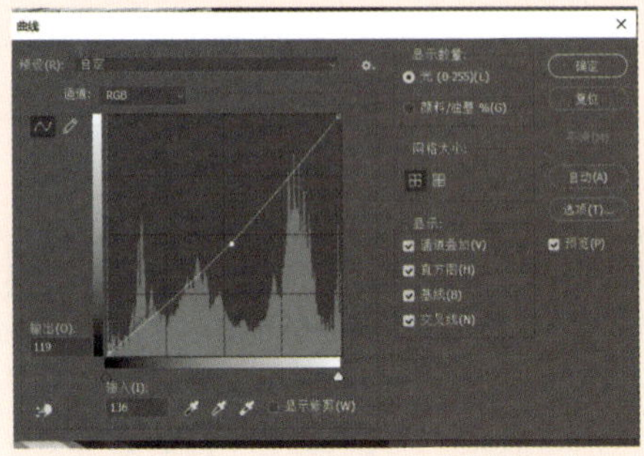

图 3-21

图 3-22

# 3.3 玻璃材质表现

玻璃、钻石、水晶和聚酯等都是常见的透明类材质，透明类材质按照光滑程度可以分为高光材质和亚光材质两大类。下面介绍玻璃材质的制作方法。

## 3.3.1 玻璃材质分析

通常，玻璃具有透明、折射和反射等特点。玻璃材质的颜色是由“漫反射”通道的颜色和“烟雾颜色”共同决定的。“漫反射”通道的颜色是物体的固有色，“烟雾颜色”则是透明物体内部显示的颜色，两者相结合形成物体本身的颜色。玻璃材质的粗糙度主要由“折射光泽度”的数值进行控制。当“折射光泽度”为1时，材质为光滑的玻璃材质；当“折射光泽度”小于1时，材质为磨砂的玻璃材质。相关参数如图3–23所示。本节主要讲解的三种玻璃材质，分别是清玻璃、有色玻璃和磨砂玻璃，如图3–24所示。除此以外还会讲解透明液体的制作方法。

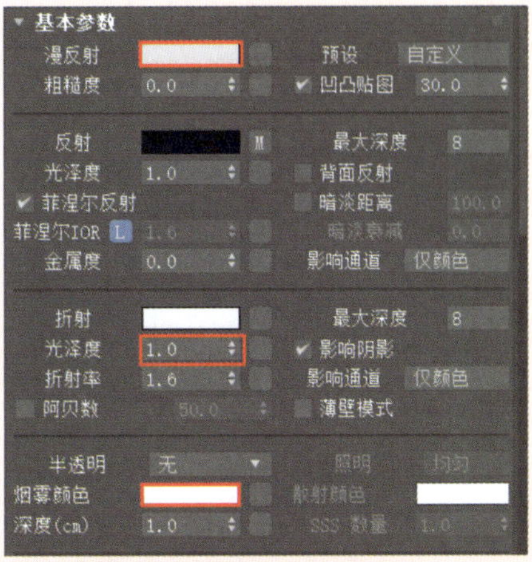

图 3–23

### 1. 清玻璃物体

清玻璃物体具有表面光滑、透明、有少量反射、存在很强的菲涅尔现象、高光面积较小等特点。

### 2. 有色玻璃物体

有色玻璃材质与清玻璃材质的不同是其表面具有各种各样的颜色。

### 3. 磨砂玻璃物体

磨砂玻璃物体具有表面略微粗糙、透明度不高、有少量反射、存在很强的菲涅尔现象、高光面积较大等特点。

清玻璃物体

有色玻璃物体

磨砂玻璃物体

图 3–24

## 3.3.2 玻璃材质设置

**01** 打开本书配套资源中的“Chapter 3/3.3 玻璃杯材质案例/玻璃杯材质案例（场景文件）.max”文件，如图3-25所示。

微课：玻璃材质设置

图 3–25

**02** 首先进行渲染测试，渲染结果如图3-26所示。

图 3-26

**03** 首先制作场景中最简单的玻璃材质。参考图3-27，可以看到左边三个杯子的材质分别是没有颜色的玻璃、淡红色的玻璃和带有磨砂质感的玻璃。

图 3-27

**04** 按M键打开“材质编辑器”窗口，选择一个空白材质球，给其指定一个VRayMtl材质。设置其“漫反射”颜色为（红：195，绿：195，蓝：195），在“反射通道”中添加一张衰减贴图，“衰减类型”为“Fresnel”，调整“折射”颜色为（红：240，绿：240，蓝：240）（纯白色表示透明，颜色越亮越透明，其最大值为255），如图3-28所示。此时材质球效果如图3-29所示。

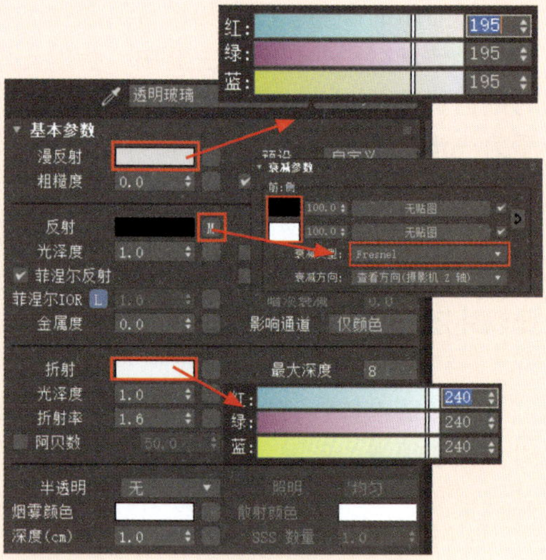


图 3-28

图 3-29

**05** 将上一步设置好的材质指定给第一个杯子，如图3-30所示，此时的视图效果如图3-31所示。

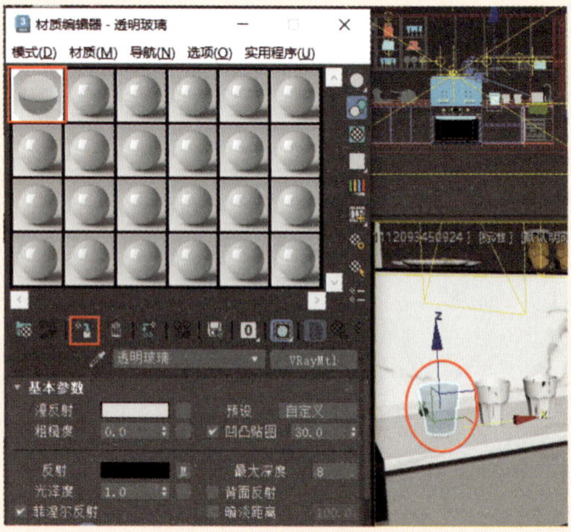


图 3-30

图 3-31

**06** 按M键打开“材质编辑器”窗口，将第4步设置的透明玻璃材质拖曳至新的材质球上，设置“漫反射”颜色为（红：226，绿：12，蓝：12），“折射”颜色为（红：255，绿213，蓝：213），参数设置及材质球效果如图3-32所示。

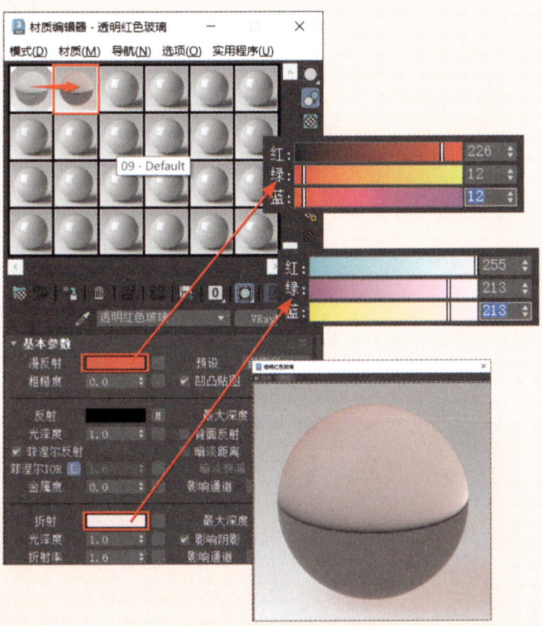


图 3-32

**07** 将设置好的红色透明玻璃材质指定给第二个杯子，此时的视图效果如图3-33所示。

图 3-33

**08** 设置磨砂玻璃材质。打开“材质编辑器”窗口，使用同样的方法将透明玻璃材质拖曳至新的材质球上，设置“反射光泽度”为0.85，“折射光泽度”为0.85，此时参数及材质球效果如图3-34所示。

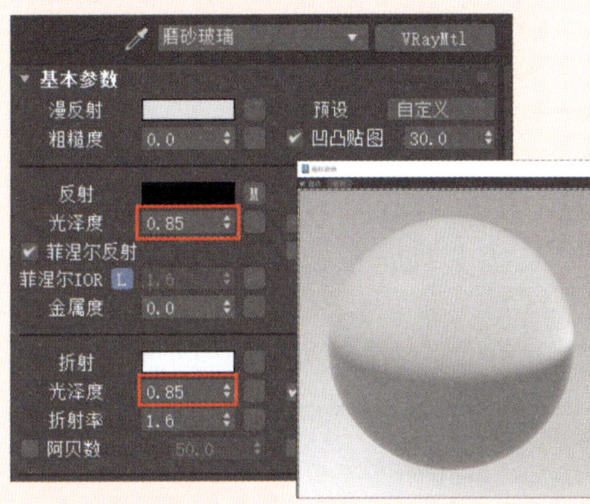


图 3-34

**09** 将设置好的磨砂玻璃材质指定给第三个杯子，此时的视图效果如图3-35所示。

图 3-35

**10** 为了便于测试渲染，按F10键打开“渲染设置”窗口，更改渲染的尺寸为1200×810，如图3-36所示。

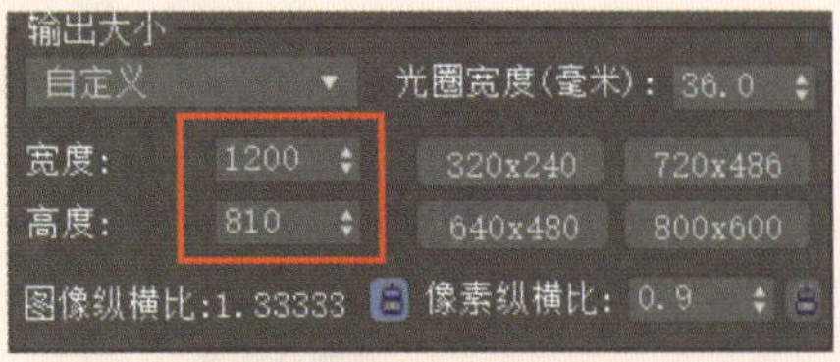


图 3-36

**11** 选择“V-Ray”选项卡，打开“图像过滤器”卷展栏，勾选“图像过滤器”复选框，选择“过滤器”为“区域”，如图3-37所示。

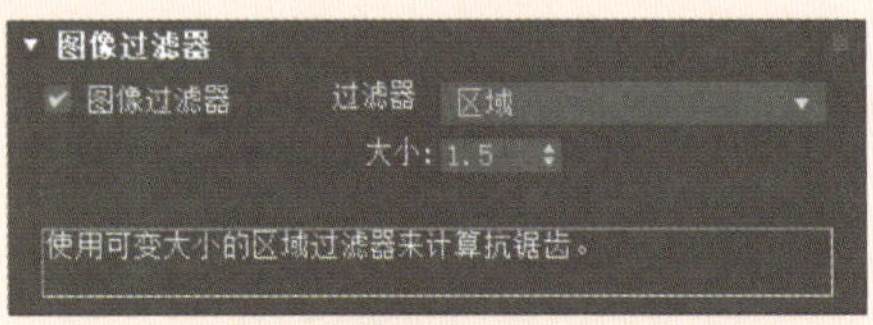


图 3-37

**12** 为了节约时间，打开“渲染帧窗口”，然后在“要渲染的区域”下拉列表中选择“区域”，调整区域进行测试渲染，如图3-38所示，渲染效果图如图3-39所示。

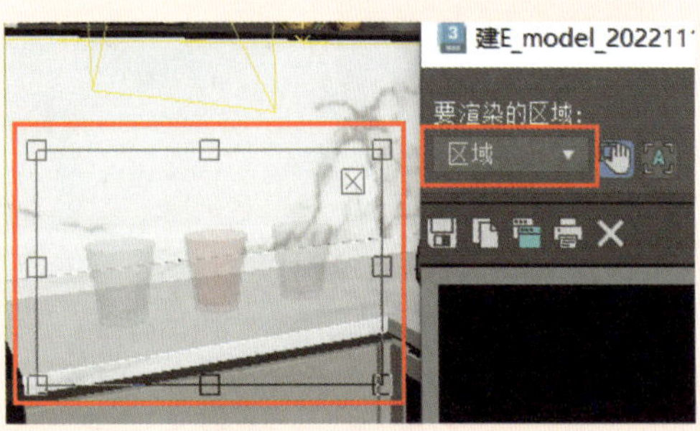


图 3-38

图 3-39

**13** 通过上面的测试渲染发现，物体的阴影有点重，接下来解决这个问题。打开“材质编辑器”窗口，在“折射”选项组中勾选“影响阴影”复选框，如图3-40所示。再次渲染，效果图如图3-41所示，此时观察到物体的阴影减弱了。

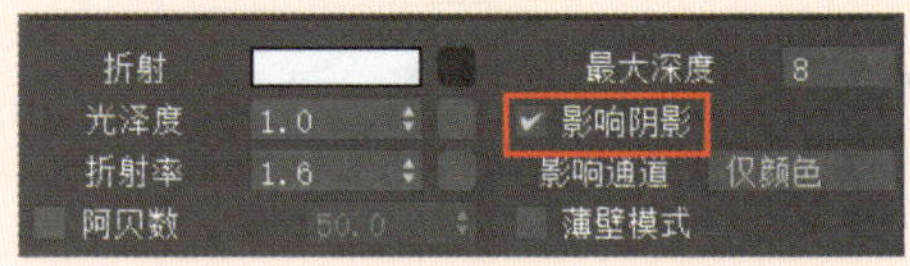


图 3-40

图 3-41

**14** 进行有色液体材质的制作。选中剩下的3个杯子以及其中的液体模型，按快捷键Alt+Q孤立当前选择，将透明玻璃材质指定给3个杯子模型，如图3-42所示。

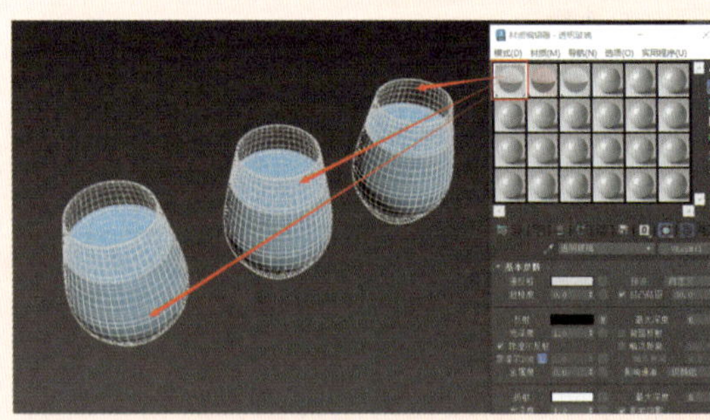

图 3-42

**15** 选中3个杯子模型，右击并在弹出的快捷菜单中选择“隐藏选定对象”命令，如图3-43所示，此时视图中仅剩下3个液体模型了。

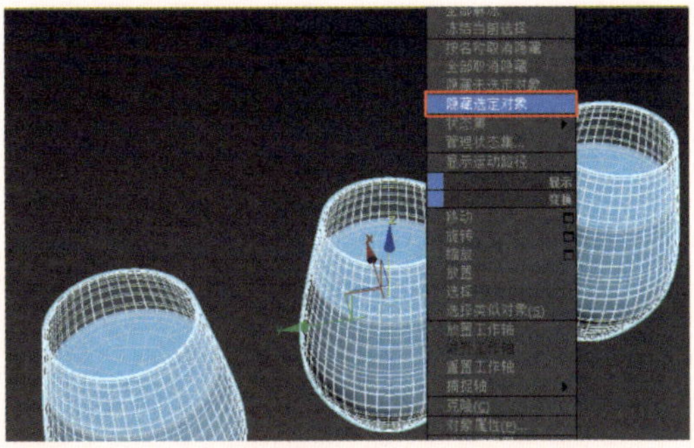

图 3-43

**16** 制作黄褐色液体材质。按M键打开“材质编辑器”窗口，选择一个空白材质球，为其指定一个VRayMtl材质，设置其“漫反射”颜色为（红：214，绿：187，蓝：128），设置“反射”颜色为(红：254，绿：173，蓝：129），勾选“菲涅耳反射”复选框和“影响阴影”复选框，设置“折射”颜色为（红：248，绿：248，蓝：248），设置“烟雾颜色”为(红：246，绿：227 ，蓝：191）、“烟雾倍增”为0.02，参数及材质球效果如图3-44所示。

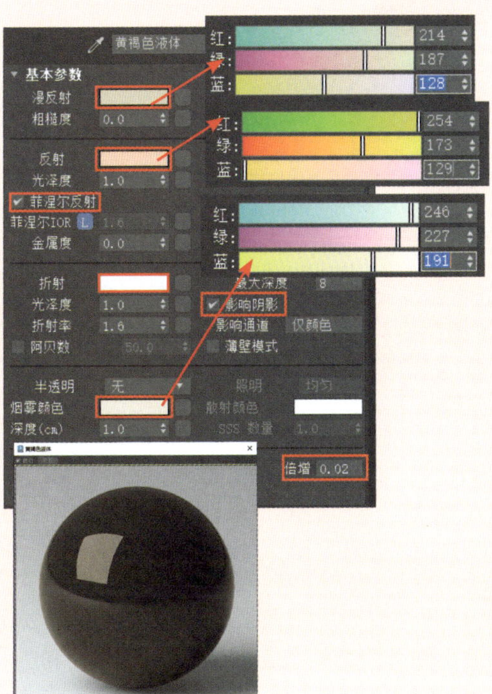


图 3-44

**17** 制作绿色液体材质。打开“材质编辑器”窗口，将刚才设定的黄褐色液体材质拖曳至新的材质球上，更改“漫反射”颜色为（红：113，绿：255，蓝：18），将“漫反射”颜色拖曳给“烟雾颜色”，参数设置及材质球效果如图3-45所示。

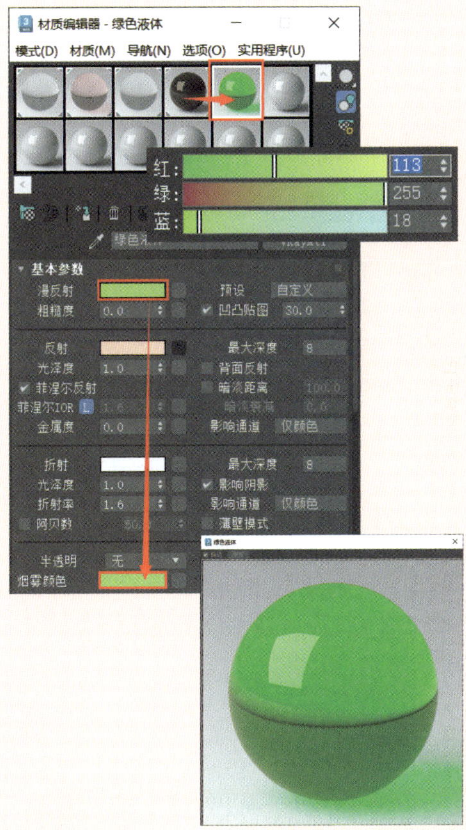


图 3-45

**18** 制作红色液体材质。打开“材质编辑器”窗口，将刚才设定的绿色液体材质拖曳至新的材质球上，更改“漫反射”颜色为（红：245，绿：30，蓝：18），将“漫反射”颜色拖曳给“烟雾颜色”，参数及材质球效果如图3-46所示。

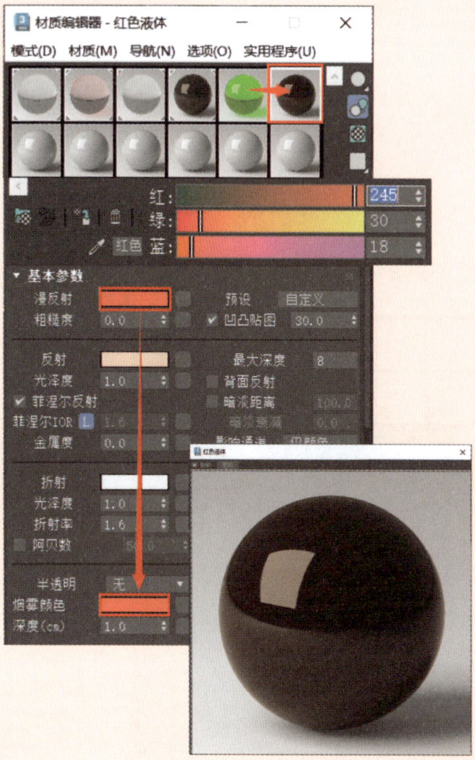

图 3-46

**19** 此时，3种液体材质已经全部制作完毕，接下来将3种材质依次指定给3个液体模型，如图3-47所示。

图 3-47

**20** 按快捷键Alt＋Q退出孤立模式，取消全部物体的隐藏，通过测试渲染查看效果，如图3-48所示。下面来调整渲染设置。

图 3-48

## 3.3.3 最终渲染设置

**01** 打开“渲染设置”窗口，设置“宽度”为1500，高度会自动更新为1125，如图3-49所示。

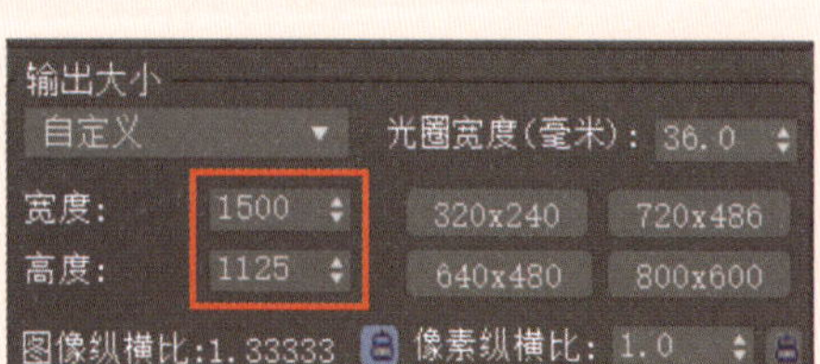

图 3-49

**02** 切换到“V-Ray”选项卡，打开“图像采样器（抗锯齿）”卷展栏，设置“类型”为“渲染块”。

**03** 打开“图像过滤器”卷展栏，勾选“图像过滤器”复选框，并设置“过滤器”为“Catmull-Rom”。

**04** 打开“渲染块图像采样器”卷展栏，设置“最小细分”和“最大细分”分别为2和5，“噪波阈值”为0.001，如图3-50所示。

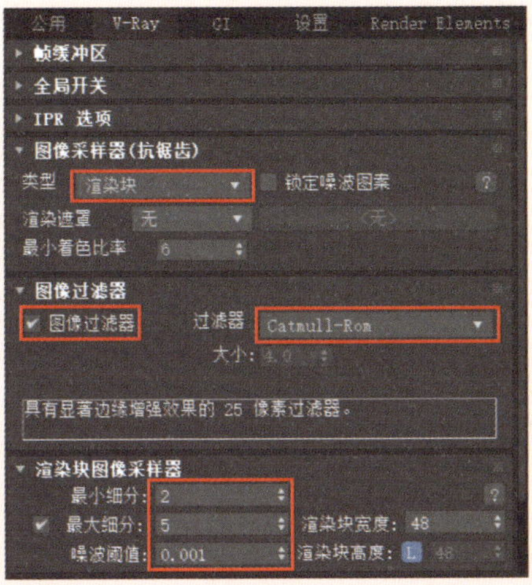

图 3-50

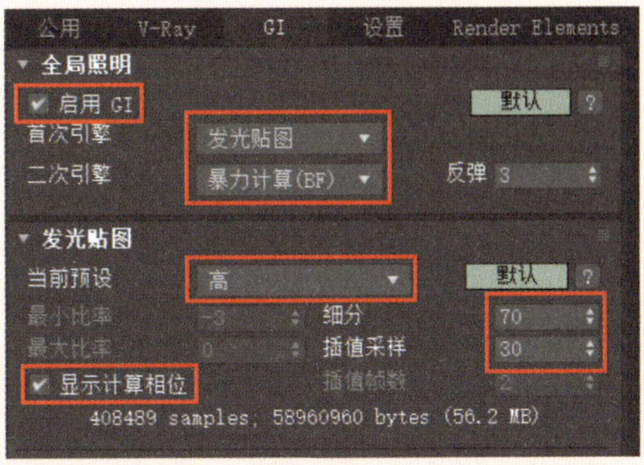

图 3-51

**05** 切换到“GI”选项卡，打开“全局照明”卷展栏，勾选“启用GI”复选框，分别设置“首次引擎”和“二次引擎”为“发光贴图”和“暴力计算”。打开“发光贴图”卷展栏，设置“当前预设”为“高”，“细分”为70，“插值采样”为30，勾选“显示计算相位”复选框，如图3-51所示。

**06** 切换到摄影机视图，按快捷键Shift+Q渲染场景，效果图如图3-52所示。

图 3-52

## 3.3.4 玻璃材质后期处理

**01** 用Photoshop打开渲染出来的效果图，解除背景图层锁定，改图层名称为“图层0”，然后按快捷键Ctrl+J，得到“图层0拷贝”，如图3-53所示。

图 3-53

**02** 选择“图像”菜单→“调整”→“曲线”命令，在弹出的“曲线”对话框中向上调整曲线，使整体画面更亮一些，如图3-54所示。

图 3-54

**03** 接下来调整色调。执行“图像”菜单→“色调”→“色彩平衡”命令，此时会弹出“色彩平衡”对话框，勾选“高光”复选框，调整色彩平衡，使画面更冷一些，如图3-55所示。

图 3-55

**04** 选择椭圆选框工具，在画面中框选如图3-56所示的区域，然后右击，在弹出的快捷菜单中选择“羽化”命令，在弹出的“羽化选区”对话框中设置“羽化半径”为200像素，单击“确定”按钮。

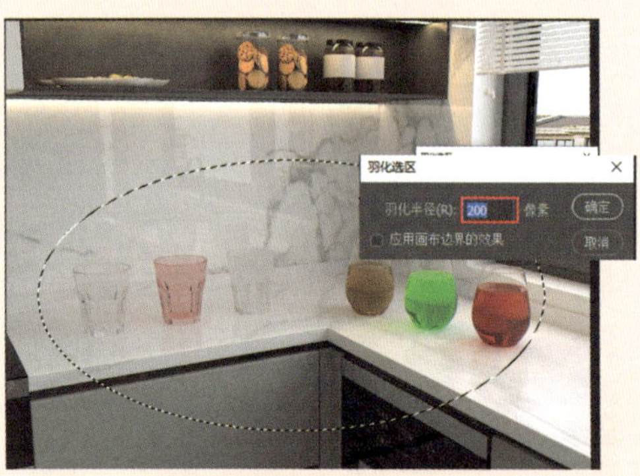



图 3-56

**05** 按快捷键Ctrl+H隐藏选区，再按快捷键Ctrl+M弹出“曲线”对话框，将曲线中间部分向上移一点，使所选区域画面更亮一些，如图3-57所示。

图 3-57

**06** 按快捷键Ctrl+Shift+I反选画面区域，再按快捷键Ctrl+H隐藏选区，然后按快捷键Ctrl＋M，在弹出的“曲线”对话框中将曲线向下移动一点，使所选区域画面更暗一些，如图3-58所示。

图 3-58

**07** 至此，玻璃材质效果图的后期制作全部完成，最终效果图如图3-59所示。

图 3-59

# 3.4 瓷器材质表现

瓷器材质根据光滑程度可以大致分为两大类，一类是光滑的瓷器材质，另一类是粗糙的瓷器材质。

## 3.4.1 瓷器材质分析

家用的碗盘、花瓶、洗手面盆、浴缸和马克杯等都是常见的光滑的瓷器，根据光滑程度的差异，瓷器又分为高光和半亚光两种。瓷器物体如图3–60所示。瓷器物体具有表面较光滑、反射强烈、高光面积较小、表面颜色多样等特点。

图 3–60

瓷器材质的颜色通过“漫反射”通道进行设置。“漫反射”通道通过设置的颜色或加载的贴图控制陶瓷所要表现的颜色或花纹。瓷器材质的粗糙度由“光泽度”的数值决定。制作光滑的高光瓷器时一般设置“反射光泽度”为0.9及以上，半亚光的瓷器一般设置“反射光泽度”为0.8～0.9（不包括0.9），粗糙的瓷器一般设置“反射光泽度”为0.6～0.8（不包括0.8）。制作粗糙的瓷器时一般会添加凹凸纹理来体现粗糙的颗粒感，在“凹凸”通道中加载“噪波”贴图就可以很好地模拟这种颗粒感。

## 3.4.2 瓷器材质设置

**01** 打开本书配套资源中的“Chapter 3/3.4 瓷器材质案例/瓷器材质案例（完成文件）.max”文件，如图3-61所示。

微课：瓷器材质设置

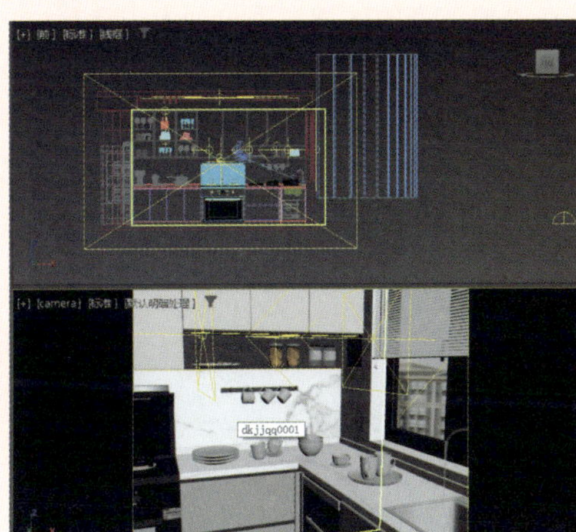

图 3–61

**02** 选择如图3-62所示的瓷器，按M键打开“材质编辑器”窗口，选择一个空白材质球，给其指定一个VRayMtl材质，设置其“漫反射”颜色为近似纯白的颜色（红：243，绿：243，蓝：243），调整“反射”颜色为（红：220，绿：220，蓝：220），“反射光泽度”为0.8。材质球效果如图3-62所示。

图 3-62

**03** 为了节约时间，打开“渲染帧窗口”，然后在“要渲染的区域”下拉列表中选择“区域”，并调整区域进行渲染，如图3-63所示。

图 3-63

**04** 选择图3-64中所示的小瓷杯子。这里要设置的小杯子和前面设置的瓷器只有一个区别，那就是表面颜色不同，即漫反射颜色不同。打开“材质编辑器”窗口，将刚才设置的瓷器材质拖曳至新的材质球上，然后将材质指定给第一个小杯子，设置“漫反射”颜色为（红：190，绿：10，蓝：10）。

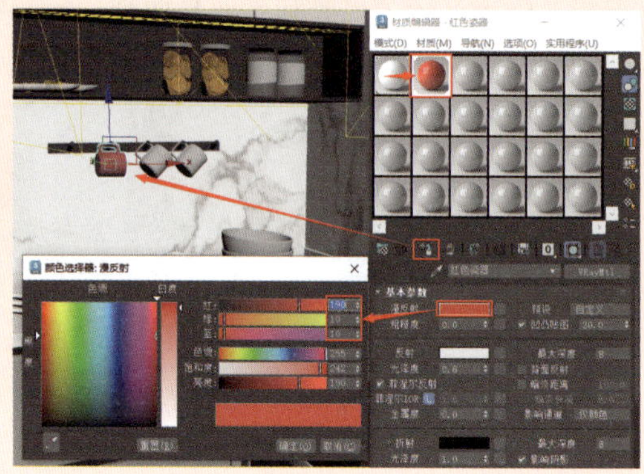

图 3-64

**05** 选择第2个小瓷杯子，打开“材质编辑器”窗口，将刚才设置的小瓷杯子材质拖曳至新的材质球上，然后将其指定给第2个小杯子，设置“漫反射”颜色为（红：250，绿：203，蓝：13），如图3-65所示。按照同样的方法设置第3个杯子的材质，将其“漫反射”颜色设置为（红：13，绿：62，蓝：185），如图3-66所示。

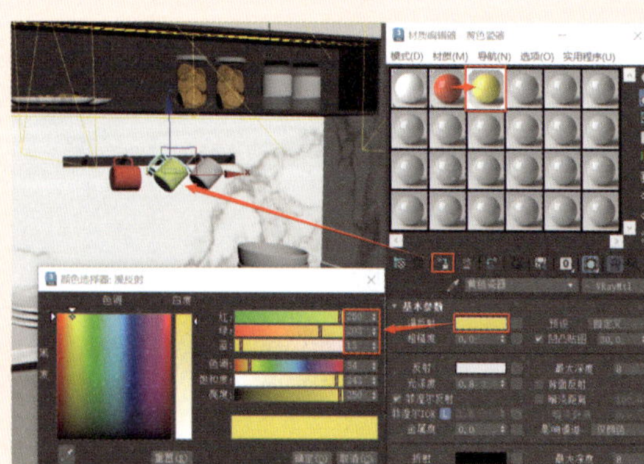

图 3-65

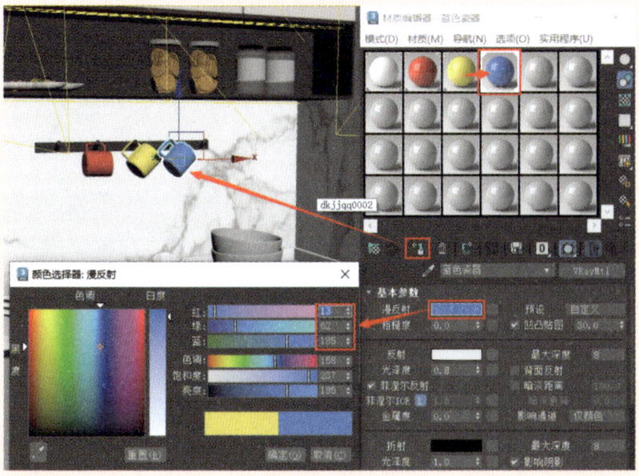

图 3-66

**06** 选择如图3-67所示的两个大碗，按M键打开“材质编辑器”窗口，选择一个空白材质，给其指定一个VRayMtl材质，为“漫反射”通道加载位图“Chapter 3/3.4 瓷器材质案例/材质包/YI0056.jpg”。单击“转到父本对象”按钮 ，返回到父本，调整“反射”颜色为（红：181，绿：181，蓝：181），“反射光泽度”为0.85，并勾选“菲涅尔反射”复选框。

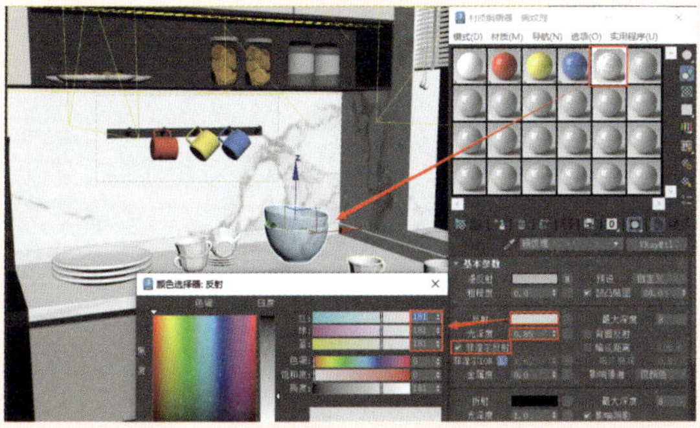

图 3-67

**07** 打开“贴图”卷展栏，给“凹凸”通道添加一张位图（本书配套资源中的“Chapter 3/3.4 瓷器材质表现/材质包/YI0056.jpg”），设置“凹凸”的数值为50，参数及材质球效果如图3-68所示。

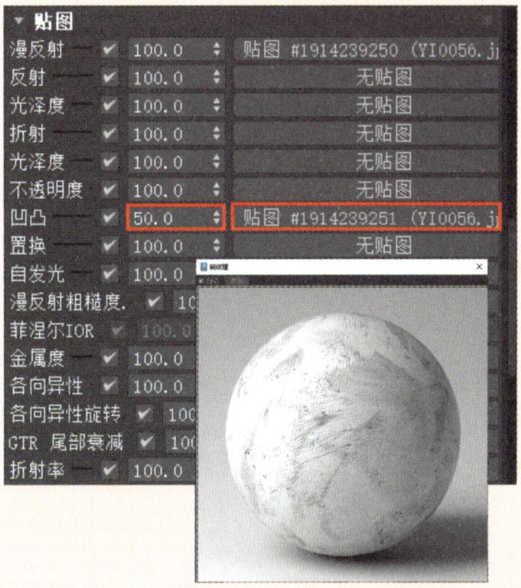


图 3-68

**08** 使用第3步的方法，通过区域渲染得到如图3-69所示的效果。

图 3-69

## 3.4.3 最终渲染设置

**01** 打开“渲染设置”窗口，设置“宽度”和“高度”分别为2000和1500，如图3-70所示。

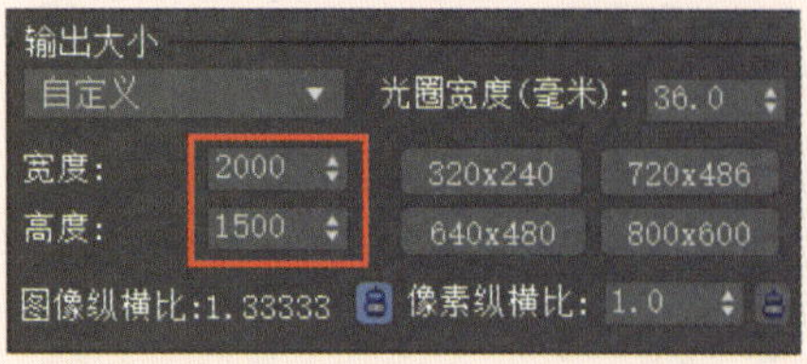


图 3-70

**02** 选择“V-Ray”卷展栏，打开“图像采样器（抗锯齿）”卷展栏，设置“类型”为“渲染块”。

**03** 打开“图像过滤器”卷展栏，勾选“图像过滤器”复选框，设置“过滤器”为“Catmull-Rom”。

**04** 打开“渲染块图像采样器”卷展栏，然后设置“最小细分”和“最大细分”分别为2和5，设置“噪波阈值”为0.001，如图3-71所示。

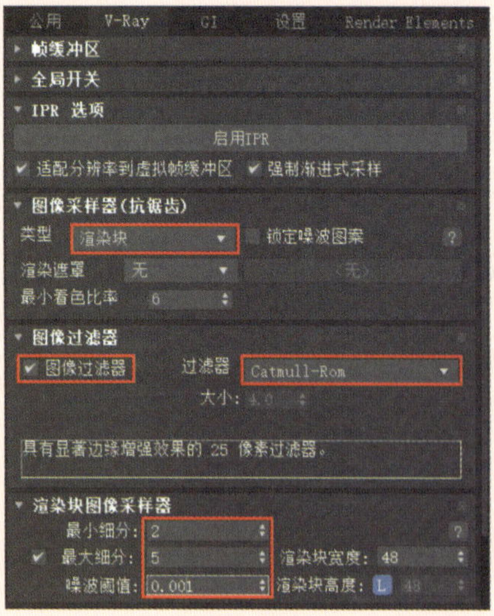


图 3-71

**05** 选择“GI”选项卡，打开“全局照明”卷展栏，勾选“启用GI”复选框，这样场景的全局光才起作用。设置“首次引擎”为“发光贴图”，“二次引擎”为“暴力计算（BF）”。

**06** 打开“发光贴图”卷展栏，设置“当前预设”为“高”，“细分”为70，“插值采样”为30。并勾选“显示计算相位”复选框，如图3-72所示。

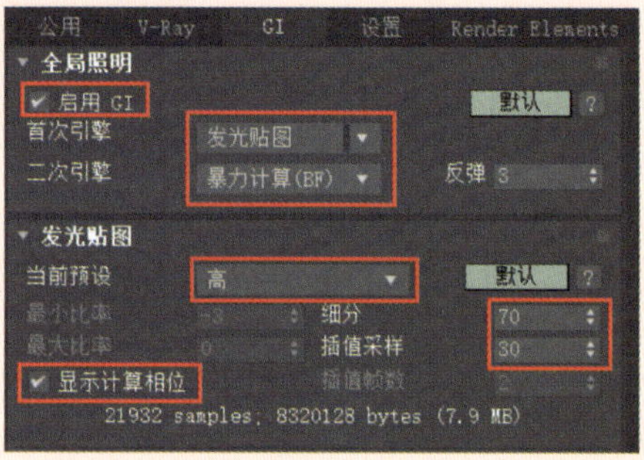


图 3-72

**07** 设置完毕后，就可以进行大图渲染了。渲染效果图如图3-73所示。

图 3-73

## 3.4.4 瓷器材质后期处理

01 用Photoshop打开渲染出来的效果图，复制背景图层得到“图层0拷贝”，按快捷键Ctrl+M弹出“曲线”对话框，调整曲线，使画面整体亮一些，如图3-74所示。

图 3-74

02 按快捷键Ctrl+B弹出“色彩平衡”对话框，调整整体图像的颜色为冷色，如图3-75所示。

图 3-75

03 选择椭圆选框工具，在画面上选择如图3-76所示的区域，然后右击，在弹出的快捷菜单中选择“羽化”命令，接着在弹出的“羽化选区”对话框中设置“羽化半径”为200像素。

图 3-76

04 按快捷键Ctrl+H隐藏选区，再按快捷键Ctrl+M弹出“曲线”对话框，向上调整曲线，使所选区域画面更亮一些，如图3-77所示。

图 3-77

05 按快捷键Ctrl+Shift+I反选画面区域，再按快捷键Ctrl+H隐藏选区，然后按快捷键Ctrl+M弹出“曲线”对话框，向下调整曲线，使所选区域画面更暗一些，如图3-78所示。

图 3-78

**06** 按快捷键Ctrl+B弹出“色彩平衡”对话框，调整瓷器的颜色为暖色，如图3-79所示。

图 3-79

**07** 至此，瓷器材质效果图的后期制作全部完成，效果如图3-80所示。

图 3-80

# 3.5 其他材质表现

## 3.5.1 布料材质表现

棉麻布、丝绸、绒布和纱都是日常生活中常见的布料类型，如图3-81所示。不同的布料材质的制作方法有所区别。

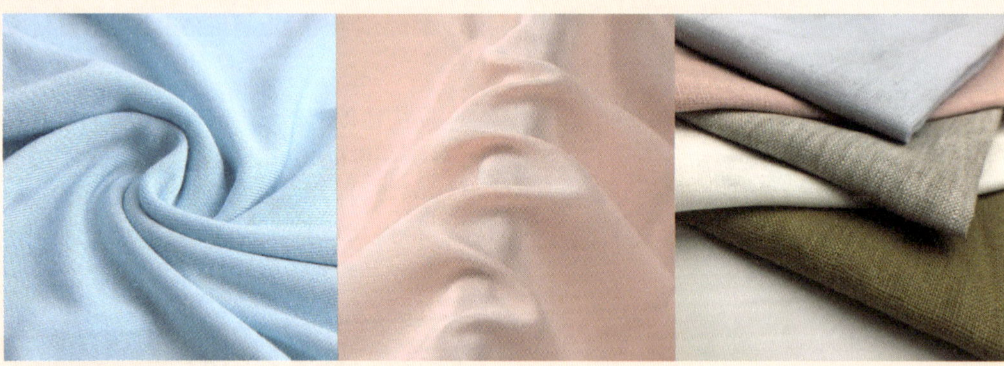

图 3-81

布料材质的颜色是由“漫反射”通道决定的，可以在通道中设置纯色或加载布纹贴图。制作棉麻布和纱材质时直接设置颜色或加载贴图即可，制作丝绸和绒布材质需要加载“衰减”贴图后再设置颜色或加载贴图。除丝绸材质较为光滑外，其他布料类材质都比较粗糙，反射度低，高光范围大。一般将丝绸材质的“光泽度”设置为0.75～0.85，其他布料类材质的“光泽度”设置为0.5～0.75（不包括0.75）。纱材质能穿透光线，常用于制作纱帘、蚊帐等。这种半透明效果是通过设置“折射”通道的颜色或加载贴图模拟的，纱帘、蚊帐等半透明布料几乎没有折射效果，“折射率（IOR）”一般设置为1.01左右。

**01** 打开本书配套资源中的“Chapter 3/3.5.1布料材质案例/布料材质案例（场景文件）.max”文件，选择场景中的第一条毛巾，按M键打开“材质编辑器”窗口，选择一个空白材质球，给其指定一个VRayMtl材质，设置其“漫反射”颜色为（红：255，绿：243，蓝：218）；由于布料材质的反射很小，调整“反射”颜色为（红：12，绿：12，蓝：12）；布料材质的高光比较弱，将“反射光泽度”设置为0.56，其他参数如图3-82所示。

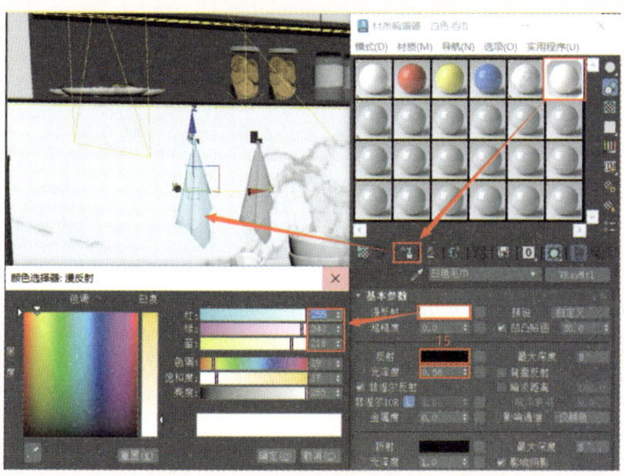

图 3-82

**02** 打开“贴图”卷展栏，给“凹凸”通道添加一张“噪波”贴图，双击“凹凸”贴图通道，打开“噪波参数”卷展栏，设置其“噪波类型”为“分形”，“大小”为150，如图3-83所示。

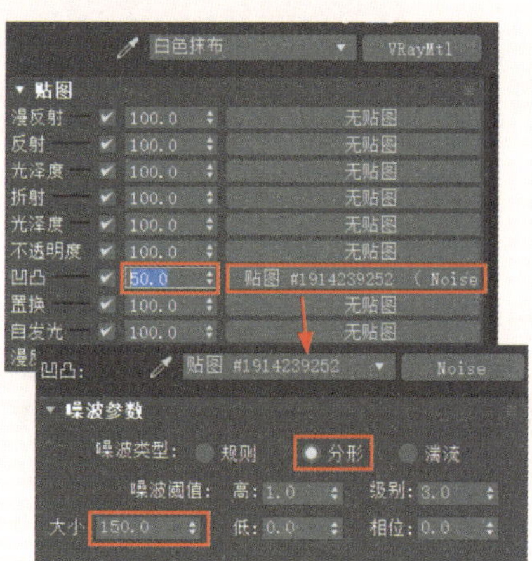


图 3-83

**03** 材质球效果如图3-84所示。

微课：布料材质设置

图 3-84

**04** 选择场景中的第二条毛巾，按M键打开“材质编辑器”窗口，选择一个空白材质球，给其指定一个VRayMtl材质，给“漫反射”通道加载位图“Chapter 3/3.5.1布料材质表现/材质包/003.jpg”，将反射值设置得小一些，调整“反射”颜色为（红：12，绿：12，蓝：12），“反射光泽度”为0.56，如图3-85所示。

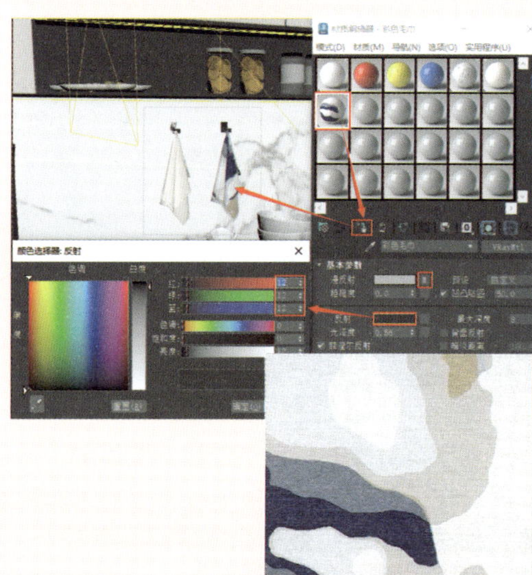

图 3-85

**05** 打开“贴图”卷展栏，给“凹凸”通道添加位图“Chapter 3/3.5.1 布料材质案例/材质包/004.jpg”，设置其“凹凸”值为50，如图3-86所示。

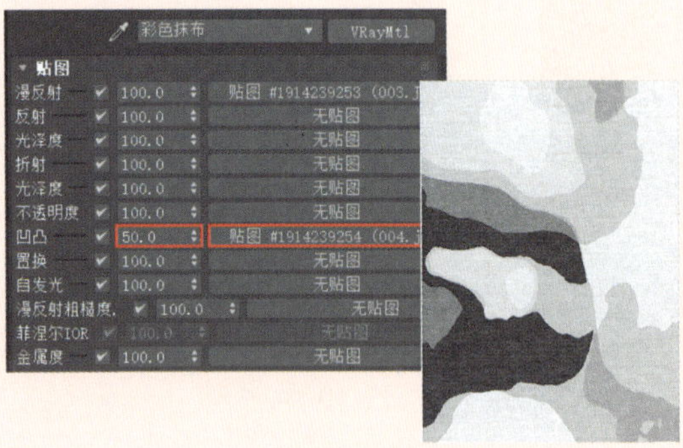


图 3-86

**06** 接下来进行渲染。为了节约时间，此处仍然采用区域渲染的方法，按快捷键Shift+Q进行渲染，得到如图3-87所示的效果。

图 3-87

## 3.5.2 木料材质表现

自古以来，木料就是一种主要的建筑材料，对于室内家具及内部装饰结构非常重要，木纹贴面、原木、清漆木纹和木地板等都是日常制作中常见的木料材质，木料材质如图3-88所示。木质类材质按照光滑程度可以分为高光木纹、半亚光木纹和亚光木纹3种类型。

(a)　(b)　(c)

图 3-88

木质类材质的颜色通过在“漫反射”通道中加载相应的木纹贴图来呈现。木质类材质的纹理通过在“凹凸”通道中加载相应的贴图来呈现，但“凹凸”通道只能识别贴图的黑白信息，黑色部分呈现凹陷效果，白色部分呈现凸出效果。木质类材质的粗糙度由“反射光泽度”决定。高光木纹的“反射光泽度”一般设置为0.85～1；半亚光木纹是使用频率较高的材质，“反射光泽度”一般设置为0.75～0.85；哑光木纹的“反射光泽度”一般设置为0.6～0.85，哑光木纹常用于制作原木，配合“凹凸”通道的设置，其纹理效果会更好。

# 3.6 知识与技能梳理

本章主要介绍了常见材质的制作方法，请读者注意学习其制作原理，了解参数的设置思路。怎样才能设置好材质呢？这里给出几点要素：

① 环境的搭建对材质的表现非常关键。环境首先要有明暗对比，其次要有冷暖变化。

② 一定要深入了解材质的物理属性。

③ 物体表面的颜色、纹理和肌理，物体的反射强弱程度、反射模糊和高光情况，物体的折射和折射模糊都是重要的属性。

# 3.7 课后练习

一、选择题（共4题），请扫描二维码进入即测即评。

3.7 课后练习

1．下列关于灯光与环境贴图关系的说法中，正确的是（　　）。

A．灯光不仅作用于场景中的模型，还作用于环境贴图

B．灯光只对场景中的模型产生作用，对环境贴图不产生作用

C．灯光“倍增器”的大小直接影响灯光对环境贴图的作用

D．灯光“衰减”功能直接影响灯光对环境贴图的作用

2．下列不是材质显示方式的是(　　)。

A．线框　　B．双面　　C．面贴图　　D．混合

3．在3ds Max 2024中，要调整棋盘格贴图中两个颜色之间的边缘柔化程度，应该调整(　　)参数。

A．漫反射　　B．柔化　　C．凹凸量　　D．贴图按钮

4．在3ds Max 2024中，要使建筑的墙看起来更加饱经风霜，可以通过(　　)方式实现。

A．增加漫反射颜色强度　　B．调整柔化值

C．增加凹凸贴图量　　D．改变贴图类型

二、简答题

1．在制作玻璃材质时，为什么会出现投影过重的情况？

2．通过什么方法可以指定渲染画面中的某个区域？

# Chapter 4

# 现代风格客厅表现

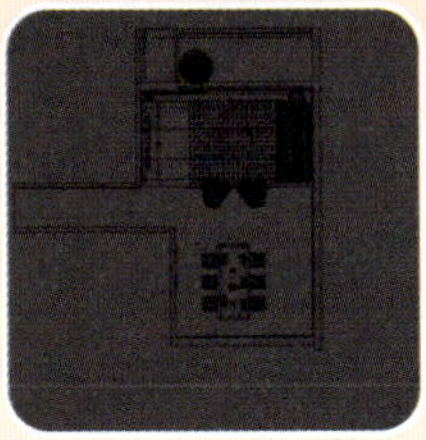

现代风格即现代主义风格，提倡突破传统，变革创新，重视功能和空间组织，注重发挥结构本身的形式美。现代主义风格造型简洁，反对多余的装饰，尊重材料的特性，讲究材料自身的质地和色彩的配置效果；追求时尚与潮流，非常注重居室空间的布局与使用功能的完美结合，因此现代风格成为简约主义人群的最爱。现代风格也是室内装修常见的一种装修风格。

| | 知识点 | 学习目标 | | | |
|---|---|---|---|---|---|
| | | 了解 | 应用 | 创新 | 重点知识 |
| 学习要求 | 场景构图 | | | | 🚩 |
| | 灯光布置 | | 🚩 | | |
| | 材质模拟 | 🚩 | | | |
| | 最终渲染 | | 🚩 | | |
| | Photoshop后期处理 | | | | 🚩 |

能力与素养目标

## 4.1 项目介绍

本场景是一个带落地窗的客厅空间，考虑现代风格简约实用的特点，建议表现为日光效果：使用落地窗捕捉太阳光作为客厅的主光，然后使用室内灯光点缀修饰整体光效；可以使用“平面光”制作室外环境，用最少的灯具来照亮场景，贴合简单实用的主题。

另外，家具装饰方面也应该追求简单实用，所以墙体不需要过多的修饰，乳胶漆和壁纸是个不错的选择；家具陈设只选用生活需要的电视、沙发、餐桌椅、地毯和茶几即可，最大限度地利用空间。图4-1所示是现代风格日光客厅的表现效果，没有多余的装饰和浮华的光效，整个场景最突出的特点就是简约实用，色彩方面跳跃性非常强。

图 4-1

## 4.2 场景构图

启动3ds Max 2024，打开本书配套资源中的“Chapter 4/现代风格客厅（场景文件）.max”模型文件，如图4-2所示。下面将使用摄影机对场景进行取景。

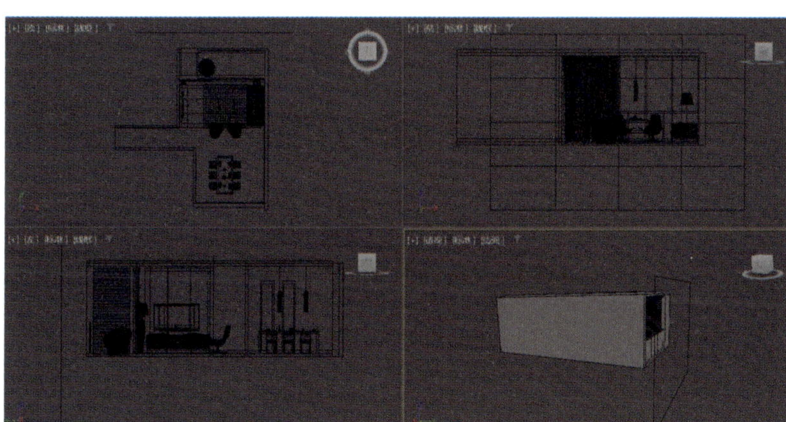

微课：场景构图

图 4-2

## 4.2.1 设置画面比例

**为了准确取景，在创建摄影机前，建议确定画面比例。为了更好地展示客厅空间中的家具对象，此处选择了横构图的画面比例。**

**01** 按F10键打开“渲染设置”窗口，打开“公用”选项卡，在“公用参数”卷展栏中设置“宽度”为600、“高度”为450，此时“图像纵横比”自动生成为1.33333，如图4-3所示。确认了图像画面比例后，建议直接单击锁定按钮将画面比例锁定，这样在后面设置渲染图的大小的时候，只需要设置“宽度”和“高度”中的任意一个参数就可以了。

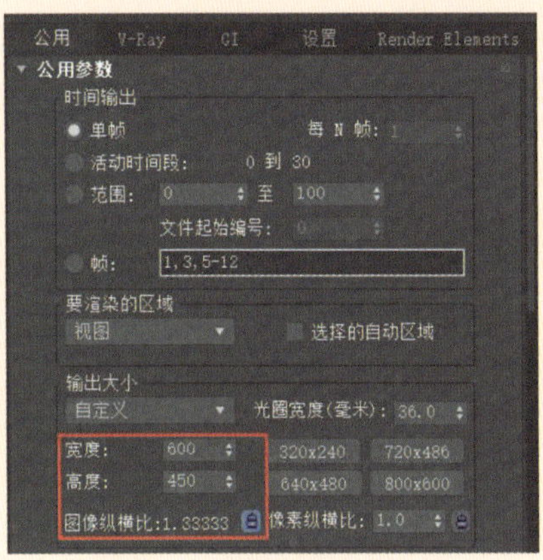


图 4-3

**02** 选择透视图，按快捷键Shift+F激活安全框，如图4-4所示，最外面黄色边框所框的区域就是最终的渲染区域，此时的比例就是最终图像的比例。

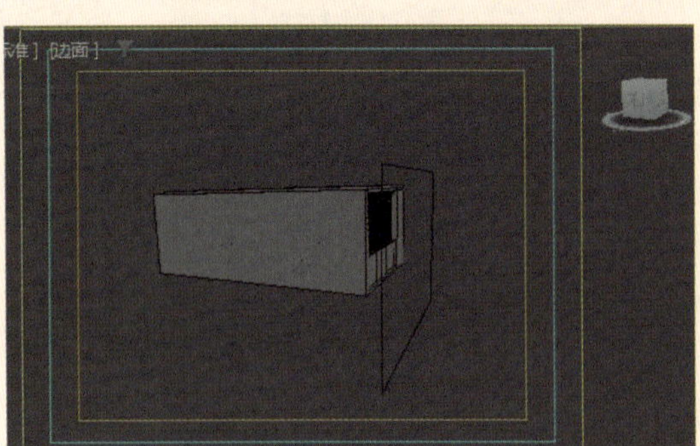

图 4-4

**03** 为了方便观察，可以执行“视图”菜单→“视口配置”命令，打开“视口配置”对话框，切换到“安全框”选项卡，取消勾选“动作安全区”和“标题安全区”复选框，单击“确定”按钮，如图4-5所示，此时的视图效果如图4-6所示，该视图简明许多，也更便于观察。

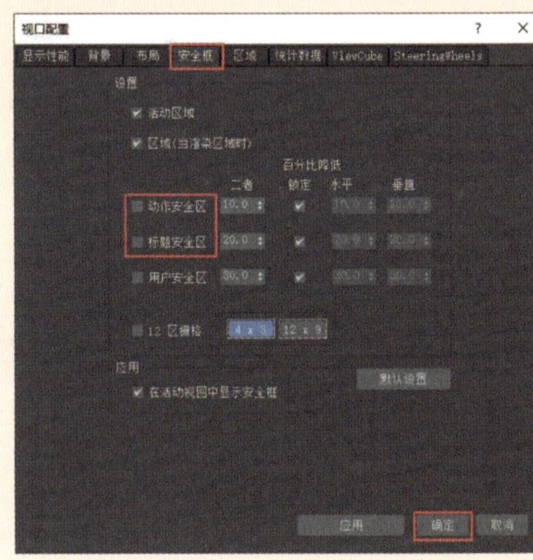


图 4-5

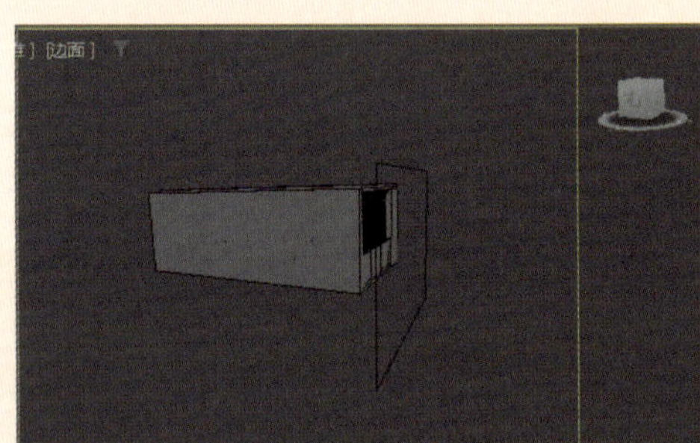

图 4-6

## 4.2.2 创建目标摄影机

**确定好画面比例和激活安全框后，下面开始创建摄影机，进行室内场景的取景。**

**01** 在创建面板中选择“目标”摄影机，切换到顶视图，在视图中拖曳光标创建一台摄影机，使摄影机从视图右下角拍摄，目标点设置在视图左上角（阳台）的沙发处，如图4-7所示。

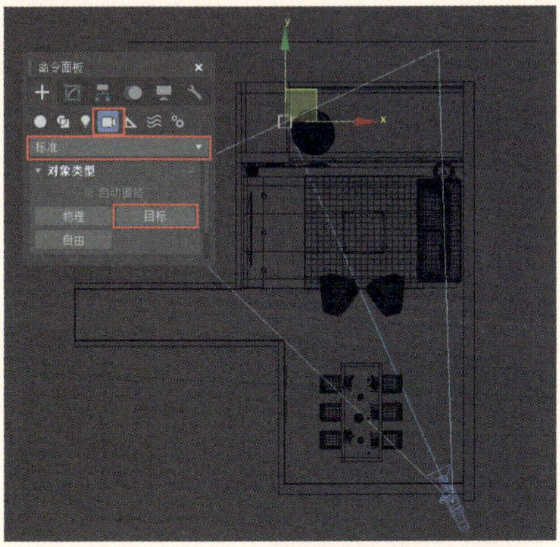

图 4-7

**02** 切换到透视图，按C键进入摄影机视图，此时的拍摄效果如图4-8所示，因为摄影机没进入墙体，被挡住了，所以造成角度异常。

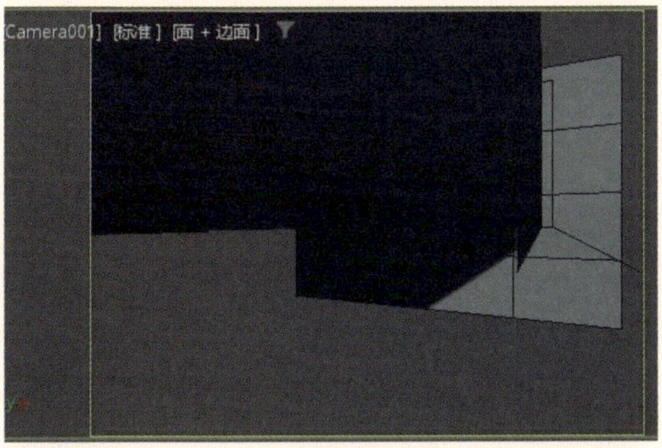


图 4-8

**03** 切换到顶视图，选中摄影机，切换到“修改”面板，设置“镜头”为23.458mm、“视野”为75度，勾选“手动剪切”复选框，设置“近距剪切”为750mm，“远距剪切”为20000mm，如图4-9所示。

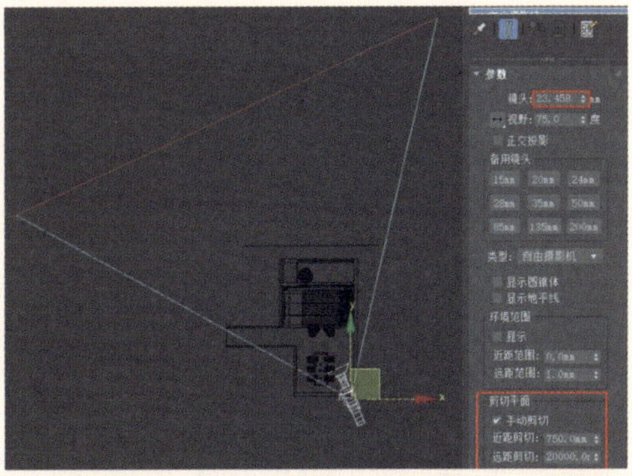

图 4-9

**04** 切换到摄影机视图，拍摄效果如图4-10所示，此时的室内可以被拍摄了，但摄影机高度仍不合适。

图 4-10

**技巧 提示**

“剪切平面”是3ds Max的基础知识。“近距剪切”表示拍摄的最近距离，超出此距离的内容被拍摄；“远距剪切”表示拍摄的最远距离，在此距离内的内容被拍摄。大家可以观察图4-10所示中的摄影机，有两条红色的线，远端的是“远距剪切”，近处是“近距剪切”，两条红线之间的区域即可拍摄区域，之外的区域即不可拍摄区域。此时，“近距剪切”的位置在室内，表示摄影机可以拍摄到室内。

**05** 切换到左视图，调整摄影机和目标点的位置，如图4-11所示，再次切换到摄影机视图，拍摄效果如图4-12所示。

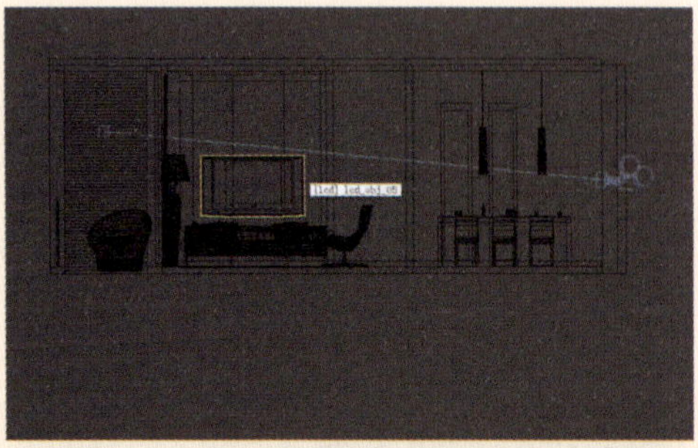

图 4-11

图 4-12

**06** 为了方便大家还原实例，这里给出了目标点及摄影机的位置坐标，用户可以调整摄影机的坐标值，以确定摄影机的具体位置。图4-13所示是目标点的坐标值，图4-14所示是摄影机的坐标值。请注意坐标值的单位为毫米（mm）。

图 4-13

图 4-14

**07** 此时的拍摄角度下墙体发生了倾斜。选中摄影机，在视图中右击，在弹出的菜单中选择“应用摄影机校正修改器”选项，如图4-15所示。

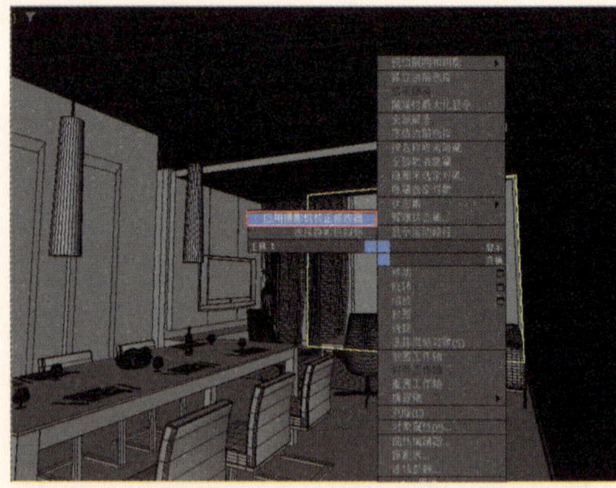

图 4-15

**08** 系统会为摄影机加载一个“摄影机校正”修改器，用于矫正当前摄影机的透视效果。进入“修改”面板，可以看到“摄影机校正”修改器，设置“数量”为-3.365、“方向”为90度，如图4-16所示，此时的摄影机拍摄效果如图4-17所示，透视正确。

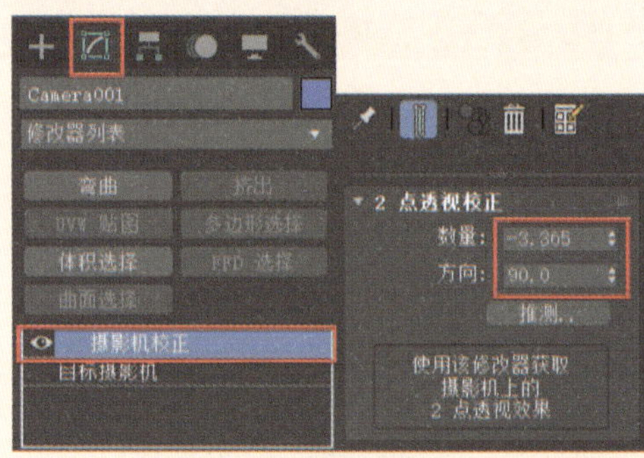


图 4-16

图 4-17

## 4.2.3 检查模型

**无论是构建的模型还是导入的模型，在构建完场景后，都要对模型进行测试渲染，检查是否有重面、漏光或破面等问题。所以，通常在此步设置测试参数，这个参数会贯穿整个效果图表现的过程。**

**01** 按F10键打开“渲染设置”窗口，由于在设置画面比例的时候，已经设置了“宽度”为600、“高度”为450，且锁定“图像纵横比”为1.33333，如图4-13所示，这个图像大小比较适合测试图，所以，保持不变即可。

**02** 切换到“V-Ray”选项卡，打开“图像采样器（抗锯齿）”卷展栏，设置“图像采样器”的“类型”为“渲染块”；打开“图像过滤器”卷展栏，选择“过滤器”为“区域”，设置“大小”为1.5。如图4-18所示。

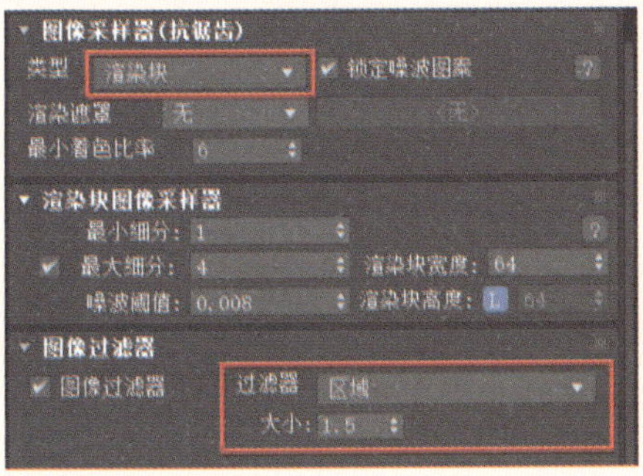


图 4-18

**03** 切换到“GI”选项卡，打开“全局照明”卷展栏，勾选“启动GI”复选框，分别设置“首次引擎”为“发光贴图”，“二次引擎”为“灯光缓存”，如图4-19所示。

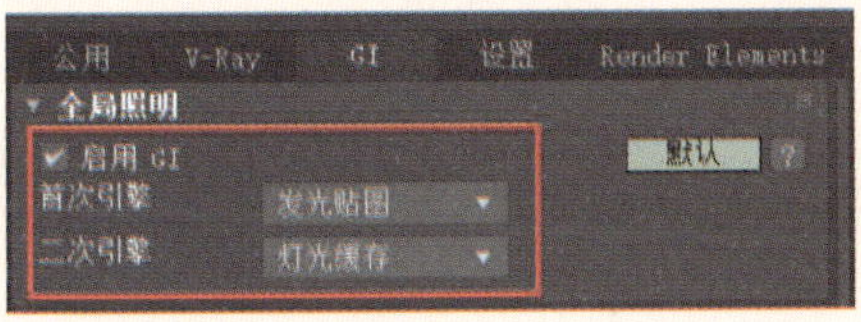


图 4-19

**04** 打开“发光贴图”卷展栏，设置“当前预设”为“非常低”、“细分”为20、“插值采样”为20，如图4-20所示。

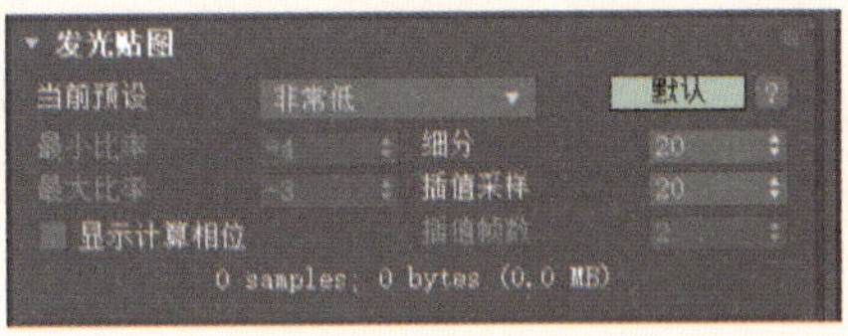


图 4-20

**05** 打开“灯光缓存”卷展栏，设置“细分”为300，如图4-21所示。

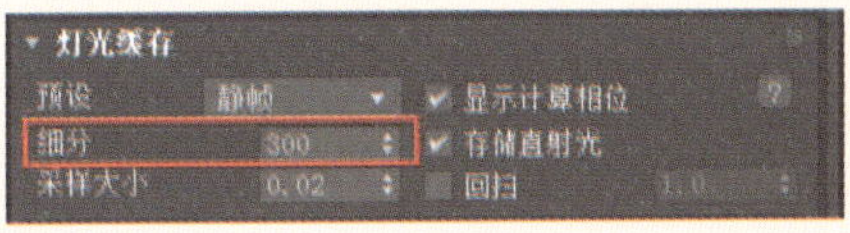


图 4-21

**06** 切换到顶视图，使用“VRay灯光”工具在场景中创建一盏“穹顶”灯光，用于模拟天光，灯光位置如图4-22所示。

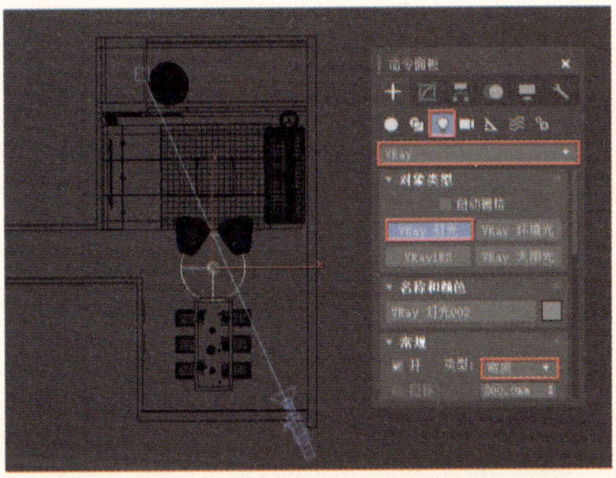

图 4-22

**07** 按P键切换到透视图，选择外景面片、阳台的玻璃和落地窗的玻璃模型，单击鼠标右键，在弹出的菜单中选择“隐藏选定对象”，如图4-23所示。

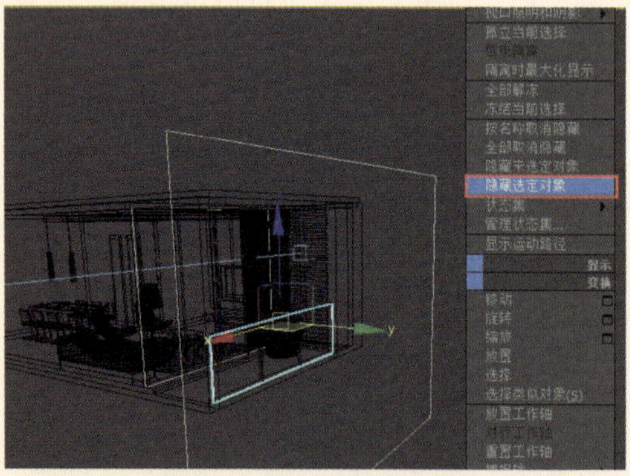

图 4-23

**技巧 提示**

隐藏这3个模型，是为了方便天光进入场景，另外，为了方便大家观察具体选择对象，这里选用了“线框”显示效果，可以使用F3键来切换。

**08** 按C键切换到摄影机视图，按快捷键Shift+Q渲染场景，效果如图4-24所示，通过渲染效果图可以看到，模型没有问题。

图 4-24

## 4.3 灯光布置

构图和模型检查都完成了，下面开始对场景进行补光，本例使用的是传统效果图的表现方法，所以会使用“补光”。整个场景为半封闭场景，且为现代风格，所以灯光应以简单实用为主。

微课：灯光布置

### 4.3.1 创建太阳光

**01** 切换到顶视图，使用“目标平行光”工具，在场景中创建一盏灯光，用于模拟太阳光照明，灯光的位置如图4-25所示。

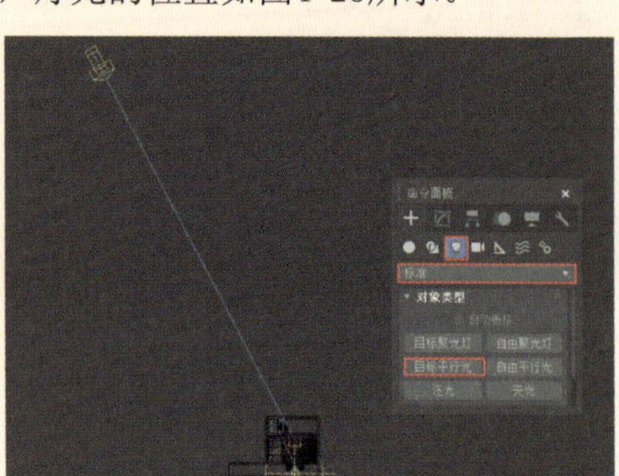

图 4-25

**02** 切换到左视图，调整太阳光和目标点的位置，如图4-26所示。

图 4-26

**03** 图4-27所示是太阳光的坐标值，图4-28所示是目标点的坐标值，单位为毫米(mm)。请注意，这里给出的坐标值是为了方便还原效果。读者根据步骤创建好灯光后，可以使用该数据来进行微调。

图 4-27

图 4-28

**04** 选中创建的灯光，打开“常规参数”卷展栏，勾选“启用”复选框，选中“VRayShadow”，打开“平行光参数”卷展栏，设置“聚光区/光束”为3000mm，“衰减区/区域”为5000mm，选择“圆”，如图4-29所示。

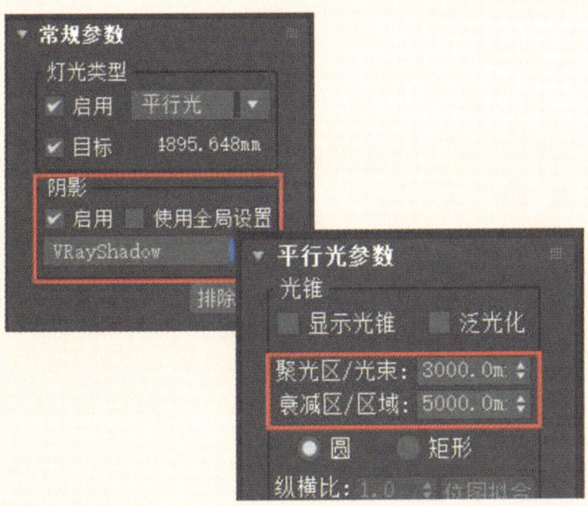


图 4-29

**05** 设置“倍增”为1.5，设置颜色为（红：255，绿：232，蓝：196）。打开“VRay阴影参数”卷展栏，选择“球体”，将“U大小”“V大小”“W大小”全部设置为300mm，如图4-30所示。

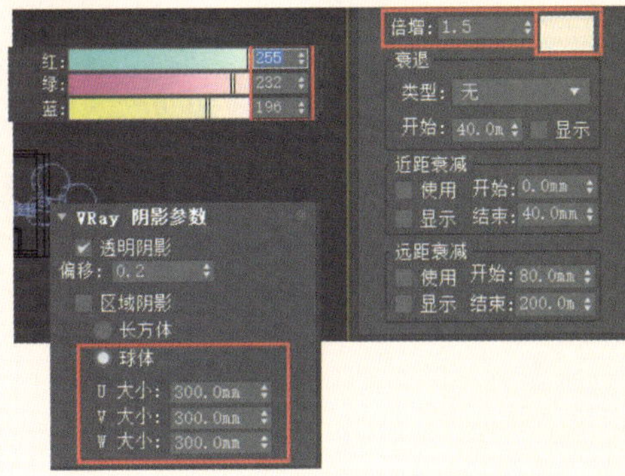


图 4-30

**06** 切换到摄影机视图，按快捷键Shift+Q渲染场景，效果如图4-31所示。

图 4-31

## 4.3.2 创建天光

**创建好太阳光后，室内亮度并不充足，考虑这是一个半封闭空间，所以天光照明是不可少的。为了简化布光，考虑使用“补光”来作为天光的照明效果。**

**01** 通过观察窗口的太阳光，可以发现光线强度足够，对于室内的暗部区域，如图4-32所示，可以考虑使用天光（补光）来处理。之所以这里不增加太阳光强度，是因为如果增加太阳光强度，灯光直射对象（窗口）就会曝光过度。所以，在效果图布光中，若灯光强度足够却还是无法完全照亮场景，千万不能增加灯光强度，而是应该考虑“补光”或者使用“颜色贴图”来控制暗部曝光。

图 4-32

**02** 切换到前视图，使用“VRay灯光”工具在落地窗外创建一盏“平面”灯光，位置如图4-33所示。

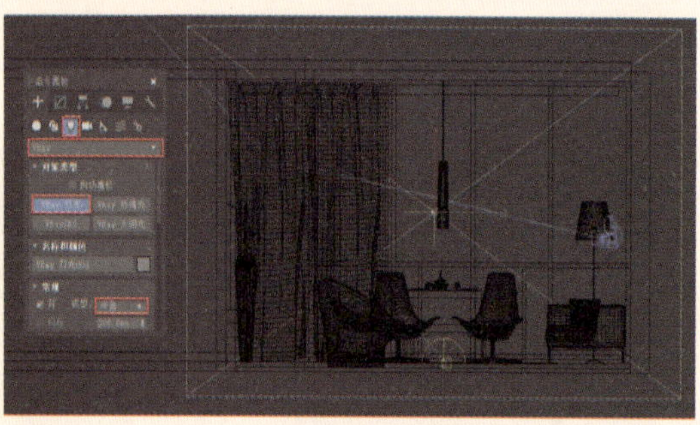

图 4-33

**03** 切换到顶视图，调整灯光的位置，灯光的坐标位置如图4-34所示。

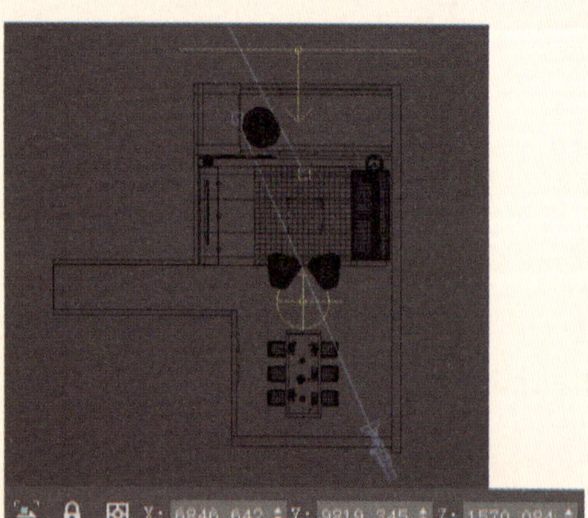


图 4-34

**04** 选择创建的“VRay灯光”，切换到“修改”面板，设置“倍增”为“8”、“颜色”为（红：196，绿：213，蓝：239），勾选“不可见”选项，如图4-35所示。

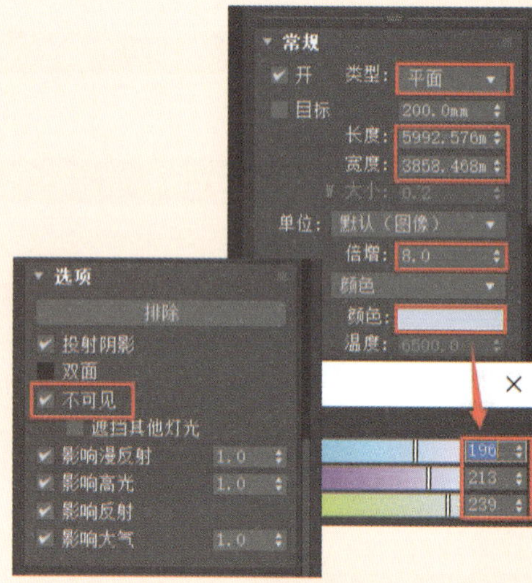


图 4-35

> **技巧 提示**
>
> 本例没有设置“大小”的数值，这里框选出来只是给大家一个参考。通常情况下，“平面”灯光的大小不被具体参数限制，而是根据场景中的进光口来绘制，绘制得稍微比进光口大一点即可。

**05** 切换到摄影机视图，按快捷键Shift+Q渲染场景，如图4-36所示。

图 4-36

## 4.3.3 创建筒灯

**自然灯光创建好后，场景照明也完成了。从实用性来讲，灯光布置已经完成了，但是，既然是制作效果图，就要考虑艺术性，所以为了使灯光效果更加丰富、有层次感，接下来将使用室内灯光来点缀场景。**

**01** 场景中有曝光过度的地方，如图4-37所示，这是因为在“渲染设置”窗口中未对曝光参数（颜色贴图）进行设置，所以暂时不用在意曝光过度的地方。在灯光布置过程中，首要任务就是控制亮度，曝光的问题可以最后来解决。

图 4-37

**02** 为了便于观察灯筒位置，可以考虑将窗帘模型隐藏，如图4-38所示。隐藏效果如图4-39所示。

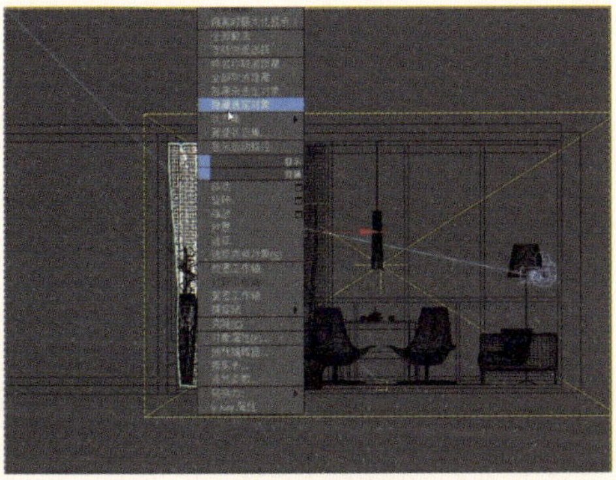

图 4-38

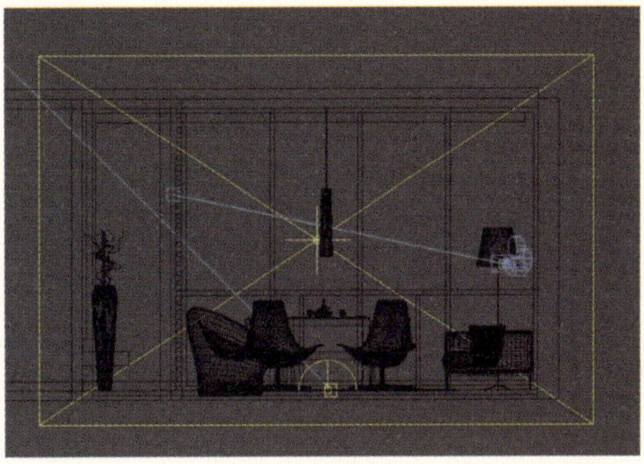

图 4-39

**03** 切换到前视图，使用“目标灯光”工具在灯筒处从上往下拖曳光标创建灯光，如图4-40所示。因为场景比较大，筒灯模型显示不出来，这里通过鼠标滚轮将视图放大，就可以看到筒灯模型了，如图4-41所示。

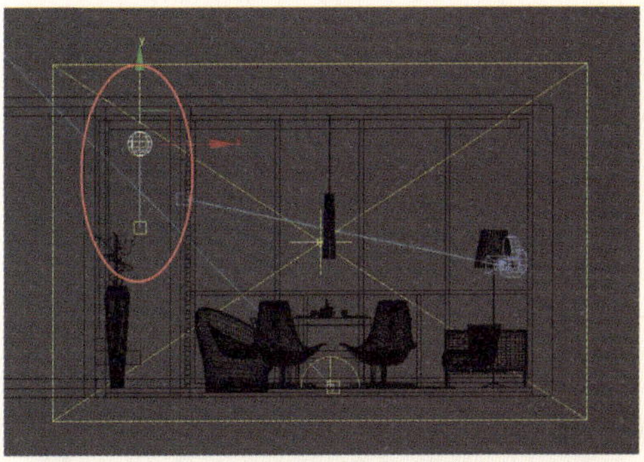

图 4-40

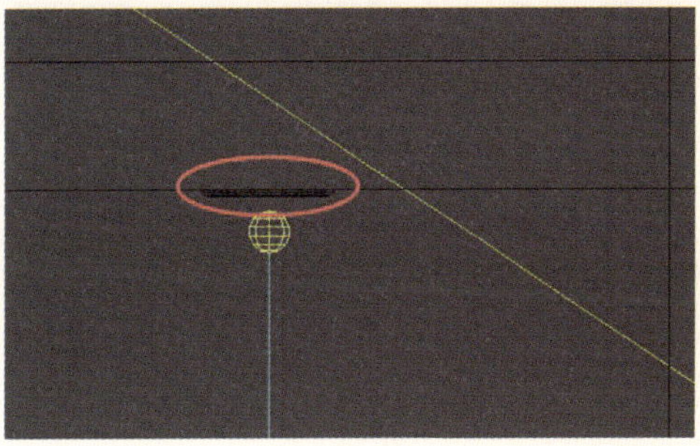

图 4-41

**04** 当场景中灯光太多时，为了方便操作，可以隐藏已经确认的灯光；当灯光与模型重合时，不方便选择，可以使用主工具栏中的“过滤器”来选择，如图4-42所示，设置“过滤器”为“L-灯光”后，就可以在场景中操作灯光了。

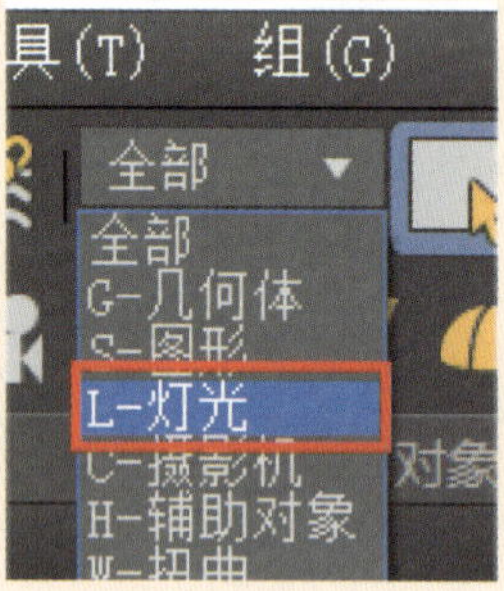

图 4-42

**05** 切换到顶视图，框选目标灯光，将其移动到筒灯处，如图4-43所示。这里之所以使用框选，是因为目标灯光包含灯光和目标点，在顶视图，框选可以直接选中它们。对顶视图进行放大，筒灯处的效果如图4-44所示。

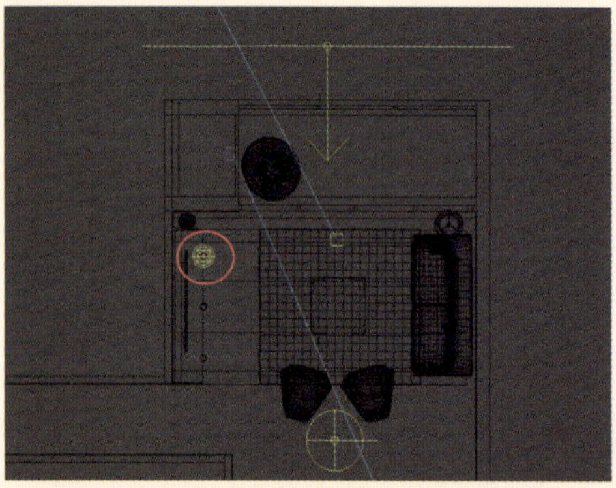
图 4-43

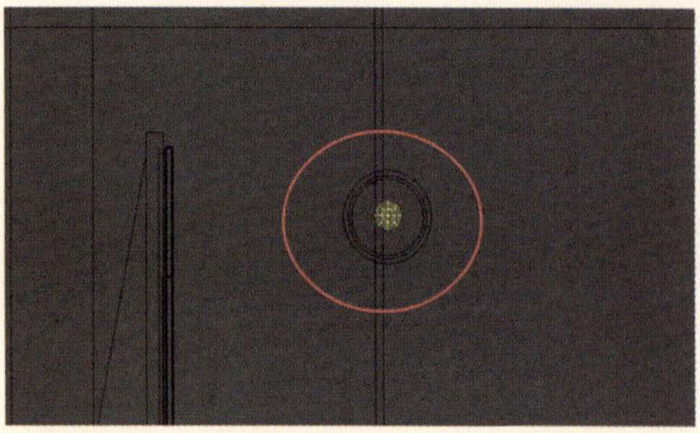
图 4-44

**06** 框选上一步确认位置后的目标灯光，然后将它们以“实例”的形式复制两盏，分别放置在另外两个筒灯处，如图4-45所示。使用“实例”后，只需设置一盏目标灯光的参数，其他两盏会跟着发生变化。将3盏筒灯设置成一样的参数是为了保证室内灯光的整体性，即同一类型的灯光、颜色、大小和强度都一致。

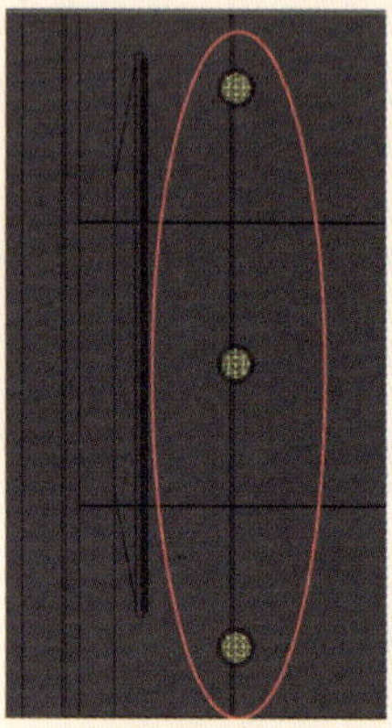
图 4-45

**07** 选择其中一盏目标灯光，切换到“修改”面板，设置“阴影”类型为“阴影贴图”、“灯光分布（类型）”为“光度学Web”，在“分布（光度学Web）”卷展栏中加载资源文件中的“经典筒灯.ies”文件，设置“强度”为1516，如图4-46所示。加载灯光文件后，目标灯光的形态会由原来的球形变为扁球状，如图4-47所示。

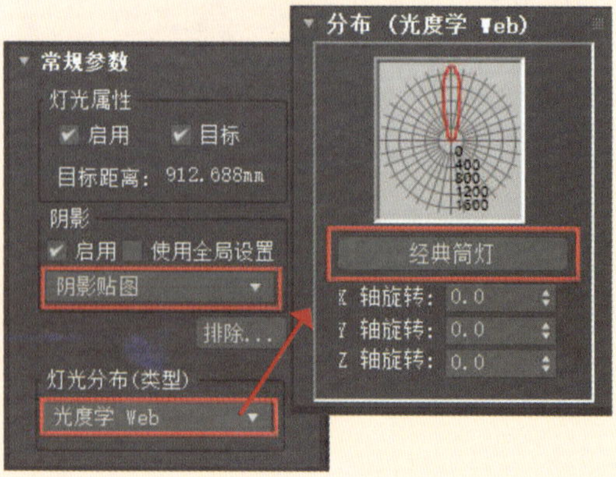

(a)

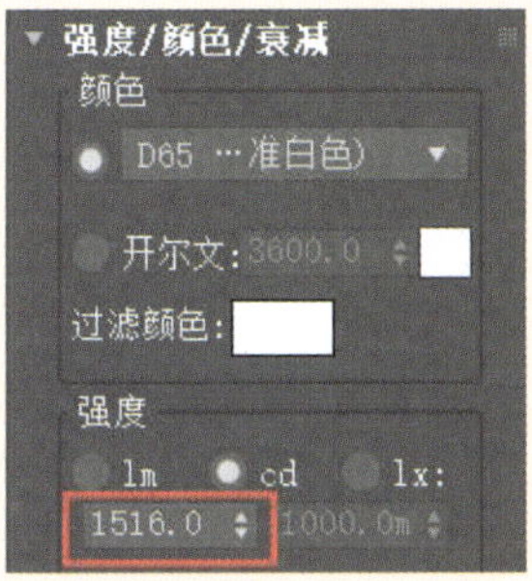


(b)

图 4-46

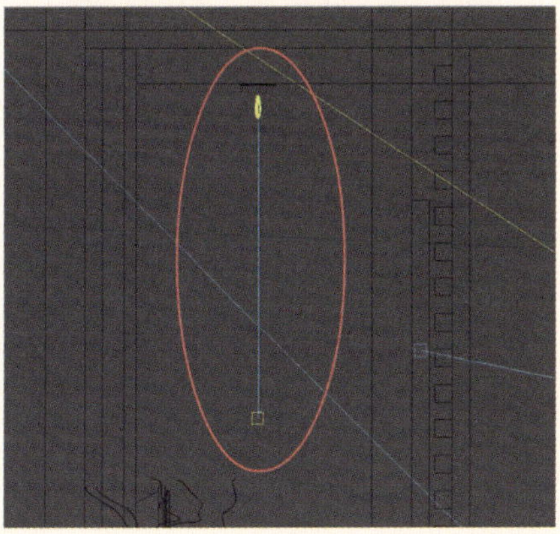

图 4-47

**08** 取消刚才对窗帘的隐藏。切换到摄影机视图，右击，在弹出的菜单中选择“按名称取消隐藏”选项，如图4-48所示。

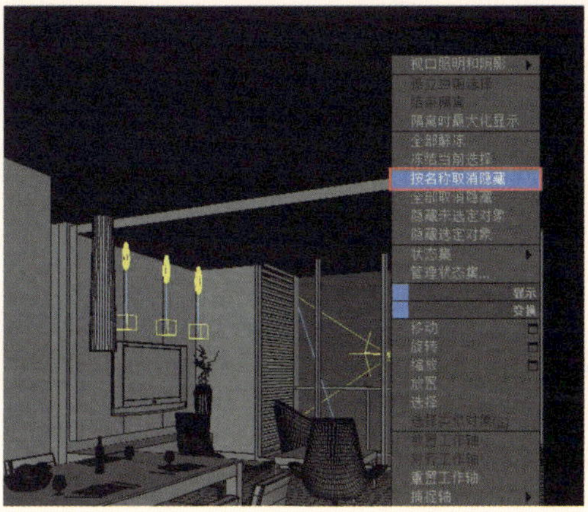

图 4-48

**09** 系统会自动打开“取消隐藏对象”对话框，选择两个窗帘对象，然后单击“取消隐藏”按钮，此时，摄影机视图如图4-49所示。

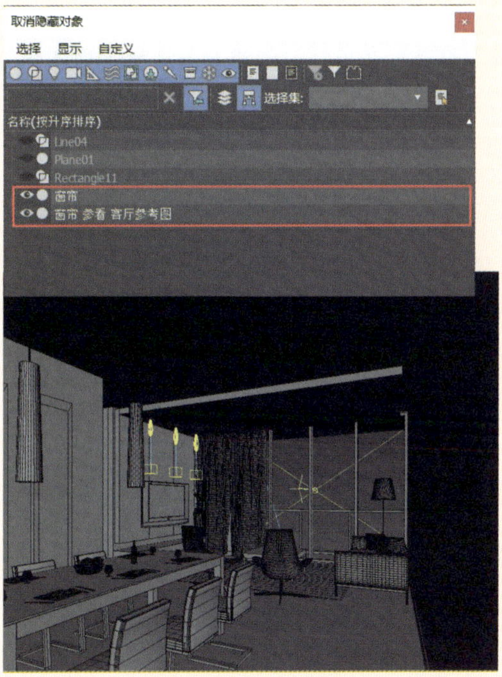


图 4-49

**10** 按快捷键Shift+Q渲染摄影机视图，渲染效果如图4-50所示。此时，电视墙处有了光照效果。

图 4-50

1
2
3
4
5
6
7
8
9

## 4.3.4 创建吊灯

**为了丰富画面光照效果，可以增加餐桌处的光照，下面使用餐桌上方的吊灯来丰富光照效果。**

**01** 切换到前视图，使用“VRay灯光”的“球体”灯光，在吊灯中创建一盏灯光，如图4-51所示。

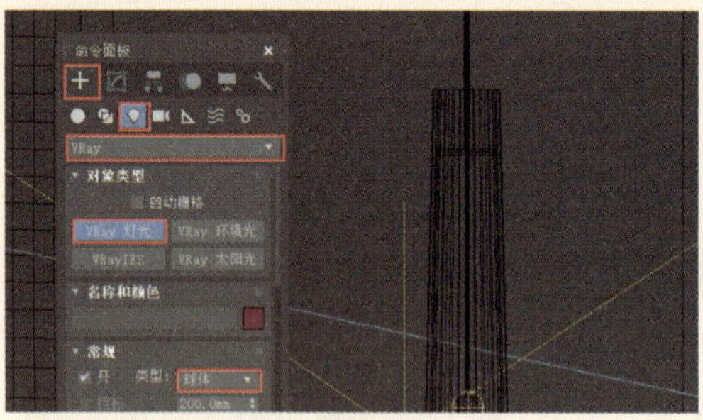

图 4-51

**02** 切换到顶视图，调整“球体”灯的位置，如图4-52所示。

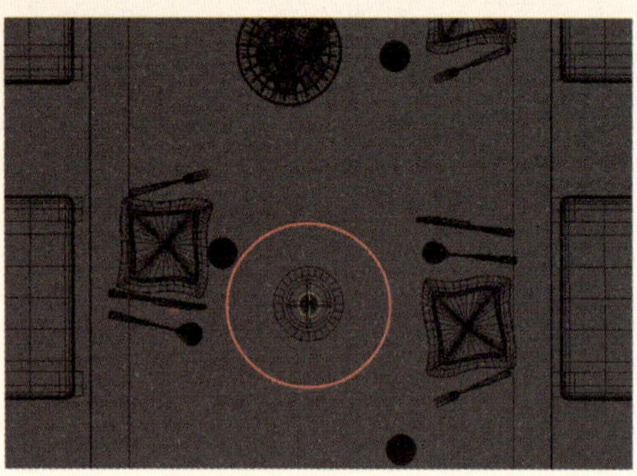

图 4-52

**03** 使用“实例”的形式复制一盏“球体”灯到另一盏吊灯中，如图4-53所示。

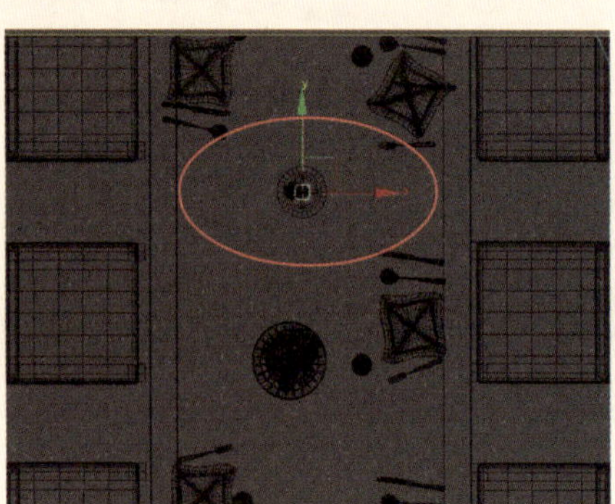

图 4-53

**04** 选中其中一盏“球体”灯，切换到“修改”面板，设置“倍增”为10、“颜色”为（红：255，绿：211，蓝：94），如图4-54所示。“半径”的参数此处仅供参考。

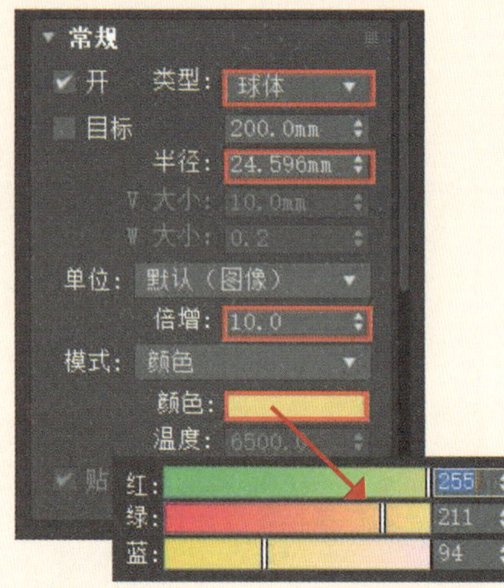


图 4-54

**05** 切换到摄影机视图，按快捷键Shift+Q渲染场景，如图4-55所示。此时，发现场景并未有变化，这是因为吊灯灯罩没有指定半透明的材质，灯光无法穿透。

图 4-55

**06** 按M键打开“材质编辑器”窗口，选择一个空白材质球，然后将其加载为VRayMtl材质球，如图4-56所示。

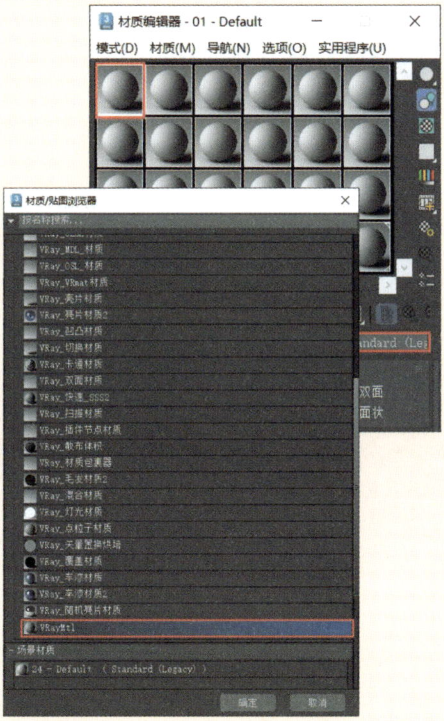


图 4-56

(b)

图 4-57

**08** 选中场景中的灯罩模型，然后单击“将材质指定给选定对象”按钮，将材质指定给灯罩模型，指定材质后的视图效果如图4-58所示。此时，可以透过灯罩看到灯罩内的灯光了。

图 4-58

**07** 将该VRayMtl材质球命名为“灯罩”，设置“漫反射”颜色为（红：255，绿：248，蓝：211）；设置“反射”颜色为（红：35，绿：35，蓝：35），“反射光泽度”为1；设置“折射”颜色为（红：158，绿：158，蓝：158），设置“折射光泽度”为0.65，“折射率”为1.6，参数设置及材质球效果如图4-57所示。

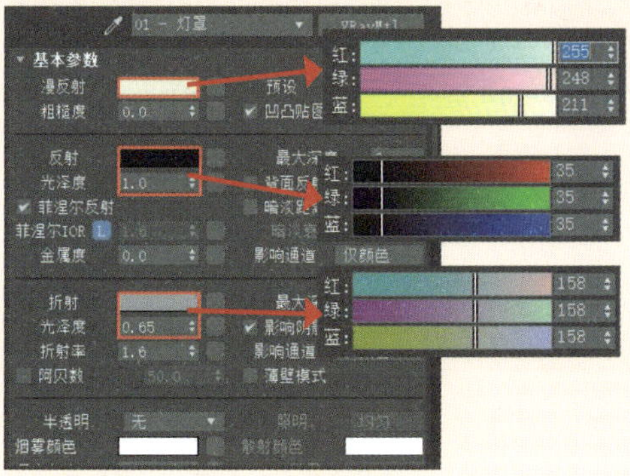

(a)

## 4.3.5 创建灯带

接下来继续添加灯带光源，使场景灯光不过于单调；添加暖色，使灯光立体。本节在吊顶上方的空隙中创建灯带。这里将使用“VRay灯光材质”来创建灯带，当然用户也可以通过“VRay灯光”的“平面光”来创建灯带。

01 在“材质编辑器”窗口中选择一个空白材质球，将其加载为“VRay灯光材质”，设置“颜色”为（红：255，绿：215，蓝：92），设置灯光强度为8，如图4-59所示。

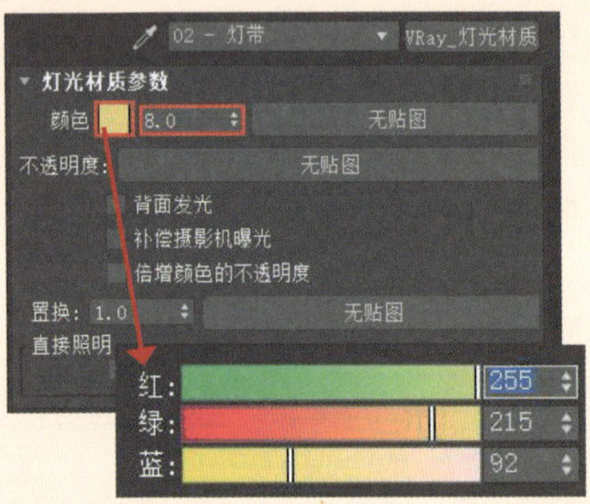


图 4-59

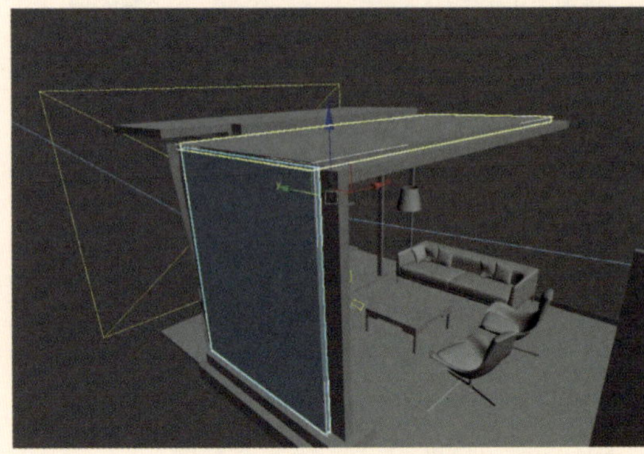

图 4-60

02 在场景中选择吊顶上方和电视墙后的灯带模型，并将灯带材质指定给灯带模型。为了方便选择，可以将屋顶模型和墙体隐藏，指定材质后，再将屋顶模型取消隐藏。一定要注意，这里有两个灯带模型，一个位于吊顶上方，一个位于电视墙后面。如图4-60所示。

03 切换到摄影机视图，按快捷键Shift+Q渲染场景，效果如图4-61所示。此时，现代风格客厅的所有灯光设置完成。整个场景灯光比较简单，也比较实用，没有多余的装饰灯光，吊灯和灯带使场景灯光有了冷暖对比、明暗对比，使灯光具有层次感。

图 4-61

## 4.3.6 曝光处理

灯光布置完成后，就应该处理曝光问题了。在VRay渲染器中，可以考虑使用“颜色贴图”来处理曝光，对于细小问题，可以在后期处理中解决。

**01** 按F10键打开“渲染设置”窗口，切换到“V-Ray”选项卡，打开“颜色映射”卷展栏，设置“类型”为“线形倍增”，勾选“映射”和“影响背景”复选框；设置“暗部倍增”为1.5，提高暗部的曝光；设置“亮部倍增”为0.75，降低亮部的曝光，如图4-62所示。

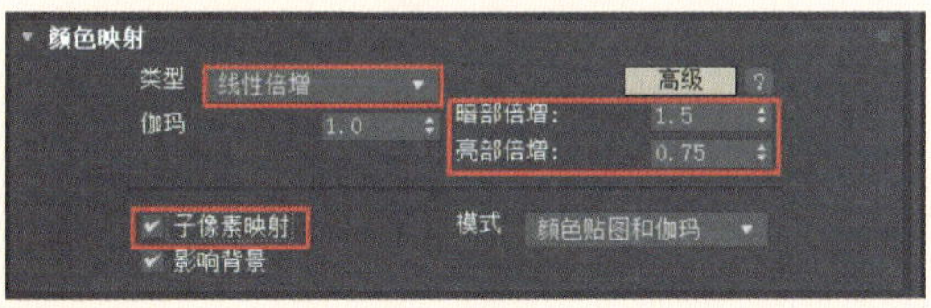


图 4-62

**02** 切换到摄影机视图，按快捷键Shift+Q渲染场景，效果如图4-63所示，此时场景中的曝光正常。

图 4-63

此时，整个场景一共有5种灯光，分别是太阳光、天光、筒灯、吊灯和灯带，它们是室内效果图的常用灯光。无论是何种风格的效果图，灯光类型都与之差不多，所以，希望读者在学习的时候了解布光的思路和方法。对于灯光的颜色和强度，也可以进行适当调整，设计出一套属于自己的灯光效果。

## 4.4 材质模拟

灯光布置好以后可以将灯光隐藏，防止在制作材质时移动灯光的位置。当然，也可以使用主工具栏的“选择对象”工具，这样就不用担心因为操作失误而移动灯光了。为了方便读者识别物体的材质类型，对场景中的材质进行了说明，如图4-64所示。

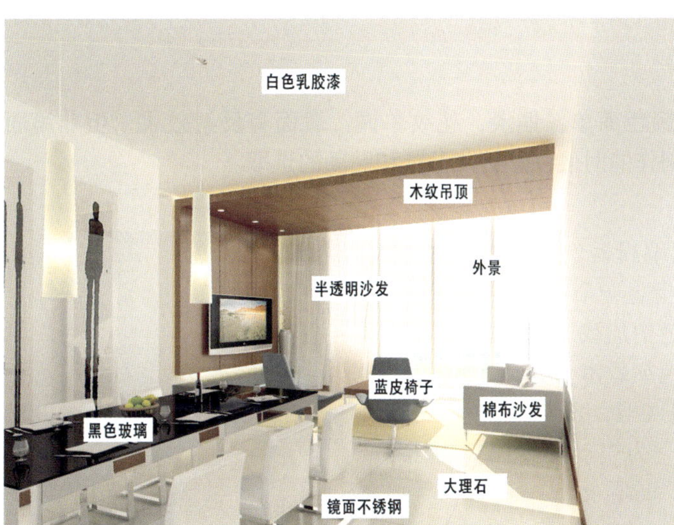


图 4-64

微课：材质模拟

## 4.4.1 乳胶漆墙面材质

**本例中乳胶漆颜色为白色，但不是纯白色；墙面是光滑的，有一定反射能力，但不能成像。在制作的时候可以根据这些特性来模拟乳胶漆材质。**

**01** 按M键打开“材质编辑器”窗口，选择一个空白材质球，给其指定一个VRayMtl材质，设置“漫反射”颜色为（红：245，绿：245，蓝：245），模拟乳胶漆的白色，设置“反射”颜色为（红：27，绿：27，蓝：27），模拟反射能力。如图4-65所示。

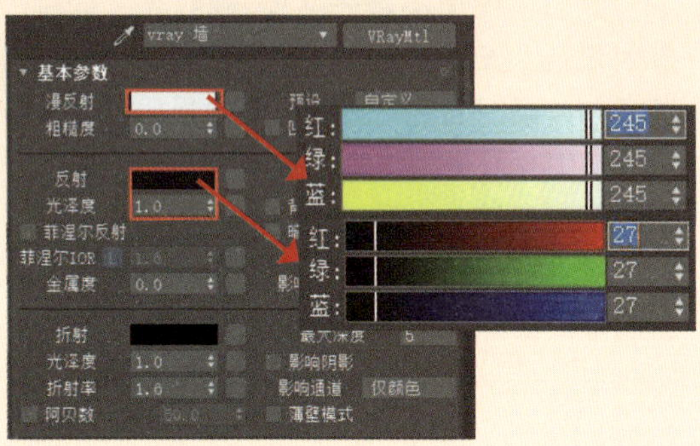


图 4-65

**02** 打开“材质编辑器”窗口中的“选项”卷展栏，取消勾选“跟踪反射”复选框，使墙面反射不成像，如图4-66所示。

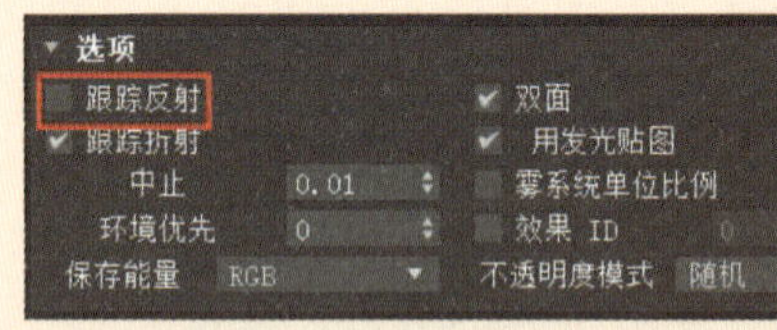


图 4-66

**03** 此时白色乳胶漆材质已经设置完毕，材质球效果如图4-67所示。

图 4-67

## 4.4.2 大理石地板材质

**大理石地板材质颜色简单、偏淡，花纹单调；表面有反射效果，但非镜面反射；表面光滑，高光效果强。在制作的时候注意相关参数和贴图的选取。**

**01** 按M键打开“材质编辑器”窗口，选择一个空白材质球，给其指定一个VRayMtl材质，在“漫反射”贴图通道中加载一张“衰减”程序贴图，在“前”通道加载本书配套资源中的“Chapter 4/材质包/001.jpg”的大理石位图，设置“衰减类型”为“Fresnel”，模拟大理石的花纹。如图4-68所示。

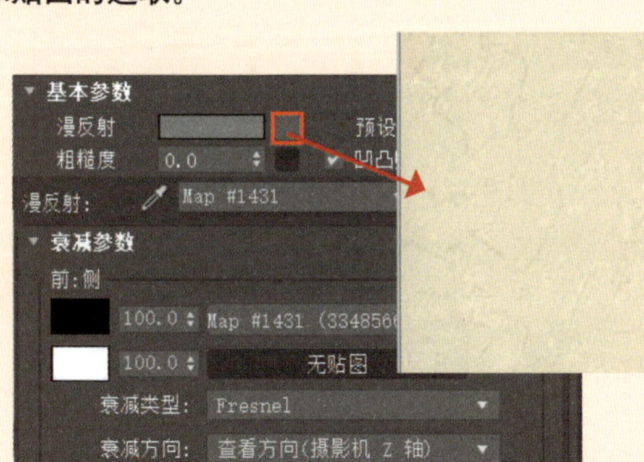


图 4-68

**02** 设置“反射”颜色为（红：30，绿：30，蓝：30），模拟反射属性；设置“反射光泽度”为0.9，模拟非镜面成像的属性。如图4-69所示。

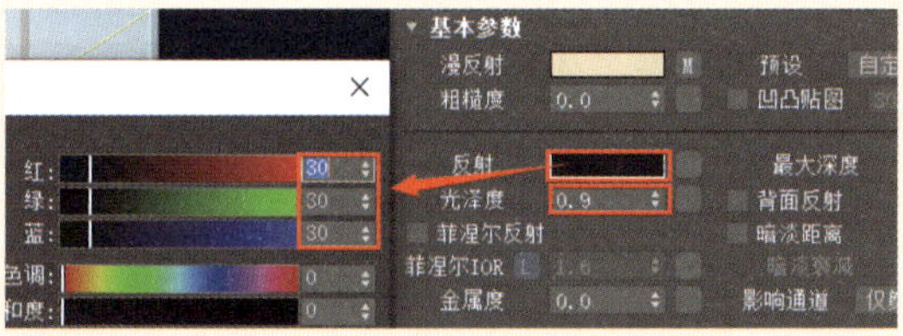

图 4-69

**03** 大理石地板的材质设置完成，材质球效果如图4-70所示。

图 4-70

## 4.4.3 木纹吊顶材质

在本场景中，吊顶、茶几、墙角线和电视墙用的都是同一种木纹。木纹材质的制作和大理石材质比较类似，只是在参数和贴图上有区别。因为现代风格的颜色比较跳跃，所以在选择木纹的时候，无须注意与空间色调的搭配。本案例中的木纹材质有木纹的特定纹理，且表面涂漆，所以有细微的反射能力，有模糊反射。

**01** 按M键打开“材质编辑器”窗口，选择一个空白材质球，给其指定一个VRayMtl材质，在“漫反射”贴图通道中加载“Chapter 4/材质包/002.jpg”木纹位图，模拟木纹特定的纹理，如图4-71所示。

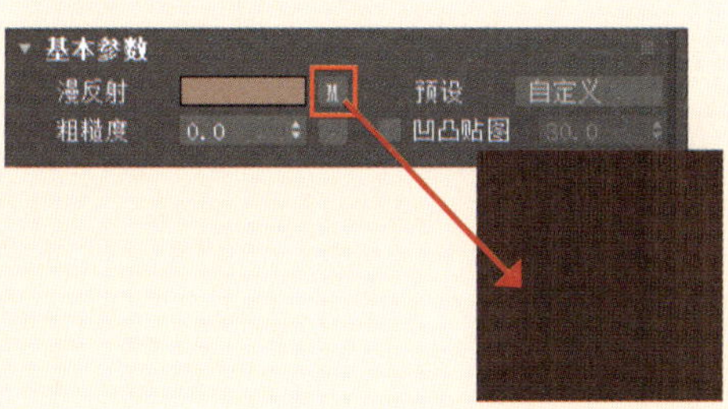

图 4-71

**02** 设置“反射”颜色为（红：20，绿：20，蓝：20），模拟反射能力；设置“反射光泽度”为0.75，如图4-72所示。

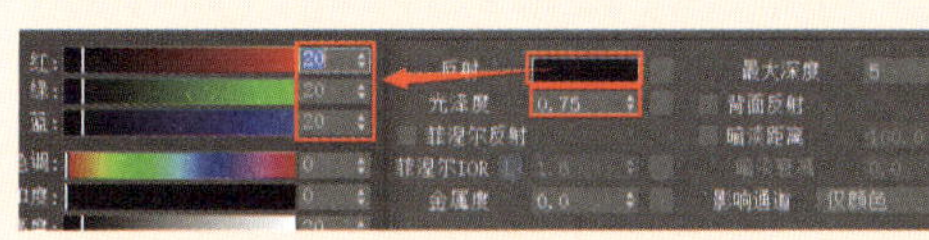
图 4-72

**03** 木纹材质设置完成，材质球效果如图4-73所示。

图 4-73

## 4.4.4 窗帘及棉布沙发材质

对于窗帘材质，因为其距离摄影机比较远，所以可以只表现它的透明属性和颜色属性。现代风格主要的特点是简单实用，所以本场景中的窗帘不用太多装饰和花纹。本案例中窗帘颜色白里透黄，有半透明效果，光线可以透过窗帘，同时窗帘可以产生阴影效果。

对于现代风格的沙发材质，建议直接使用棉布材料来模拟。相对于其他材质，棉布材质不仅简单，还能更切合现代风格的实用性。对于棉布的颜色，现代风格没有明确的定义。棉布材质表面不光滑，没有高光，没有反射；棉布表面有颜色渐变的效果。

**01** 按M键打开“材质编辑器”窗口，选择一个空白材质球，给其指定一个VRayMtl材质，设置“漫反射”颜色为（红：255，绿：249，蓝：240），模拟窗帘白里透黄的颜色，如图4-74所示。

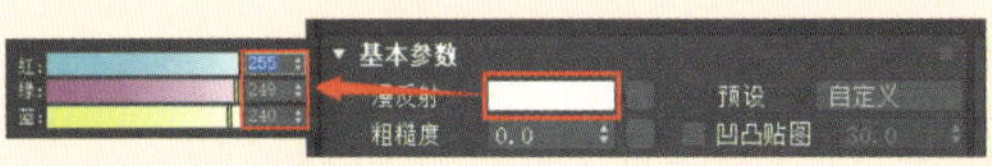

图 4-74

**02** 设置“折射”颜色为（红：92，绿：92，蓝：92），模拟半透明能力；设置“折射光泽度”为0.95，模拟不清晰的透明效果；勾选“影响阴影”复选框，使光线穿透窗帘后可以形成阴影；设置“影响通道”为“颜色+Alpha”，如图4-75所示。

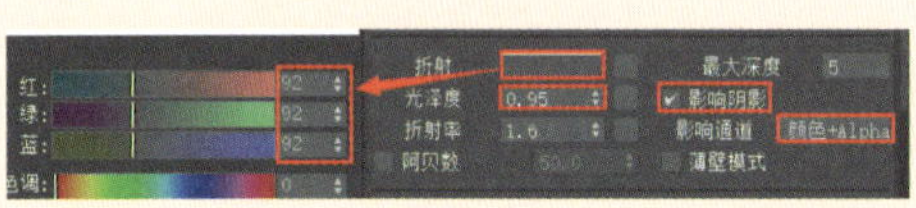

图 4-75

**03** 此时半透明窗帘材质设置完成，材质球效果如图4-76所示。

图 4-76

**04** 按M键打开“材质编辑器”窗口，选择一个空白材质球，给其指定一个VRayMtl材质，在“漫反射”贴图通道中加载一张“衰减”程序贴图，模拟棉布颜色渐变的效果，如图4-77所示。

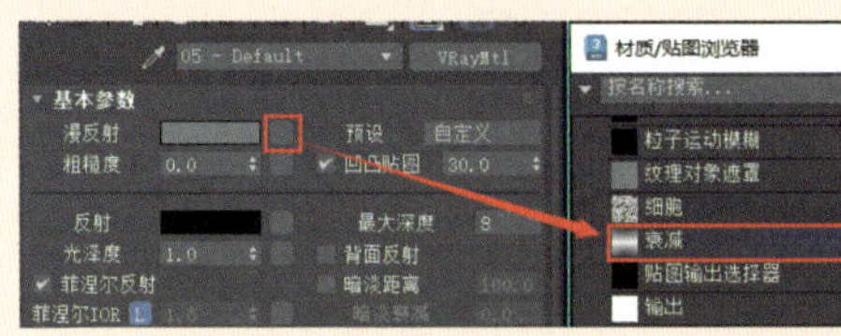

图 4-77

**05** 设置“前”通道颜色为灰色（红：77，绿：77，蓝：77），设置“衰减类型”为“Fresnel”，模拟棉布的灰色渐变。如图4-78所示。因为棉布没有反射属性，所以不设置反射的任何参数。

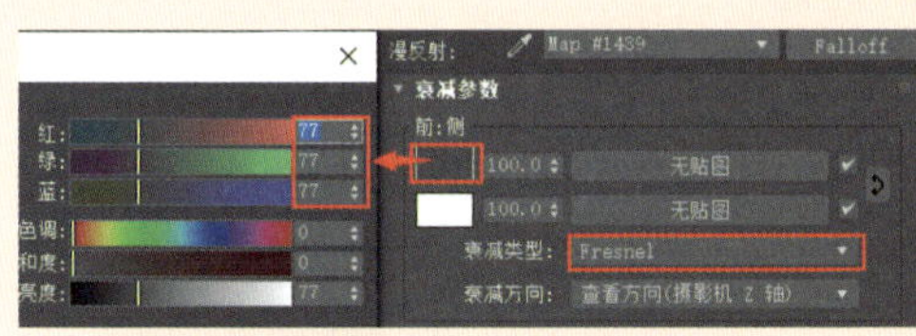

图 4-78

**06** 此时棉布沙发材质设置完成，材质球效果如图4-79所示。

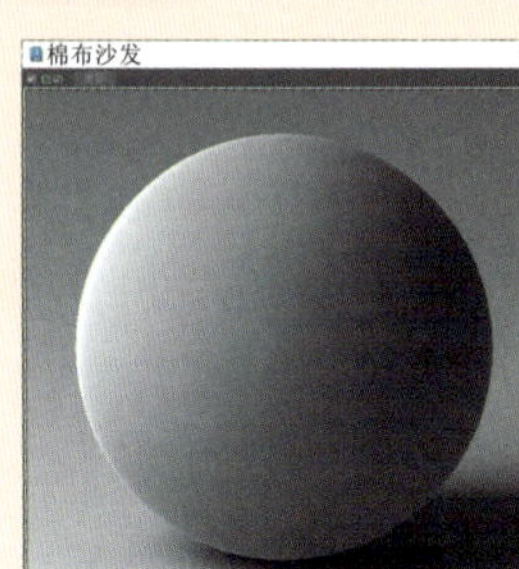


图 4-79

## 4.4.5 蓝皮椅子材质

**椅子是客厅的常见摆设。与沙发不同，沙发突出的是温馨效果，相对于主体的沙发家具，椅子只能作为点缀。本案例中的皮材质有皮革特有的皱褶纹理以及凹凸感，反射能力较弱，高光效果不是太强，反射效果也不是特别清晰。**

**01** 按M键打开“材质编辑器”窗口，选择一个空白材质球，给其指定一个VRayMtl材质，在“漫反射”贴图通道中加载“Chapter 4/材质包/003.tif”蓝色皮革贴图，模拟皮革的颜色和褶皱纹理，如图4-80所示。

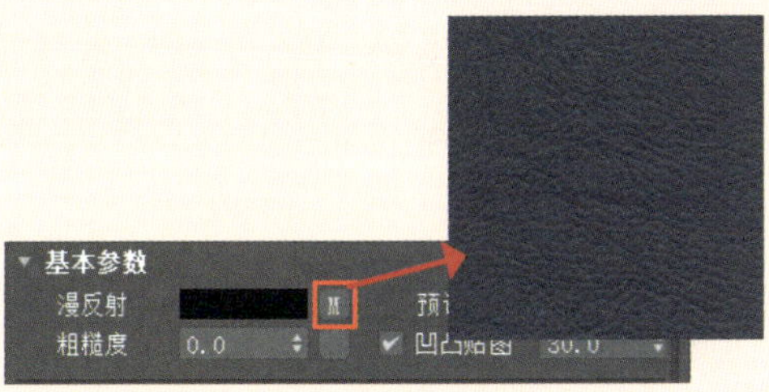


图 4–80

**02** 设置“反射”颜色为（红：25，绿：25，蓝:25），模拟皮革的弱反射能力；设置“反射光泽度”为0.8，模拟模糊反射效果，如图4-81所示。

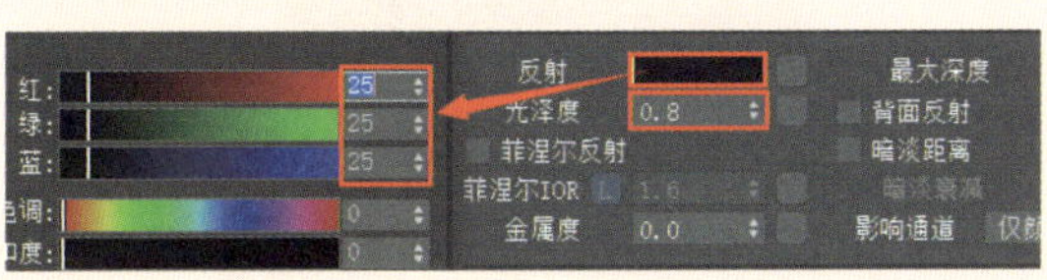


图 4–81

**03** 打开“贴图”卷展览，鼠标左键按住“漫反射”贴图通道，以“实例”复制的方式将贴图拖曳到“凹凸”贴图通道中，模拟褶皱纹理产生的凹凸感，参数及材质球效果如图4-82所示。

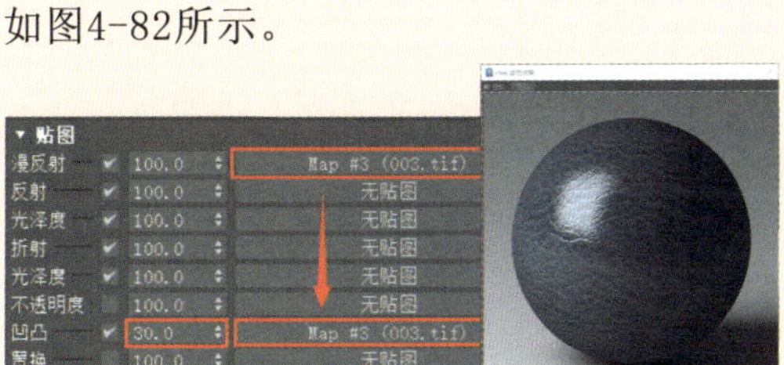


图 4–82

**04** 餐桌的椅子也是皮革的，只不过是白色皮革，其制作原理与蓝皮椅子材质类似，区别只在于本场景选择的白色皮革没有褶皱，且高光和反射性能都要强一点，参考参数及材质球效果如图4-83所示。

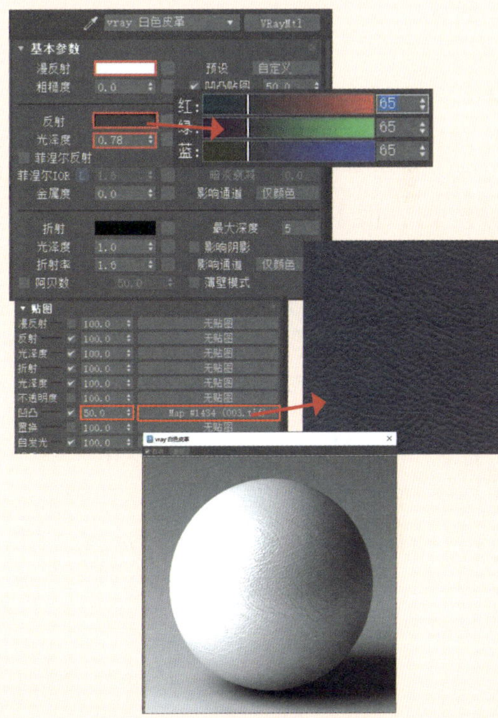


图 4–83

**技巧 提示**

此处大家会有个疑问，为什么“凹凸”贴图是蓝色的，但是材质球却是白色呢？因为“凹凸”贴图通道中的贴图无论是什么颜色，都只能影响凹凸通道，并不能影响材质的其他通道，系统会自动将“凹凸”通道的图计算为黑白通道图，所以无论使用的是黑白通道图，还是彩色图，都不会影响材质的其他属性。当然，因为使用的是彩色的图，系统会多运算一次，所以，建议在“凹凸”通道中加载黑白通道图像。

## 4.4.6 黑色玻璃材质

**本场景中的餐桌面使用的是黑色玻璃材质，有一定反射能力，玻璃有镜面反射。**

01 按M键打开“材质编辑器”窗口，选择一个空白材质球，给其指定一个VRayMtl材质，设置“漫反射”颜色为（红：44，绿：44，蓝：44），模拟玻璃的固有色，如图4-84所示。

图 4-84

02 设置“反射”颜色为（红：40，绿：40，蓝：40）；因为是黑色玻璃，所以适当降低反射能力，设置“反射光泽度”为1，模拟镜面成像效果，如图4-85所示。

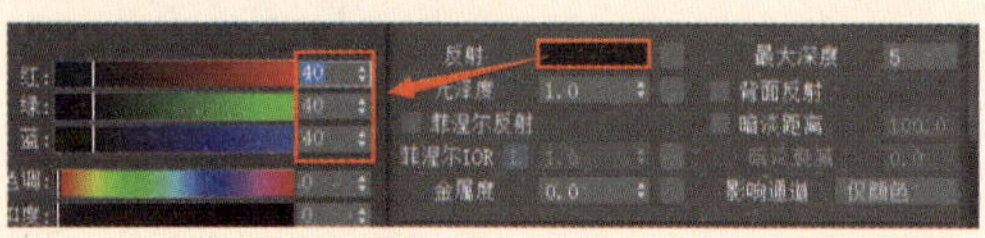

图 4-85

03 设置“折射”颜色为（红：230，绿：230，蓝：230），模拟玻璃的强透明效果；勾选“影响阴影”，设置“影响通道”为“颜色+Alpha”，使光线可以透过玻璃形成阴影，如图4-86所示。

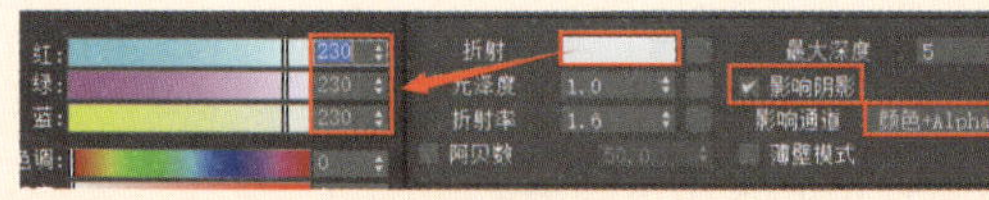

图 4-86

04 设置“烟雾颜色”为 （红：164，绿：164，蓝：164），模拟玻璃的填充色，如图4-87所示。

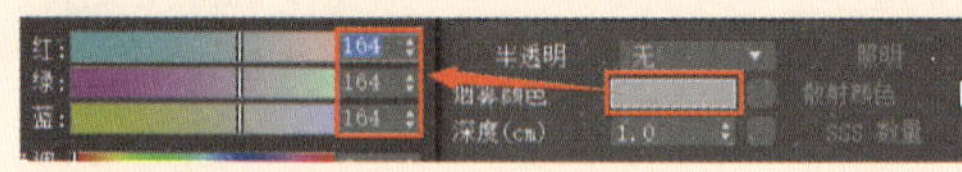

图 4-87

05 此时黑色玻璃材质设置完成，材质球效果如图4-88所示。

图 4-88

## 4.4.7 外景材质

01 按M键打开“材质编辑器”窗口，新建一个标准材质球，设置“漫反射”颜色为纯白色（红：255，绿：255，蓝：255），在“漫反射”贴图通道中加载“Chapter 4/材质包/004.jpg”外景贴图。在“自发光”贴图通道中加载“Chapter 4/材质包/004.jpg”外景贴图，设置强度为90，模拟曝光效果；设置“高光级别”为0、“光泽度”为10、“柔化”为0.1，如图4-89所示。

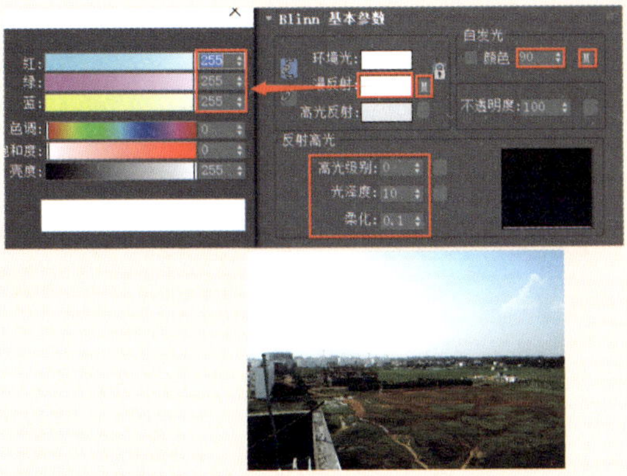


图 4-89

02 此时外景自发光材质已经制作完成，材质球效果如图4-90所示。

图 4-90

03 第二种制作方法。按M键打开“材质编辑器”窗口，选择一个空白材质球，给其指定一个VRay灯光材质，如图4-91所示。

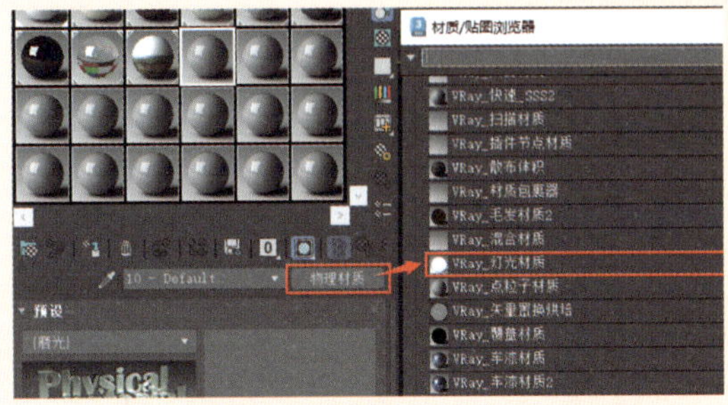


图 4-91

04 在“颜色”贴图通道中加载“Chapter 4/材质包/004.jpg”外景贴图，设置“颜色”强度为2，此时第二种外景自发光材质也制作完成，材质球效果如图4-92所示。

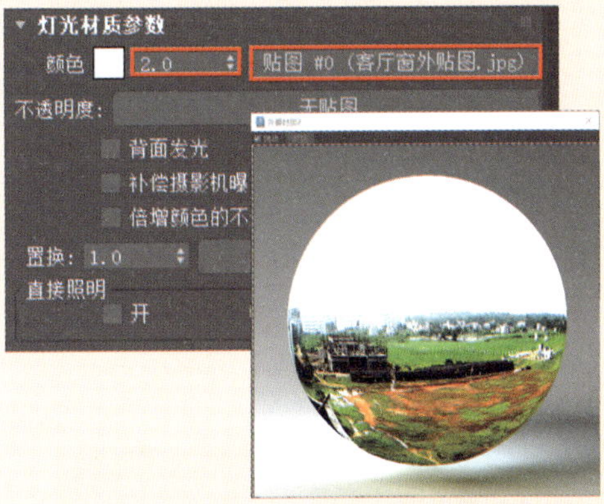


图 4-92

**至此，场景中的主要材质已经制作完成，对于其他未讲解的材质，读者可以通过“Chapter 4/现代风格客厅（完成文件）.max”文件来查看。**

## 4.5 最终渲染

材质和灯光都处理好以后，就将进入3ds Max的最后一步——渲染最终效果图。需要注意，对于最终效果图的渲染参数，本书给的是参考参数，以便读者在学习的时候适当降低相关质量，提高渲染速度；当然，在商业效果图中，速度和质量一直是大家关注的问题，建议大家选择一个折中的参数来进行渲染。

微课：最终渲染

## 4.5.1 设置渲染参数

**01** 按F10键打开“渲染设置”窗口，在“公用参数”卷展栏中设置“宽度”为4000、“高度”为3000，如图4-93所示。

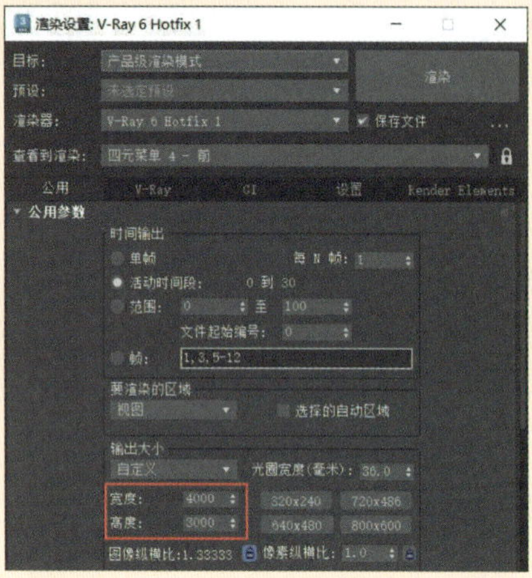


图 4-93

**02** 切换到“V-Ray”选项卡，打开“全局开关”卷展栏，设置“二次光线偏移”为0.001，防止重面产生的错误，如图4-94所示。

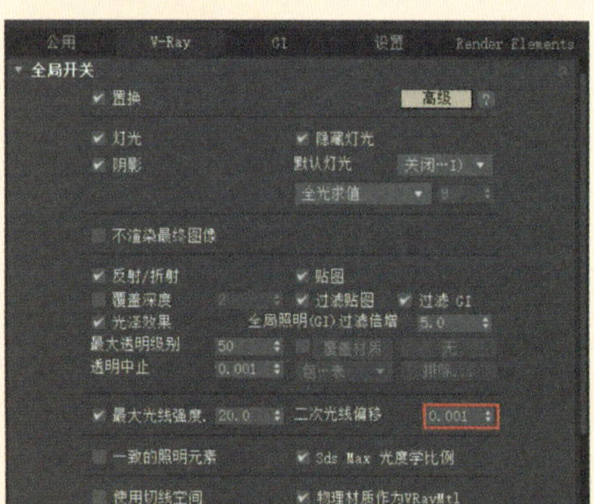


图 4-94

**03** 打开“图像过滤器”卷展栏，选择“过滤器”为“Catmull-Rom”，如图4-95所示。

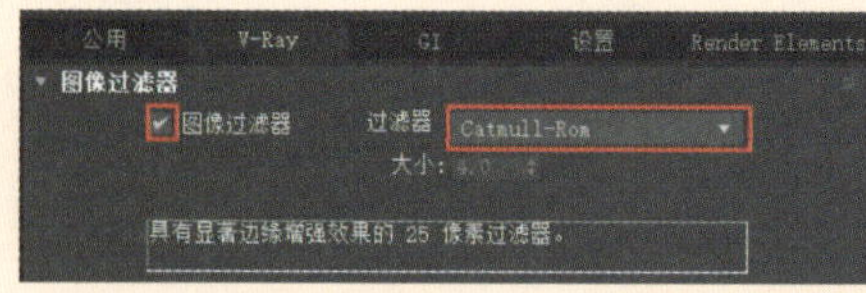


图 4-95

**04** 切换到“GI”选项卡，打开“发光贴图”卷展栏，设置“当前预设”为“中”，设置“细分”为“60”、“插值采样”为30，如图4-96所示。

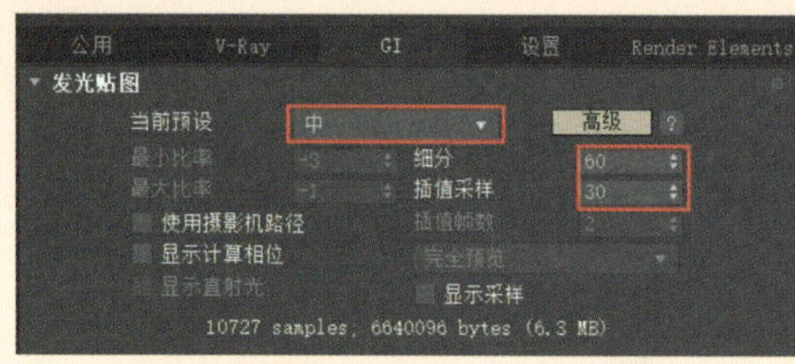


图 4-96

**05** 打开“灯光缓存”卷展栏，设置“细分”为1200，勾选“显示计算相位”复选框，如图4-97所示。

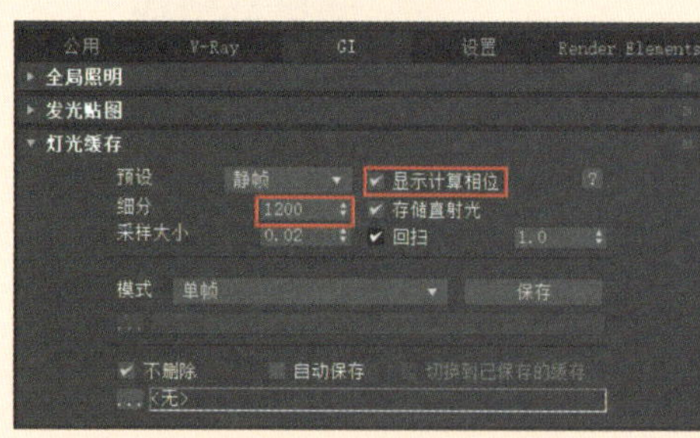


图 4-97

**技巧 提示**

在模型检查的时候，设置过测试渲染参数，当时是设置了“全局照明”卷展栏的“首次引擎”和“二次引擎”，所以这里可以直接使用“发光图”和“灯光缓存”卷展栏。勾选“显示计算相位”可以在渲染过程中预览光子效果，该参数对渲染和质量没有任何影响，只影响预览效果。

## 4.5.2 渲染输出

01 切换到摄影机视图，按快捷键Shift+Q渲染场景，在经历长时间的渲染后，效果如图4-98所示。

图 4-98

02 单击“渲染帧窗口”上的“保存图像”按钮，将其保存为“OpenEXR图像文件”，如图4-99所示。

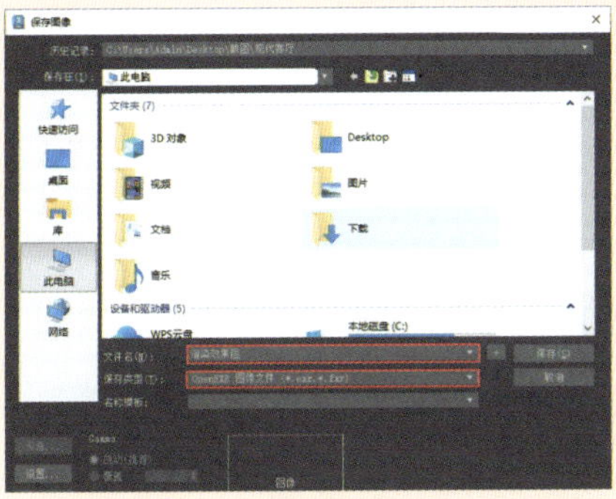


图 4-99

03 系统会弹出“OpenEXR配置”对话框，设置“格式”为“全浮点数（32位/每通道）”、“类型”为“RGBA”、“压缩”为“无压缩”，如图4-100所示。

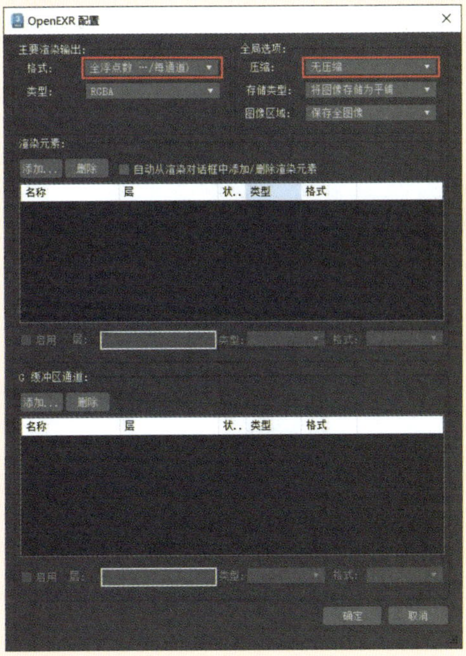


图 4-100

## 4.6 后期处理

在制作商业效果图时，难免会为了提高效果图的渲染速度，而牺牲质量，这个时候，就需要进行后期处理；另外，对于渲染出来的效果图，难免会有曝光、色彩、色调等问题，所以也会在后期中对这些问题进行处理。

微课：后期处理

01 在Photoshop中打开前面保存的“渲染效果图.exr”文件，如图4-101所示。

02 执行“图像”菜单→“调整”→“曝光度”命令，打开“曝光度”对话框，设置“曝光度”为0.14、“灰度系数校正”为0.9，处理后的效果图如图4-102所示。

图 4-101

图 4-102

**03** 继续执行“图像”菜单→“调整”→“色阶”命令，打开“色阶”对话框，调整色阶参数，增加画面的层次感，调整后的效果如图4-103所示。

图 4-103

**04** 执行“图像”菜单→“模式”→“16位/通道”命令，打开“HDR色调”对话框，设置“方法”为“曝光度和灰度系数”，将图像转换为16位图像，效果如图4-104所示。

图 4-104

**05** 在图层面板中，在“背景”图层上复制一个背景图层副本，复制后的图层结构如图4-105所示。

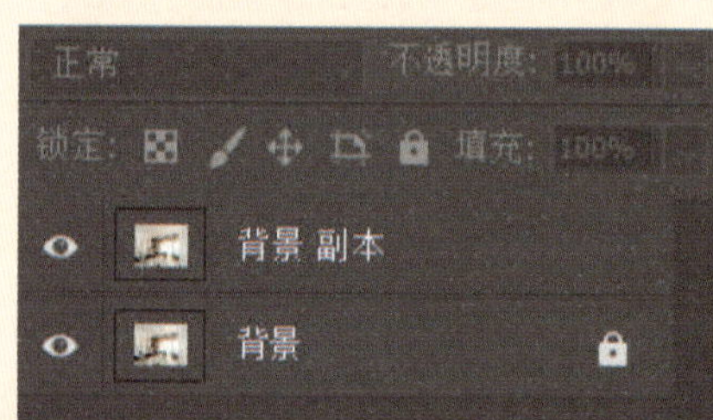


图 4-105

**06** 对于图中过分亮的地方，可以选中黑色的画笔，然后选择图层“曲线1”的蒙版，在图像上进行涂抹，让画面局部恢复原有效果，如图4-106所示。

图 4-106

**07** 单击“创建新的填充或调整图层”按钮，选择“照片滤镜”，如图4-107所示；在“照片滤镜”对话框中设置“滤镜”为“Warming Filter（81）”，设置“浓度”为25%，为图像增加暖色调，效果如图4-108所示。

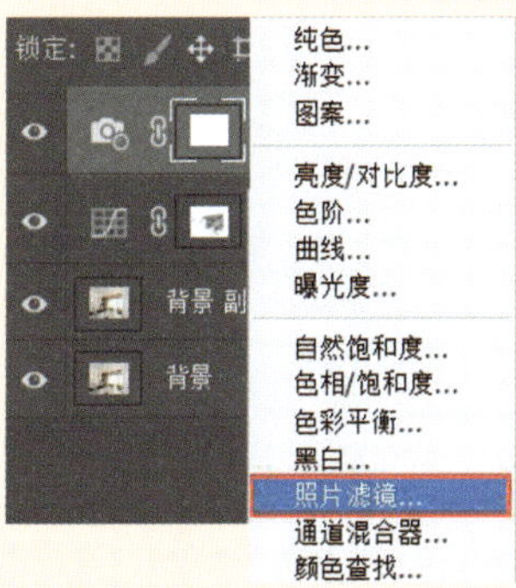


图 4-107

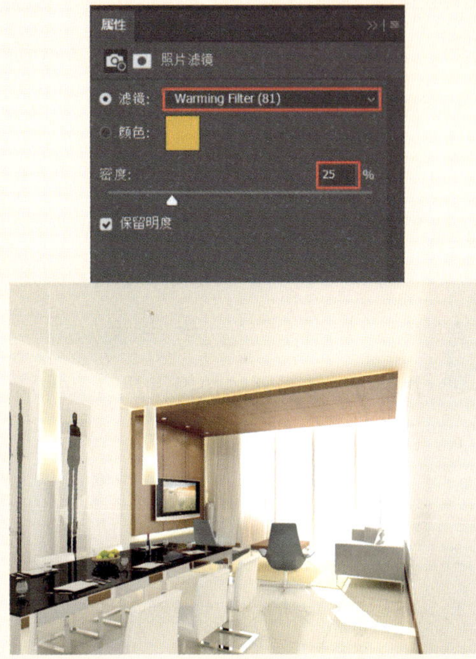


图 4-108

到此，现代客厅效果图的后期处理就完成了。本章使用的后期处理比较简单，主要处理了颜色的层次感、曝光度、亮度，为场景增加了暖色调，烘托出温馨的氛围。

## 4.7 知识与技能梳理

本章通过一个非常简单的小案例，让读者快速地了解如何制作一幅现代风格的室内效果图，其中涉及了室内效果图制作的整个流程：构建模型、材质模拟、灯光布置、渲染设置。在后面的章节中对此会有更详细的讲解。

- 重要工具：摄影机、VRay灯光工具栏、VRay材质编辑器。
- 核心技术：环境的搭建对材质的表现非常关键，环境首先要有明暗对比，其次要有冷暖变化；一定要深入了解材质的物理属性，首先是物体表面的颜色、纹理和肌理，其次是物体的反射强弱程度和折射情况，最后是透明效果。
- 实际运用：3ds Max视图的控制方法和室内效果图表现流程。

## 4.8 课后练习

一、选择题（共3题），请扫描二维码进入即测即评。

4.8 课后练习

1. 激活视图安全框的快捷键是（　　）。

A. Ctrl+F　　　　B. Shift+F

C. Ctrl+P　　　　D. Shift+P

2. 调整“VRay灯光”光线强度的参数是（　　）。

A. 颜色　　B. 温度　　C. 倍增　　D. 类型

3. 调用材质编辑器的快捷键是（　　）。

A. W　　B. M　　C. R　　D. P

二、简答题

1. 创建好摄影机后发现模型透视有问题，应当如何解决？

2. 在创建灯光过程中，如何才能避免移动到灯光以外的模型？

Chapter 5

# 田园风格客厅表现

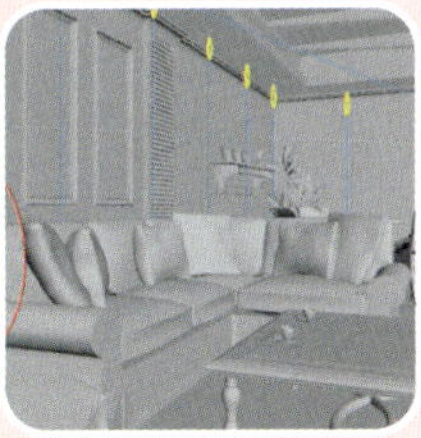

本章将通过一个田园风格的客厅案例讲解效果图中黄昏时光线的使用和表现技巧，本章还会介绍客厅中材质的模拟以及后期处理冷暖的技巧等。

| | 知识点 | 学习目标 | | | |
|---|---|---|---|---|---|
| | | 了解 | 应用 | 创新 | 重点知识 |
| 学习要求 | 项目介绍 | | | 🚩 | |
| | 客厅场景构图 | | | | 🚩 |
| | 客厅灯光布置 | | 🚩 | | |
| | 材质的设置方法 | 🚩 | | | |
| | 最终渲染 | | | | 🚩 |
| | 项目后期处理 | | 🚩 | | |

能力与素养目标

## 5.1 项目介绍

本场景是一个田园风格、清新的半封闭客厅空间，通过室内灯光点缀修饰整体光效，灯光颜色偏白，以淡色光为主；家具装饰也追求干净、清新、自然，均采用白色或者带有花草花纹的布料，布料材质以棉布为主；墙体使用自然绿色来修饰，烘托出田园风格的自然效果，另外也使用了文化石之类的石材来增加场景的朴实效果。图5-1所示是本章将制作的田园风格的客厅效果图。

图 5-1

## 5.2 场景构图

**01** 启动3ds Max 2024，打开本书配套资源中的“Chapter 5/田园客厅（场景文件）.max”，如图5-2所示，这是一个半封闭客厅。

微课：场景构图

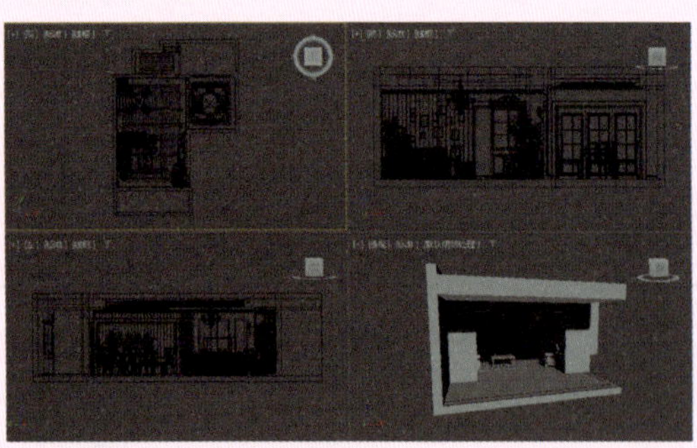

图 5-2

**02** 本场景将使用LWF模式来表现效果图。执行“自定义”菜单→“首选项”命令，打开“首选项设置”对话框，切换到“Gamma和LUT”选项卡，勾选“启用Gamma/LUT校正”复选框，设置“Gamma”为2.2，勾选“影响颜色选择器”和“影响材质选择器”复选框，单击“确定”按钮，如图5-3所示。

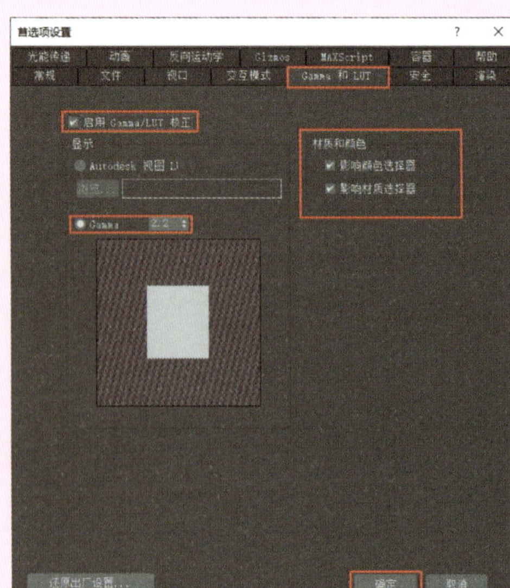


图 5-3

## 5.2.1 设置画面比例

**为了准确地取景，在创建摄影机前，需要确定画面比例，3ds Max为用户提供了几种特定比例，本例为了更好地展示空间中的家具对象，选择了横构图的画面。**

**01** 按F10键打开“渲染设置”窗口，在“公用参数”卷展栏中选择类型为“35mm 1.85:1（电影）”，如图5-4所示。

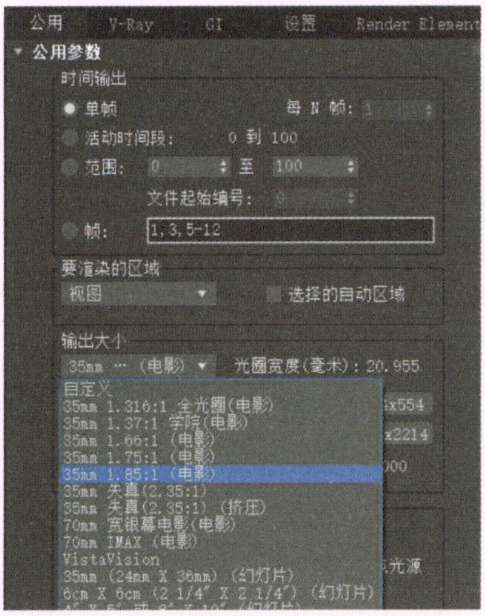


图 5-4

**02** 此时可以查看到“图像纵横比”自动调整为1.85，如图5-5所示，这是一个横幅比较大的横构图。

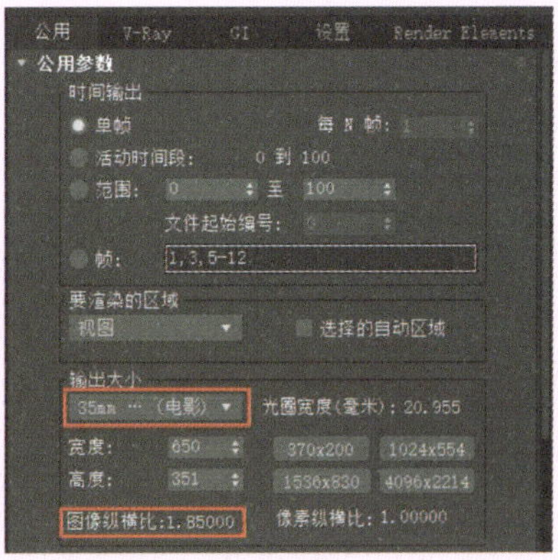


图 5-5

**03** 选择透视图，按快捷键Shift+F激活安全框，如图5-6所示，这就是为这个场景选择的画面比例，客厅显得较为宽敞。

图 5-6

## 5.2.2 创建目标摄影机

**01** 切换到顶视图，在视图中拖曳创建一台摄影机，使摄影机从室外阳台处拍摄室内，如图5-7所示。

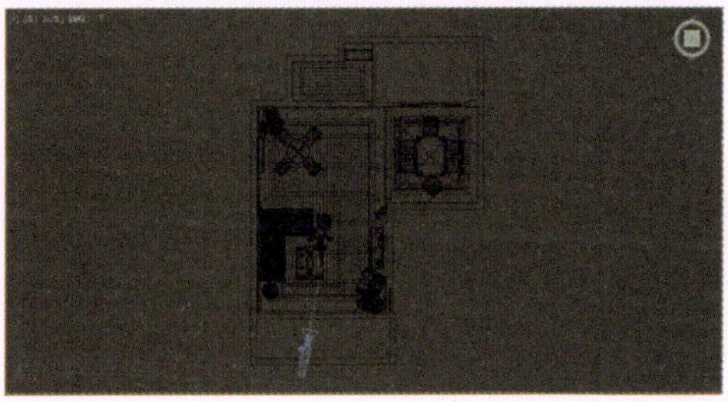

图 5-7

**02** 这里使用大角度的视野来拍摄。选择摄影机，切换到“修改”面板，设置“镜头”为11.642、“视野”为83.973，“近距剪切”和“远距剪切”分别为500mm和15000mm，此时的摄影机视野范围如图5-8所示。

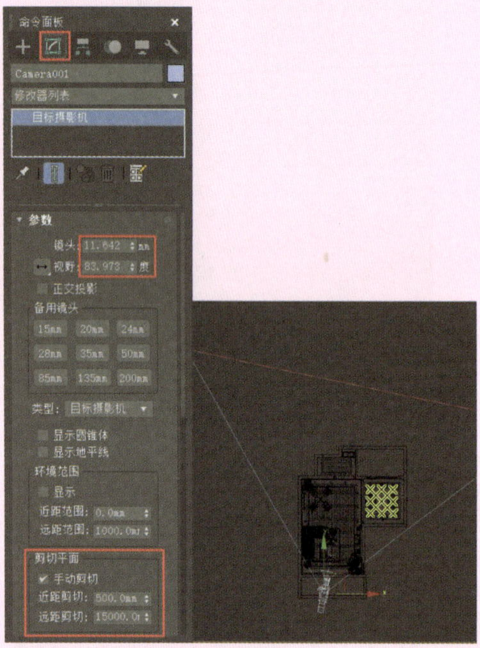


图 5-8

**03** 切换到透视图，按C键进入摄影机视图，此时的拍摄效果如图5-9所示，很明显此时的摄影机高度不合适。

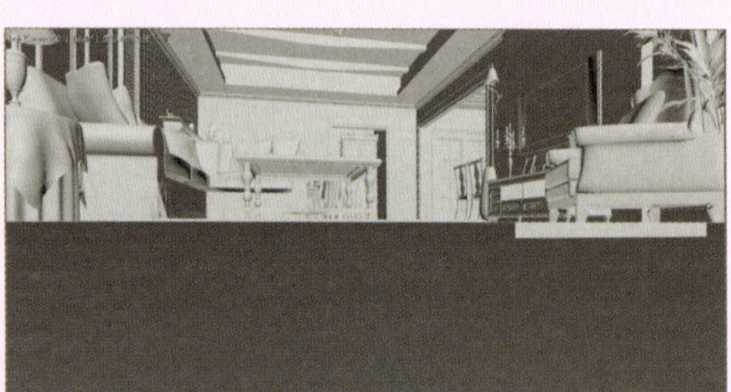

图 5-9

**04** 切换到左视图，调整摄影机和目标点的位置，如图5-10所示，再次切换到摄影机视图，拍摄效果如图5-11所示。

图 5-10

图 5-11

**05** 为了方便还原实例，给出了目标点和摄影机的位置坐标，用户可以调整摄影机的坐标值，来确定摄影机的具体位置。图5-12所示是目标点的坐标值，图5-13所示是摄影机的坐标值。请注意它们的单位为毫米(mm)。

图 5-12

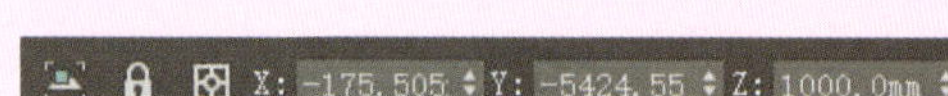


图 5-13

**06** 选中摄影机，在视图中右击，在弹出的快捷菜单中选择“应用摄影机校正修改器”，如图5-14所示。

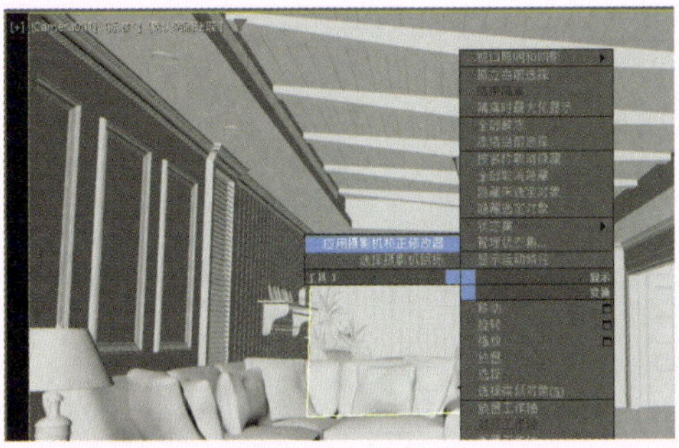

图 5-14

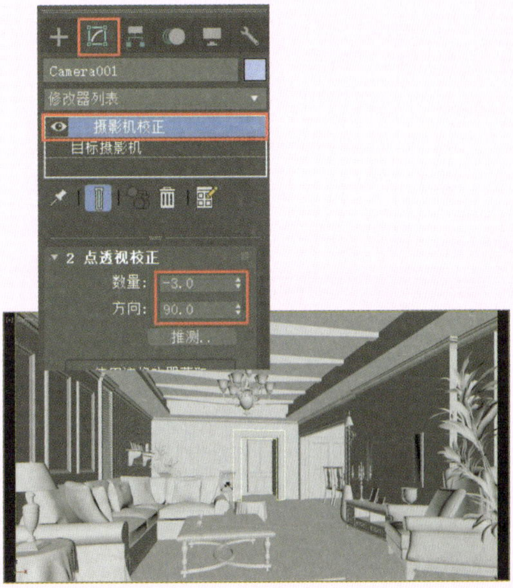


图 5-15

**07** 此时，系统会为摄影机加载一个“摄影机校正”修改器，进入“修改”面板，设置“数量”为-3、“方向”为90，此时的摄影机拍摄效果如图5-15所示，透视图正确。

## 5.2.3 模型检查

**在创建好摄影机并确定了构图后，下面开始对场景模型进行检查。在检查模型的时候，可以使用一个test材质进行覆盖处理。同理，本次设置的渲染参数为测试参数。**

**01** 按M键打开“材质编辑器”窗口，选择一个空白材质球，设置为VRayMtl材质，将其命名为“test”，设置“漫反射”颜色为（红：220，绿：220，蓝：220），如图5-16所示。

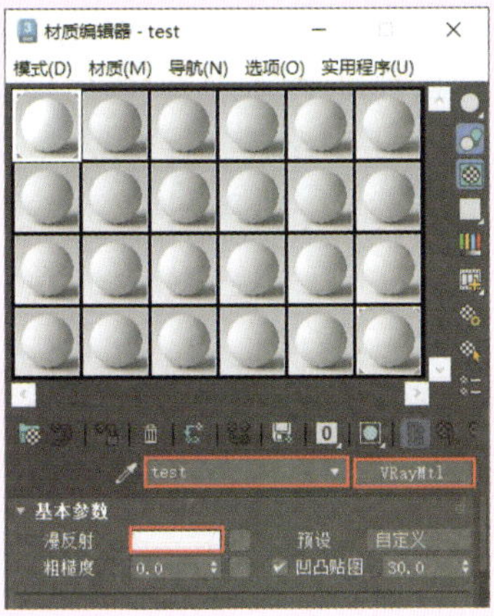


图 5-16

**02** 按F10键打开“渲染设置”窗口，在“公用参数”卷展栏中设置“宽度”为800，“高度”会自动更新为432，如图5-17所示。

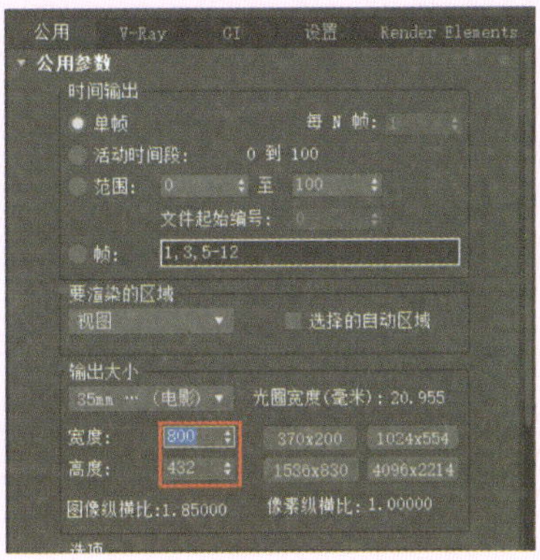


图 5-17

1
2
3
4
5
6
7
8
9

**03** 切换到“V-Ray”选项卡，打开“全局开关”卷展栏，勾选“覆盖材质”复选框，双击后方的通道打开“材质/贴图浏览器”，将“材质/贴图浏览器”中的test材质拖曳到“覆盖材质”后方的通道中，并选择“实例”，单击“确定”按钮，如图5-18所示。

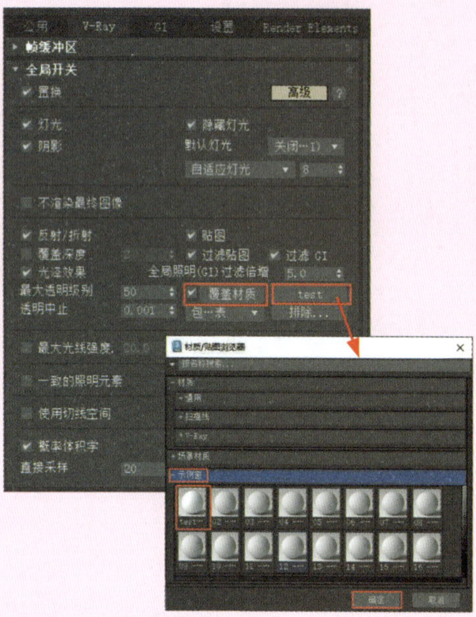


图 5-18

## 技巧 提示

这是一种常用的为场景中所有对象覆盖材质的方法。这样处理后，场景中的所有对象都将被指定为test材质。取消勾选“覆盖材质”后，test材质将无效，对象也将渲染为自身的材质。覆盖材质不影响视图显示。

此外，使用“覆盖材质”时可以选择不被覆盖的对象，如对于玻璃透光（如落地窗）之类的对象，可以直接排除掉。

**04** 打开“图像过滤器”卷展栏，设置“过滤器”为“区域”，如图5-19所示。

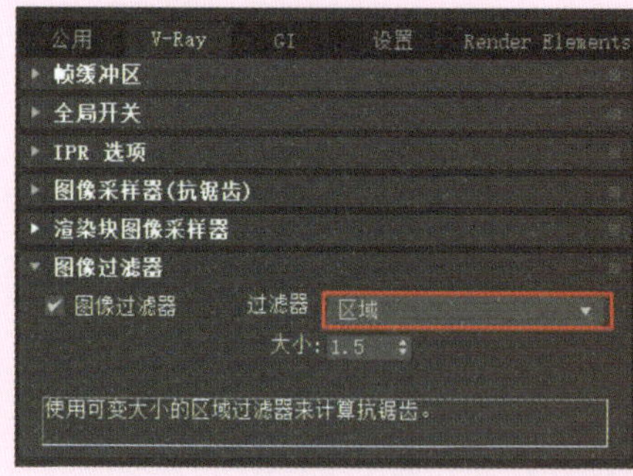


图 5-19

**05** 切换到“GI”选项卡，打开“全局照明”卷展栏，勾选“启用GI”复选框，分别设置“首次引擎”和“二次引擎”为“发光贴图”和“灯光缓存”，如图5-20所示。

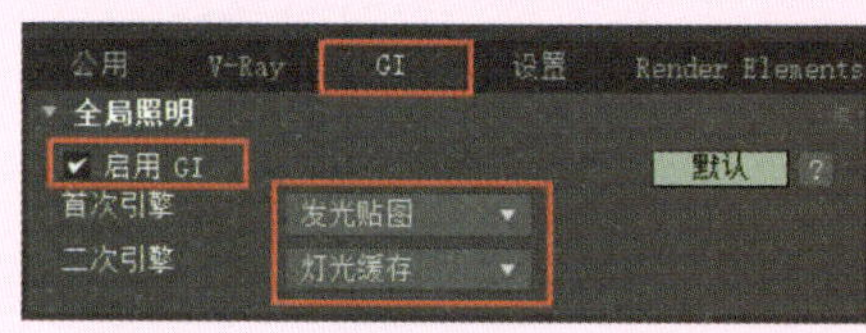


图 5-20

**06** 打开“发光贴图”卷展栏，设置“当前预设”为“非常低”、“细分”为“20”，如图5-21所示。

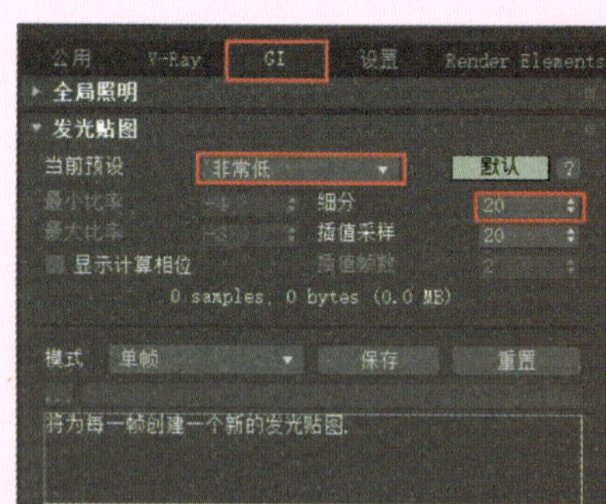


图 5-21

**07** 打开“灯光缓存”卷展栏，设置“细分”为200，勾选“显示计算相位”复选框，如图5-22所示。

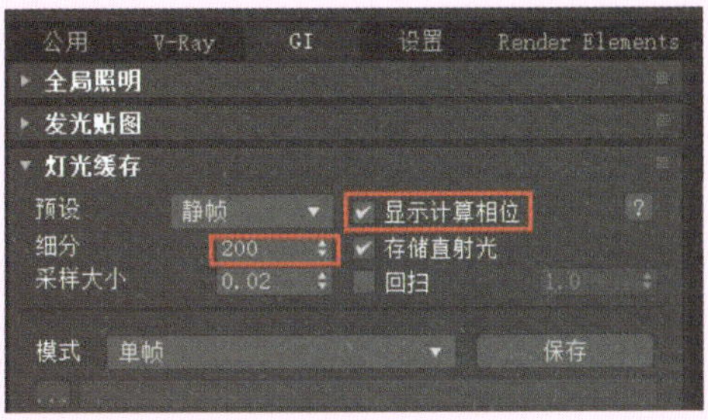


图 5-22

**08** 因为场景是半封闭的，灯光可以直接通过阳台照射到室内场景，所以这里使用天光来进行检查。切换到顶视图，使用“VRay灯光”工具在顶视图创建一盏“穹顶”灯光作为天光，如图5-23所示。

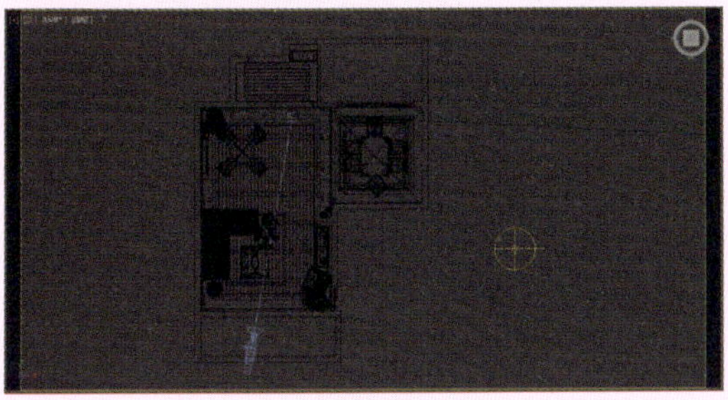

图 5-23

**09** 在当前视图中选择“穹顶”灯光，点击命令面板中的“修改”按钮，打开“常规”卷展栏，设置“倍增”为5，打开“选项”卷展栏，勾选“不可见”复选框，如图5-24所示。

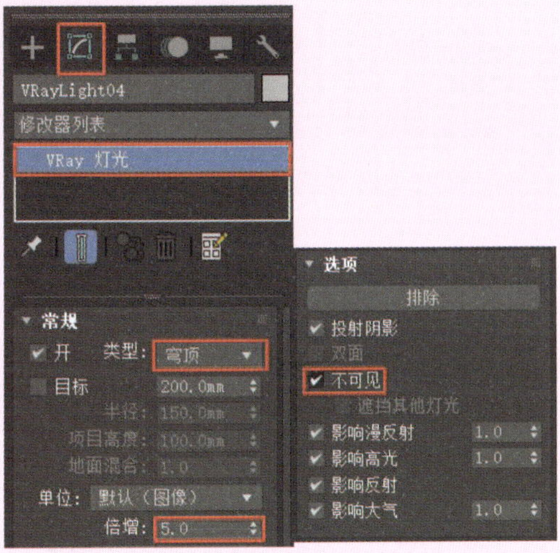


图 5-24

**10** 按C键切换到摄影机视图，按快捷键Shift+Q渲染场景，效果如5-25所示。

图 5-25

**11** 通过渲染图可以很明显地看出LWF的作用，仅仅使用天光就能把场景照亮，且符合现实中太阳光透过阳台照射进场景的照明效果。如果取消LWF模式，场景会非常昏暗，渲染效果如图5-26所示。

图 5-26

**两张效果图最直观的就是亮度上的差异。而亮度上的差异直接决定是否需要“补光”，这对布光有绝对的影响。如果使用“补光”，则需要考虑“补光”的位置以及“补光”是否影响场景的灯光效果等。**

# 5.3 灯光布置

下面开始对场景进行灯光布置。本例使用的是柔光照明，主要以体现室内灯光为主。另外，本场景使用LWF模式布光，将不会使用“补光”。本实例以天光为环境光，透过阳台，照亮室内；使用筒灯、台灯修饰室内灯光；因为场景中有其他房间，可以考虑照亮其他房间来增加灯光效果。

微课：灯光布置

## 5.3.1 创建天光和筒灯

**因为在模型检查的时候创建过一盏“穹顶”灯光，所以这里可以直接使用这盏“穹顶”灯光来进行调整。**

01 在视图中选择“穹顶”灯光，单击命令面板中的“修改”按钮，打开“常规”卷展栏，选择类型为“穹顶”灯光，修改“倍增”为2，设置“颜色”为（红：243，绿：251，蓝：255），如图5-27所示。降低灯光强度后，室内稍微暗了一点，为室内其他灯光的设置提供了较大的发挥空间。

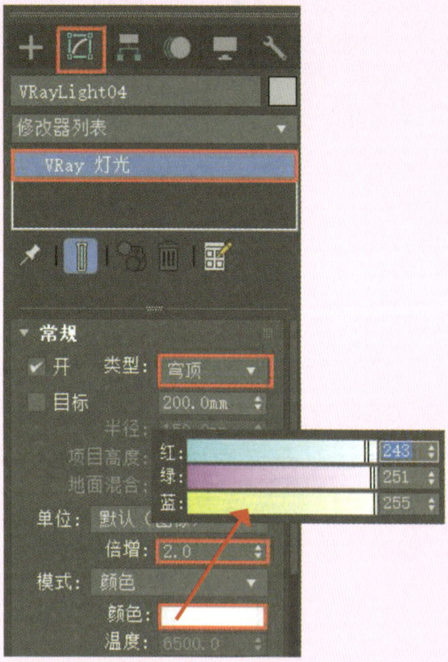


图 5-27

02 切换到摄影机视角，按快捷键Shift+Q渲染场景，如图5-28所示。

图 5-28

03 切换到前视图，使用“目标”灯光工具在筒灯处创建一盏灯光，如图5-29和5-30所示。

图 5-29

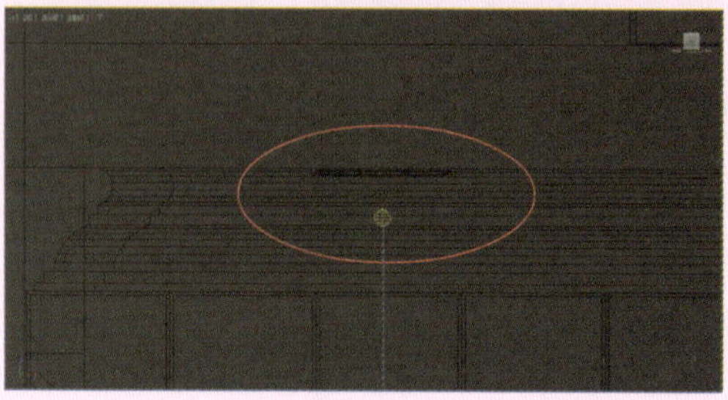

图 5-30

**04** 切换到顶视图，在场景中选中刚刚创建的目标灯光，使用快捷键Shift＋W，按住鼠标拖动复制，此时会弹出“克隆选项”对话框，选择“实例”，使用此方式复制14盏目标灯光。将15盏灯放置在边顶的筒灯处，如图5-31所示。每个目标灯光与筒灯模型的位置关系如图5-32所示。

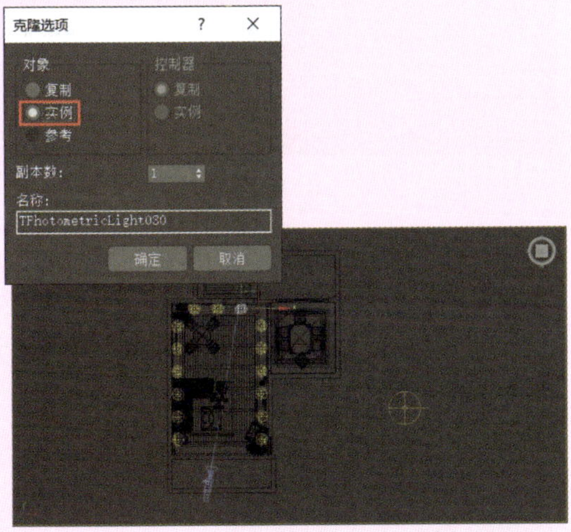


图 5-31

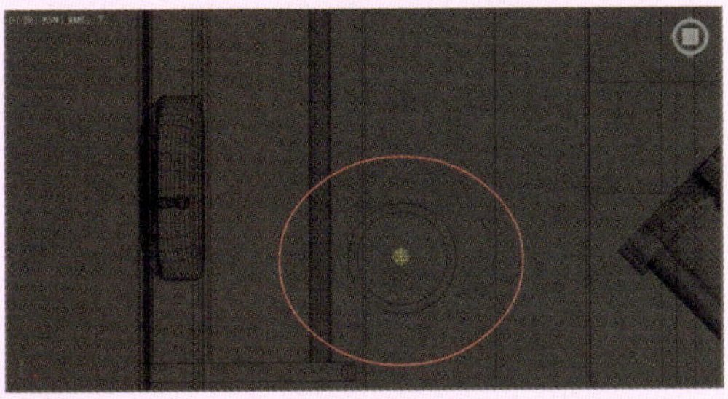

图 5-32

**05** 选择任意一盏目标灯光，在“命令面板”中打开“常规参数”卷展栏，设置“阴影”为“阴影贴图”、“灯光分布（类型）”为“光度学 Web”，打开“分布（光度学Web）”卷展栏，双击“经典筒灯”按钮打开“打开光域Web文件”对话框，在对话框中加载“Chapter 5/材质包/经典筒灯.ies”文件，如图5-33所示。

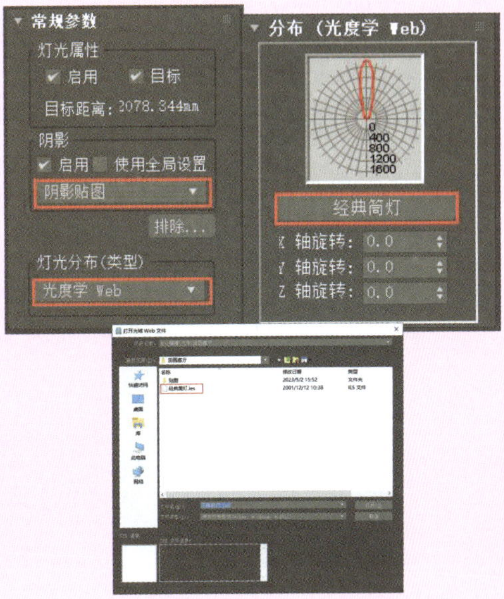


图 5-33

**06** 打开“强度/颜色/衰减”卷展栏，设置“过滤颜色”为（红：255，绿：215，蓝：163），设置“强度”为1516，如图5-34所示。

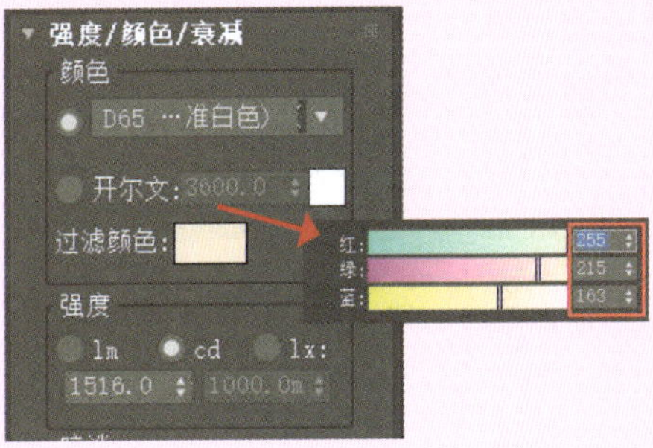


图 5-34

**07** 切换到摄影机视图，按快捷键Shift+Q渲染场景，此时筒灯照亮了场景，效果如图5-35所示。

图 5-35

## 5.3.2 创建壁灯

**效果图中，在电视墙附近有两盏壁灯，下面将使用“VRay灯光”工具的“球体”灯来模拟。**

**01** 切换到顶视图，使用“VRay灯光”工具在壁灯中创建一盏“球体”灯光，如图5-36所示。

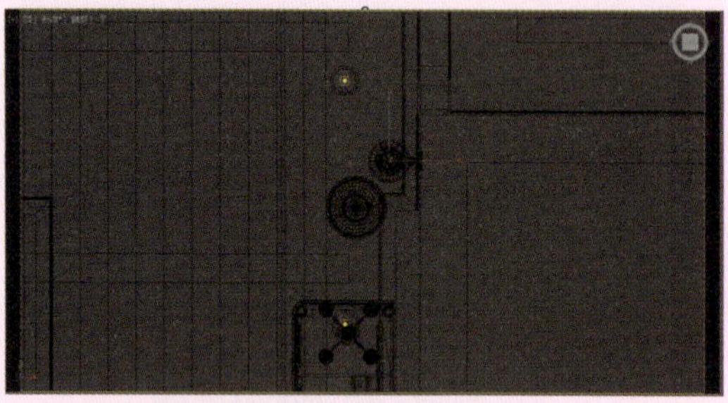

图 5-36

**02** 切换到摄影机视图，此壁灯在场景中对应的壁灯模型如图5-37所示。

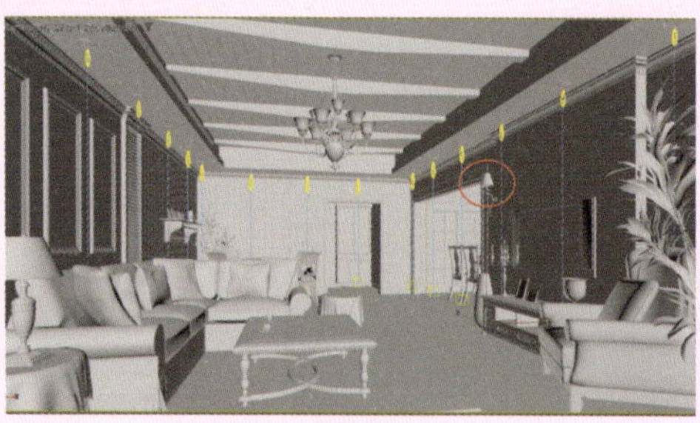

图 5-37

**03** 切换到前视图，调整“球体”灯的位置，如图5-38所示。

图 5-38

**04** 切换到顶视图，将“球体”灯光以“实例”形式复制并移动到另一盏壁灯中，如图5-39所示。

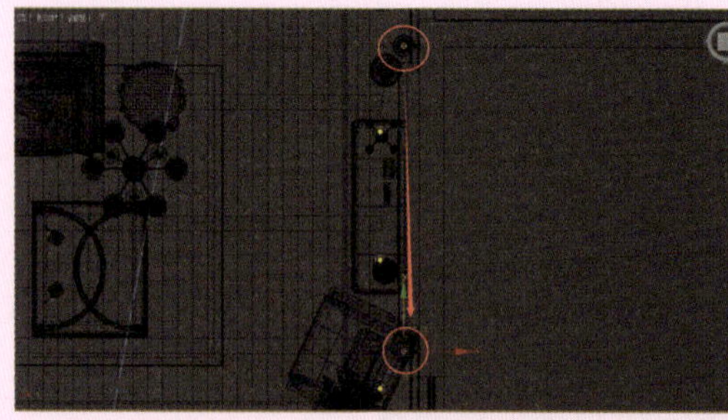

图 5-39

**05** 选择其中一盏“球体”灯光，将灯的“半径”维持在16.068mm左右，设置“倍增”为30、“颜色”为（红：255，绿：234，蓝：190），如图5-40所示。

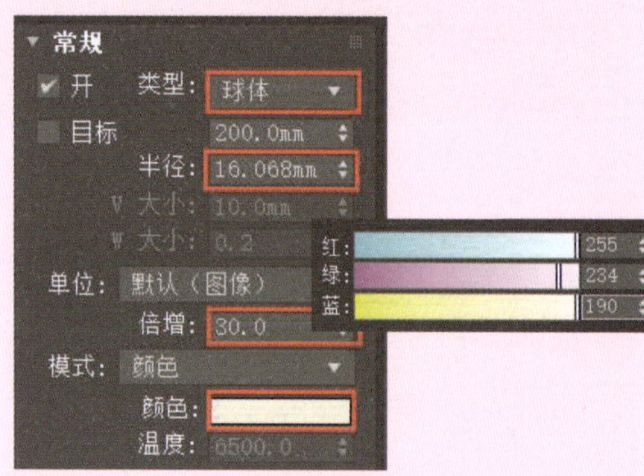


图 5-40

**06** 切换到摄影机视图，按快捷键Shift+Q渲染场景，效果如图5-41所示，因为这里的灯罩并不是半透明的，所以效果不是特别明显。但仔细观察能看到壁灯处有亮光，而且整个场景的亮度提高了。

图 5-41

## 5.3.3 创建台灯

**与壁灯相同，这里同样使用“VRay灯光”工具的“球体”灯来模拟台灯照明。**

01 切换到顶视图，使用“VRay灯光”工具在台灯中创建一盏“球体”灯光，如图5-42所示。台灯在场景中的对应模型如图5-43所示。

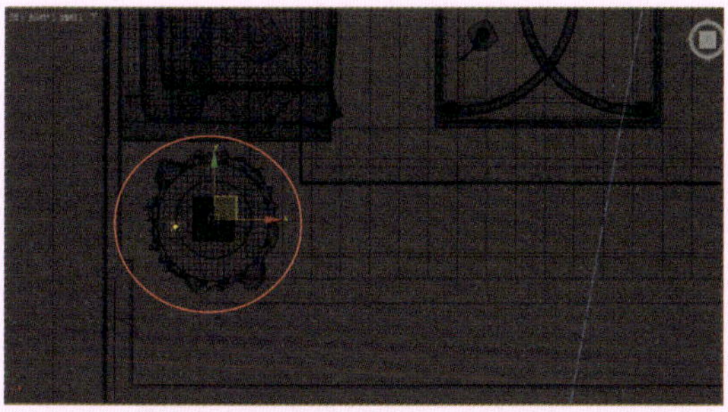

图 5-42

图 5-43

02 切换到左视图，调整“球体”灯的位置，将它移动到台灯内，如图5-44所示。

图 5-44

03 选择台灯中的“球体”灯，维持“半径”在15mm左右，设置“倍增”为100、“颜色”为（红：255，绿：234，蓝：190），勾选“不可见”复选框，取消勾选“影响反射”复选框，如图5-45所示。

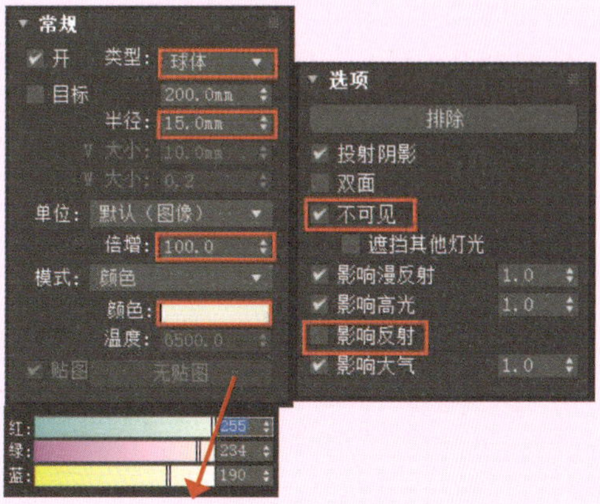


图 5-45

04 切换到摄影机视图，按快捷键Shift+Q渲染场景，效果如图5-46所示，此时，台灯处亮度提高了不少。

图 5-46

## 5.3.4 创建吊灯

观察渲染的效果，可以发现地面部分的亮度适宜，天花板吊顶的亮度不足。可以增加两个灯光补充亮度。

第1个：家装效果图中，吊灯作为室内光源，也是生活中的照明主光源。可以在吊灯中创建灯光，模拟吊灯照明。

第2个：在天花板吊顶夹层中使用灯带，这是吊顶常用的家装方式。创建灯带的步骤在下一节介绍。

另外，可以使用另一种方式来模拟吊灯灯光，即使用“VRay覆盖材质”，具体方法如下。

**01** 按M键打开“材质编辑器”窗口，新建一个“VRay覆盖材质”材质球，如图5-47所示。

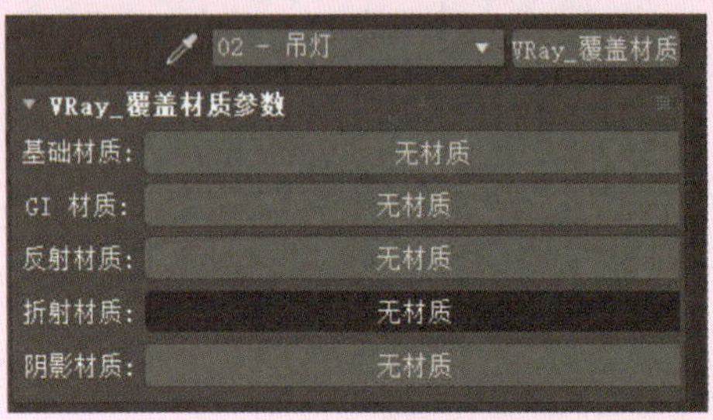


图 5-47

**02** 因为是为吊灯指定材质，所以这里的“基础材质”应该为灯罩材质。为“基础材质”加载一个VRayMtl材质，将其命名为“灯罩”，设置“漫反射”颜色为纯白色，设置“反射”颜色为（红：23，绿：23，蓝：23），如图5-48所示。

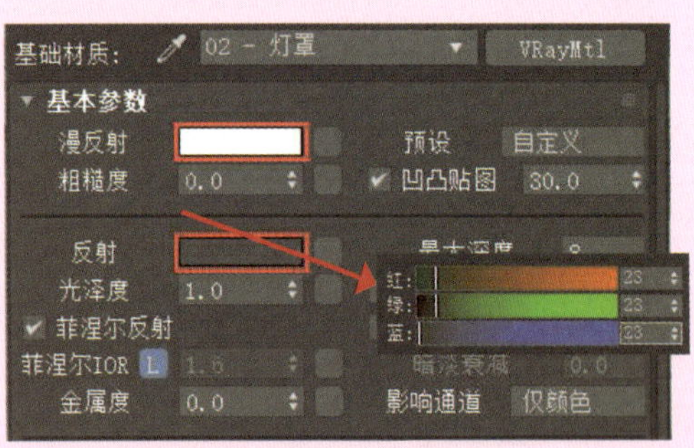


图 5-48

**03** 回到上一层级，在“基本材质”中加载一个“VRay灯光材质”，来模拟灯罩的发光效果，设置“颜色”为（红：255，绿：212，蓝：191），设置灯光强度为3.5，如图5-49所示。

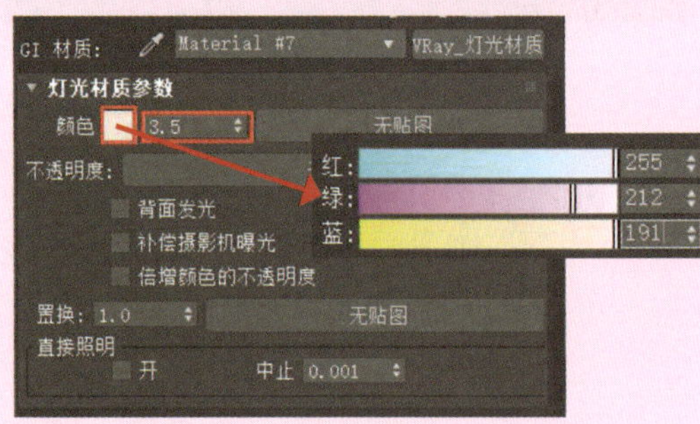


图 5-49

**04** 为对象指定材质。因为在模型检查的时候我们覆盖了材质，所以这里要取消覆盖，如图5-50所示。“全局照明材质”中的材质可以参与场景的全局照明，即可以照明场景，所以在其中加载“VRay灯光材质”，就能使灯罩材质拥有照明的作用。

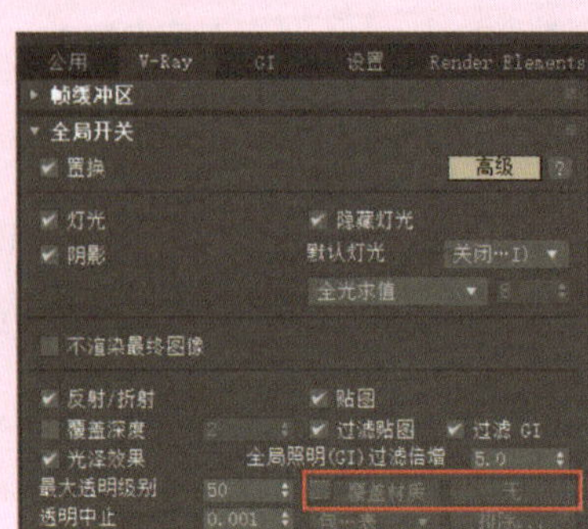


图 5-50

**技巧 提示**

此时大家会有疑问，为什么灯罩没有设置为半透明呢？这里我们使用材质来模拟灯光将灯罩模型作为光源。其实可以直接使用“VRay灯光材质”来制作灯光，只是那样会使模型没有细节，只呈现一片发光的颜色。使用“VRay覆盖材质”可以使材质拥有灯罩“高光”“反射”的属性。至于是否半透明，已经不重要了。

**05** 此时可以框选场景中的所有模型，通过材质框为它们指定test材质，指定后的效果如5-51所示。

图 5-51

**06** 将制作好的灯罩材质指定给吊顶灯罩，切换到摄影机视图。效果如图5-52所示，此时，天花已被照亮。

图 5-52

## 5.3.5 创建灯带

**虽然天花被照亮，但是吊顶灯槽还是黑暗的，在室内装修中，会在这一部分嵌入灯带，用来丰富天花的效果。**

**01** 灯带也使用“VRay灯光材质”来制作。在“材质编辑器”中选择一个空白材质球，将其加载为“VRay灯光材质”，设置“颜色”为（红：255，绿：230，蓝：176），设置强度为2，如图5-53所示。

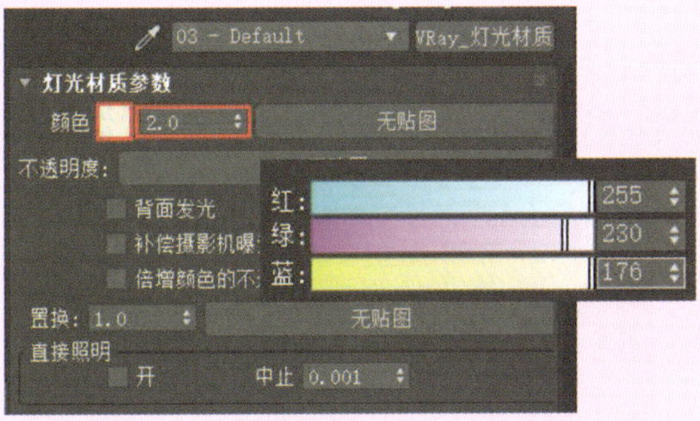


图 5-53

**02** 按P键切换到透视图，通过视图控制，找到边顶灯槽中的灯带模型片，然后将灯槽材质指定给对象，如图5-54所示。

图 5-54

**03** 为了方便确认，顶视图中的选定效果如图5-55所示。因为旁边的小房间也使用了灯槽，为了方便选择模型和指定材质，可以将它们合并为一个多边形对象。

图 5-55

**04** 切换到摄影机视图，按快捷键Shift+Q渲染场景，效果如图5-56所示，此时，灯槽被照亮了。

图 5-56

## 5.3.6 创建其他房间灯光

**客厅通向其他房间的门有一些发暗，可以考虑在其他房间简单地创建灯光，来模拟其他房间透射出来的灯光，这里不用刻意表现，有光亮即可。**

**01** 切换到顶视图，将客厅的“球体”灯光以“实例”形式复制并移动到区域A中，在区域B和区域C中分别创建两盏“VRay平面灯光”，如图5-57所示。

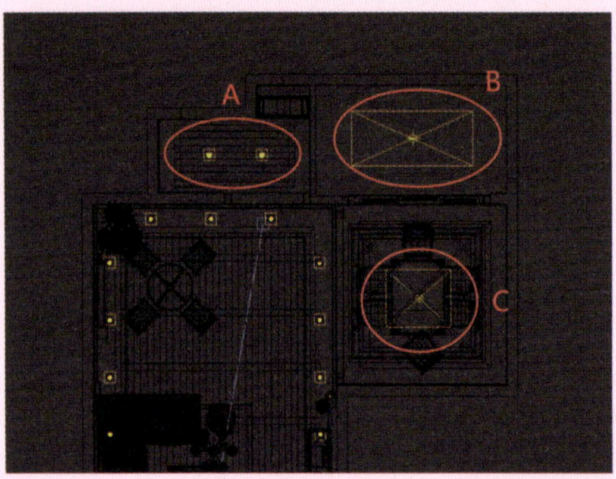


图 5-57

**02** 选择区域A中的“目标”灯光，参考参数如图5-58所示。可以根据个人设计风格来调整这里的灯光参数，亮度适宜即可。

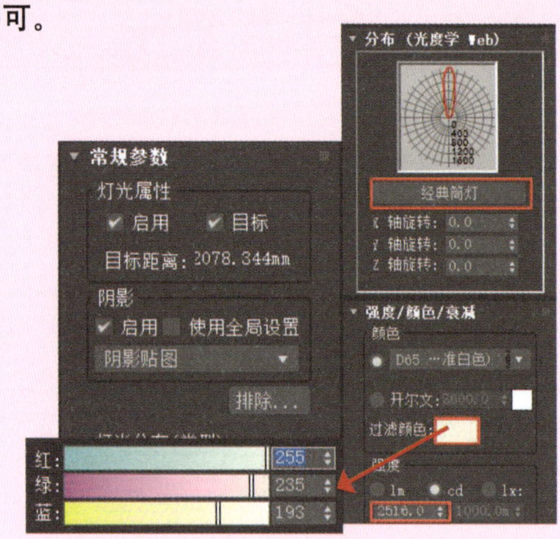


图 5-58

**03** B区域和C区域的灯光参数可以按照如图5-59所示来设置。

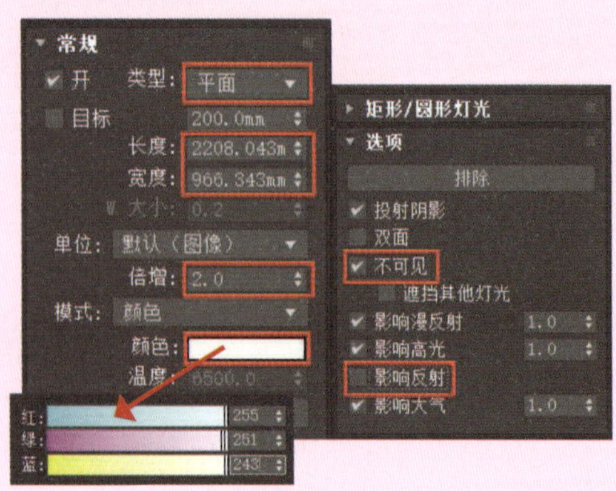


图 5-59

**04** 切换到摄影机视图，按快捷键Shift+Q渲染场景，效果如图5-60所示。

图 5-60

此时，布光环节就完成了，在本场景中，并未使用“补光”。在相同灯光下，取消LWF模式后，渲染摄影机视图，传统模式的渲染效果如图5-61所示。

图 5-61

## 5.4 材质模拟

灯光布置好后，可将灯光隐藏，以防止在材质制作时移动灯光的位置。该场景中的材质种类并不多，为了方便读者学习和识别，图5-62将要制作的主要材质进行了说明。

微课：材质模拟

图 5-62

## 5.4.1 大理石地板材质

**田园风格的地板材质颜色偏土黄色，色感朴素；表面光滑，有模糊反射效果，高光效果一般。在制作的时候注意相关参数和贴图的选取。**

01 按M键打开“材质编辑器”窗口，选择一个空白材质球，给其指定一个VRayMtl材质，在“漫反射”贴图通道中加载“Chapter 5/材质包/pav_ a.jpg”大理石位图，设置“模糊”为0.5，模拟大理石地板的表面纹理和颜色，如图5-63所示。

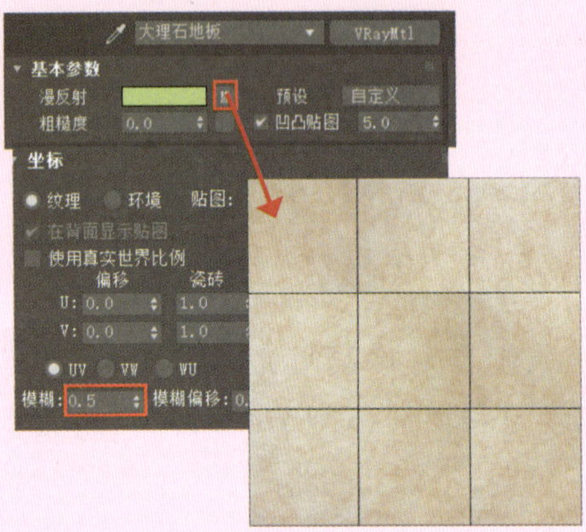


图 5-63

02 在“反射”贴图通道中加载“Chapter 5/材质包/pav_b4aa.jpg”的通道图，设置“模糊”为0.5，使用贴图来模拟大理石的反射能力，图中颜色越深反射越弱；设置“反射光泽度”为0.79，模拟大理石适中的高光和模糊成像效果，如图5-64所示。

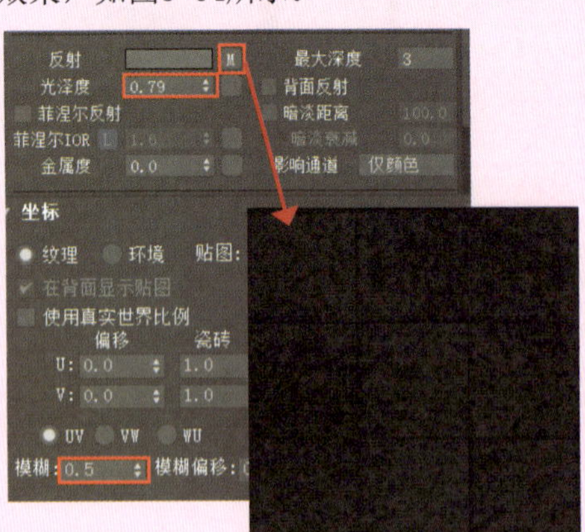


图 5-64

03 打开“贴图”卷展栏，在“凹凸”贴图通道中加载“Chapter 5/材质包/pav_ b.jpg”凹凸贴图，设置“强度”为5，模拟大理石的纹理感，如图5-65所示。

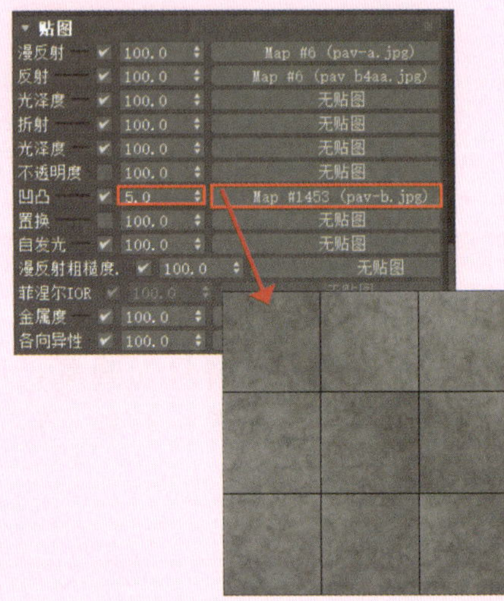


图 5-65

04 此时，大理石地板材质已经设置完成，材质球效果如图5-66所示。

图 5-66

## 5.4.2 网格地毯材质

**同样，为了满足田园风格的朴实性，这里选择了棕色的地毯。地毯有网格状纹理，有明显的成股凹凸质感，无反射、无折射效果。**

**01** 按M键打开“材质编辑器”窗口，选择一个空白材质球，给其指定一个VRayMtl材质，打开“贴图”卷展栏，在“漫反射”贴图通道中加载“Chapter 5/材质包/63.jpg”网格布料位图，用于模拟地毯的布料材质和花纹，如图5-67所示。

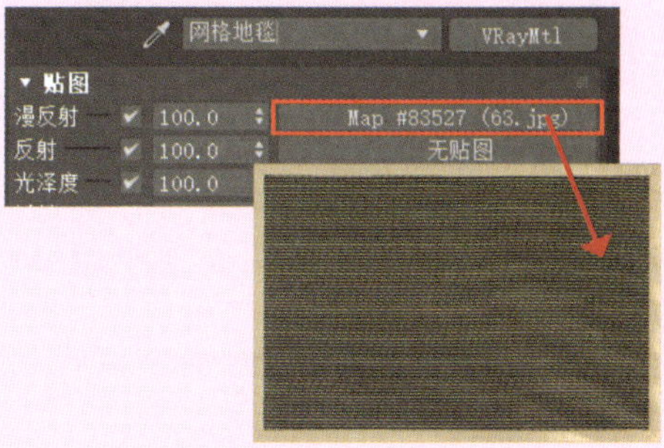


图 5-67

**02** 对布料位图进行处理。打开“位图参数”卷展栏，勾选“应用”复选框，单击“查看图像”按钮，进入“指定成剪放置”面板，通过红色框框选网格纹理布纹，不框选纯色布料边部分，如图5-68所示。

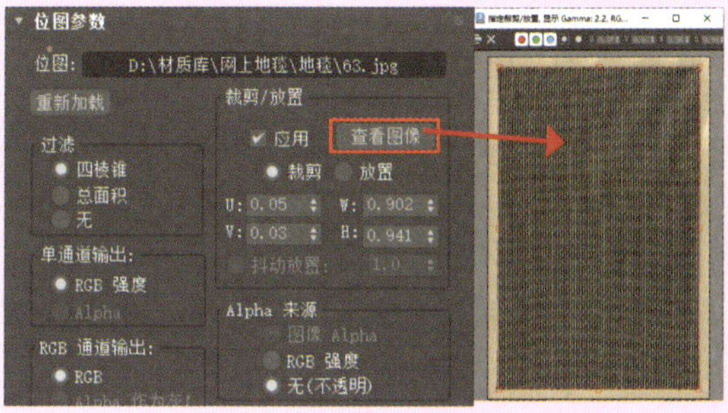


图 5-68

**03** 回到“贴图”卷展栏，在“凹凸”贴图通道中加载“Chapter 5/材质包/Arch41_050_leaf.jpg”位图，设置“凹凸”强度为100，模拟地毯强烈的成股凹凸效果，如图5-69所示。此时网格地毯花纹材质设置完成，材质球效果如图5-70所示。

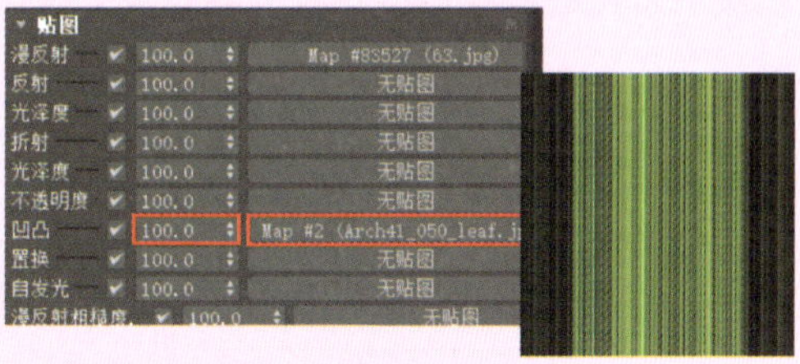


图 5-69

图 5-70

**04** 地毯边的具体制作方法与地毯类似。地毯边为白色的布料，没有网格纹理，参数设置及材质球效果如图5-71所示。

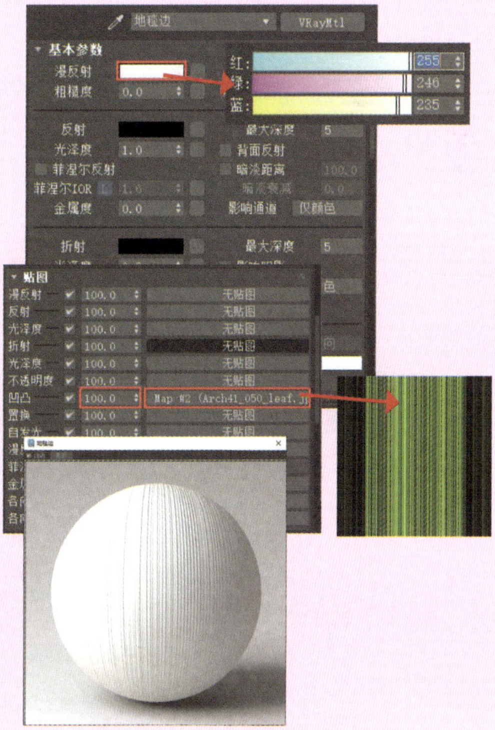


图 5-71

## 5.4.3 花纹布沙发材质

**在田园风格的空间中，布料的使用是非常常见的，本例使用棉布作为沙发材质，颜色为白色或者鲜艳的碎花碎草花纹。棉布没有反射和折射，颜色鲜艳干净。**

**01** 按M键打开“材质编辑器”窗口，选择一个空白材质球，给其指定一个VRayMtl材质，在“漫反射”贴图通道中加载一张“衰减”程序贴图，用于模拟布料的渐变效果，如图5-72所示。

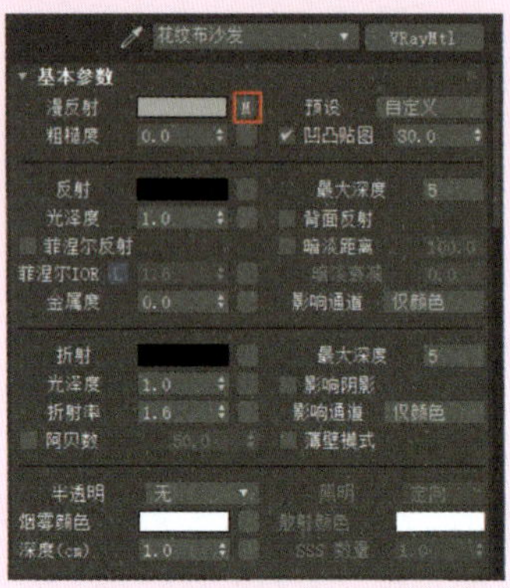

图 5-72

**02** 在“前”通道中加载“Chapter 5/材质包/布料850.jpg”位图，模拟碎花纹理，设置“衰减类型”为“垂直/平行”，模拟较强的渐变效果，如图5-73所示。

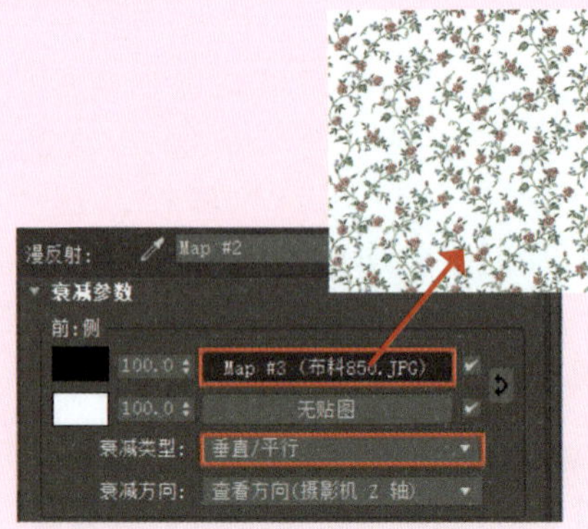


图 5-73

**03** 此时花纹步沙发材质制作完成，材质球效果如图5-74所示。

图 5-74

## 5.4.4 铜质灯具材质

**这里使用铜质的灯具，主要目的是用固有色来弥补场景中的暖色调。铜材质本身为暗黄色，反射较强，且反射颜色为黄色。铜材质的高光范围很大，有模糊反射效果，看起来有细微噪点。**

**01** 按M键打开“材质编辑器”窗口，选择一个空白材质球，给其指定一个VRayMtl材质，设置“漫反射”颜色为（红：61，绿：49，蓝：23），模拟铜材质本身的暗黄色，如图5-75所示。

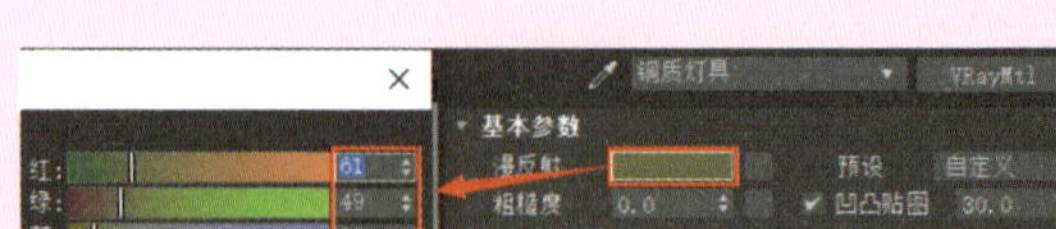


图 5-75

**02** 设置“反射”颜色为（红：145，绿：112，蓝：69），模拟铜的反射强度和反射颜色；设置“反射光泽度”为0.8，模拟铜的模糊反射效果，如图5-76所示。

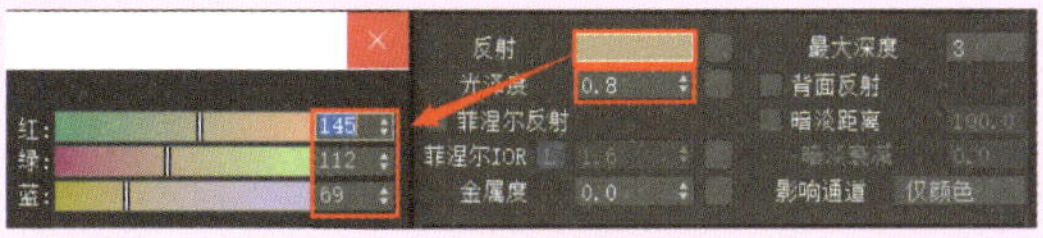


图 5-76

**03** 此时铜质灯具材质设置完成，材质球效果如图5-77所示。

图 5-77

## 5.4.5 文化石材质

**文化石的天然石材颜色可以为田园风格增添氛围。文化石纹理大小富有变化，使田园风格的洒脱、自然表现得淋漓尽致。文化石墙面有凹凸感，没有反射和折射。**

**01** 按M键打开“材质编辑器”窗口，选择一个空白材质球，给其指定一个VRayMtl材质，设置“漫反射”颜色为（红：255，绿：233，蓝：196），在“漫反射”贴图通道中加载一张“Chapter 5/材质包/文化石20a.jpg”位图，如图5-78所示。

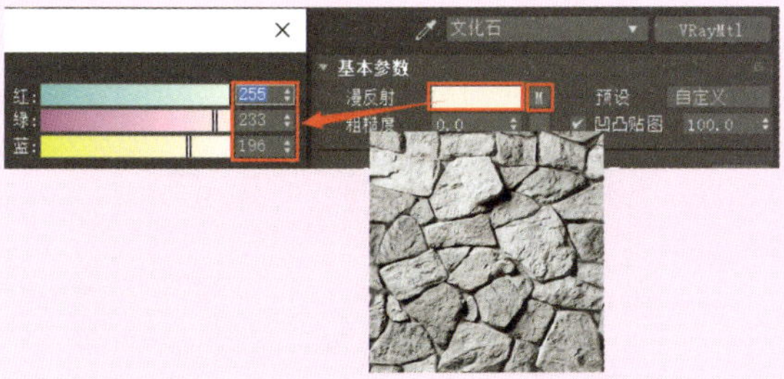


图 5-78

**02** 打开“贴图”卷展栏，将“漫反射”贴图通道中的位图拖曳到“凹凸”贴图通道中，此时会弹出“实例（副本）贴图”对话框，选择“实例”，单击“确定”按钮。设置“凹凸”强度为100，模拟文化石堆砌产生的凹凸效果，如图5-79所示。

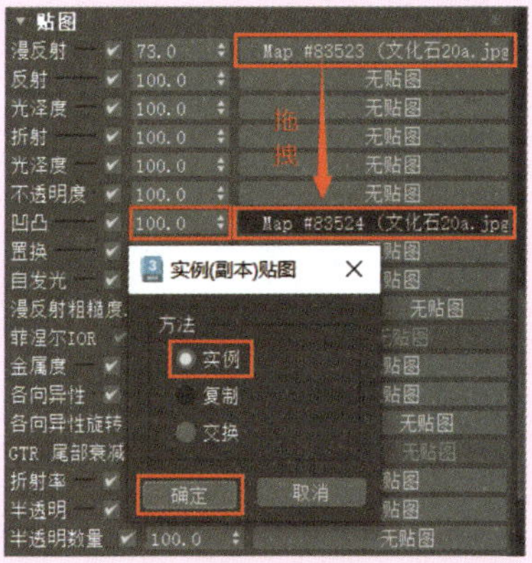


图 5-79

**03** 此时文化石材质设置完成，材质球效果如图5-80所示。

图 5-80

# 5.5 最终渲染

处理好材质和灯光以后，就将进入3ds Max制作效果图的最后一步——渲染最终效果图，接下来将设置最终渲染参数。

微课：最终渲染

## 5.5.1 设置渲染参数

**在布置灯光的时候，因为材质的反射和折射会对曝光产生影响，所以未进行曝光处理，现在，材质已经指定好了，接下来就可以进行曝光处理了。**

**01** 在渲染之前，请在“渲染设置”窗口的“全局开关”卷展栏取消勾选“覆盖材质”复选框，如图5-81所示。按F10键打开“渲染设置”窗口，切换“V-Ray”选项卡，打开“颜色映射”卷展栏，设置“类型”为“莱因哈德”，设置“伽玛值”为0.9，“倍增”为1.5、勾选“子像素映射”和“影响背景”复选框，如图5-82所示。

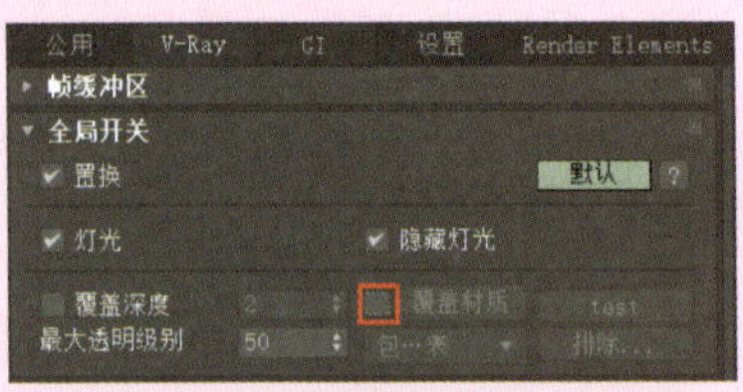


图 5-81

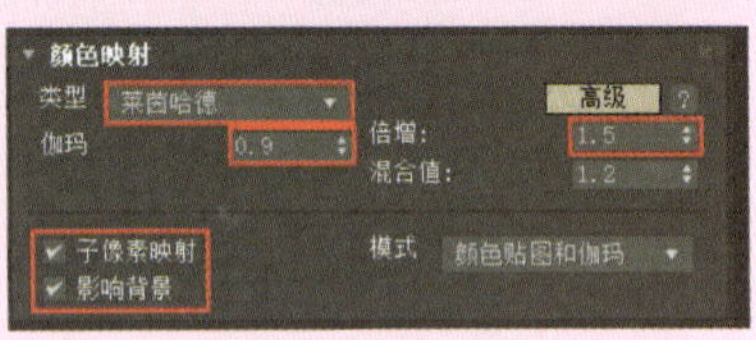


图 5-82

**02** 影响出图品质的原因除了灯光和材质以外，还有“渲染设置”窗口的参数。按F10键打开“渲染设置”窗口，设置“宽度”为4000，“高度”会自动更新为2160，如图5-83所示。

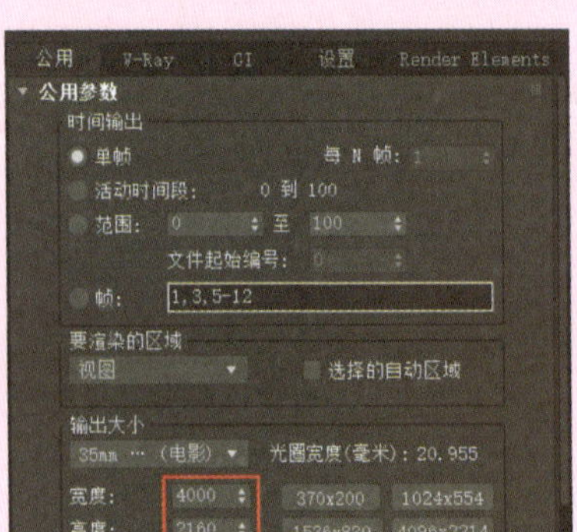


图 5-83

**03** 切换到“V-Ray”选项卡，打开“全局开关”卷展栏，设置“二次光线偏移”为0.001，防止重面，如图5-84所示。

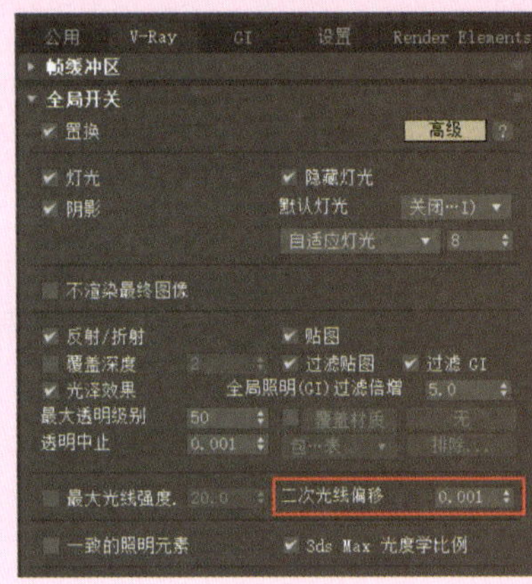


图 5-84

**04** 打开“渲染块图像采样器”卷展栏，设置“最大细分”为12，设置“噪波阈值”为0.006，选择“过滤器”为“VRaylanczosFilter”，如图5-85所示。

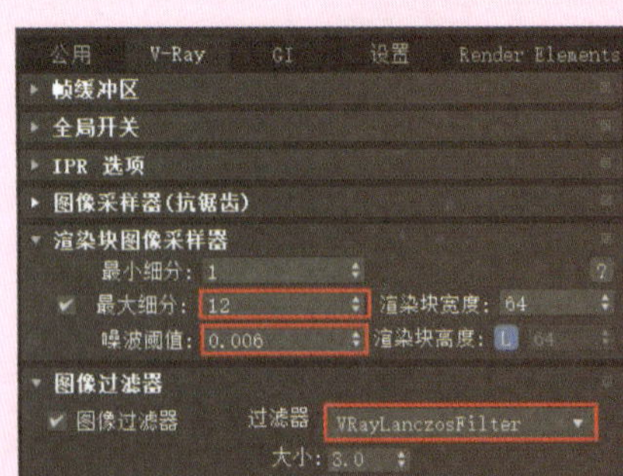


图 5-85

**05** 切换到“GI”选项卡，打开“发光贴图”卷展栏，设置“当前预设”为“中”，“细分”为“60”，如图5-86所示。

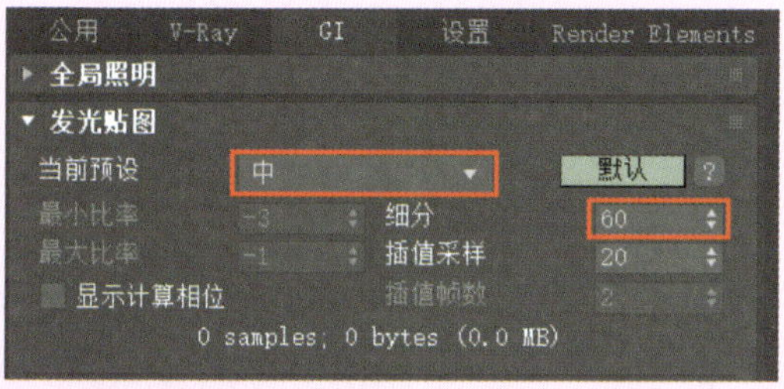


图 5-86

**06** 打开“灯光缓存”卷展栏，设置“细分”为1500，勾选“显示计算相位”复选框，如图5-87所示。

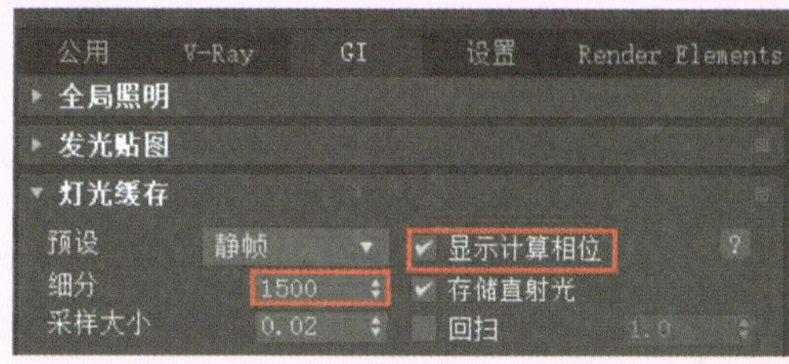


图 5-87

**07** 设置好渲染参数后，下面开始渲染最终图像。切换到摄影机视图，按快捷键Shif+Q渲染场景，如图5-88所示。

图 5-88

## 5.5.2 保存渲染图像

**01** 单击“渲染帧窗口”上的“保存图像”按钮，将其保存为OpenEXR图像文件，如图5-89所示。

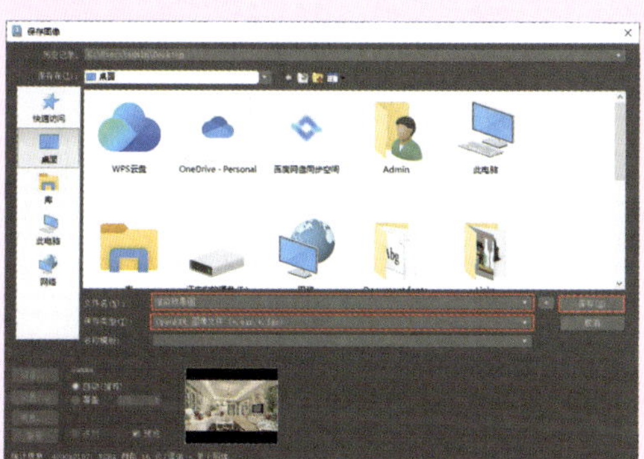

图 5-89

**02** 系统会弹出“OpenEXR配置”对话框，设置“格式”为“全浮点数（32位/每通道）”，“类型”为“RGBA”，“压缩”为“无压缩”，如图5-90所示。

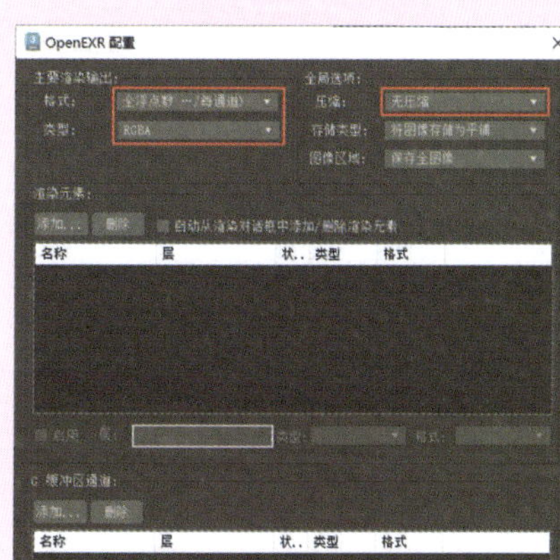


图 5-90

## 5.6 后期处理

01 在Photoshop中打开前面保存的“渲染效果图.exr”文件，如图5-91所示。

图 5-91

02 执行“图像”菜单→“调整”→“曝光度”命令，打开“曝光度”对话框，设置“曝光度”为0.35、“灰度系数校正”为0.75，处理后的效果如图5-92所示。

图 5-92

03 执行“图像”菜单→“调整”→“色阶”命令，打开“色阶”对话框，调整色阶参数，增加画面的层次感，调整后的效果如图5-93所示。此时，画面的明暗对比更强烈，黑白灰关系也更加直观。

微课：后期处理

图 5-93

04 执行“图像”菜单→“模式”→“16位/通道”命令，打开“HDR色调”对话框，设置“方法”为“曝光度和灰度系数”，将图像转换为16位图像，效果如图5-94所示。

图 5-94

05 在图层面板中的“背景”图层上右击，然后选择“复制图层”，复制一个背景图层，如图5-95所示。

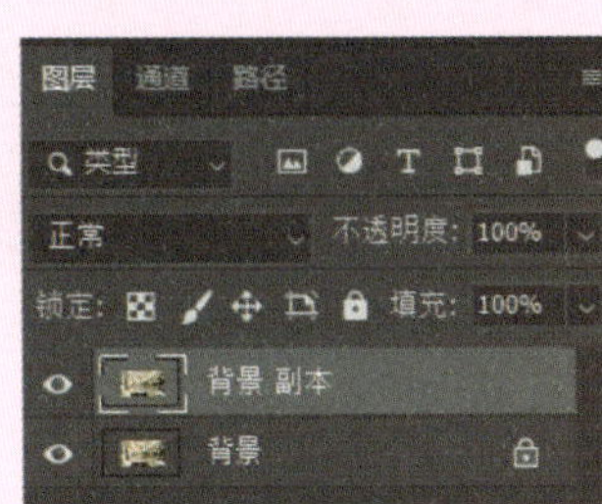


图 5-95

**06** 单击“创建新的填充或调整图层”按钮，选择“曲线”，打开“曲线”对话框，然后调整曲线的形态，调整后的效果如图5-96所示，此时，画面亮度增加了。

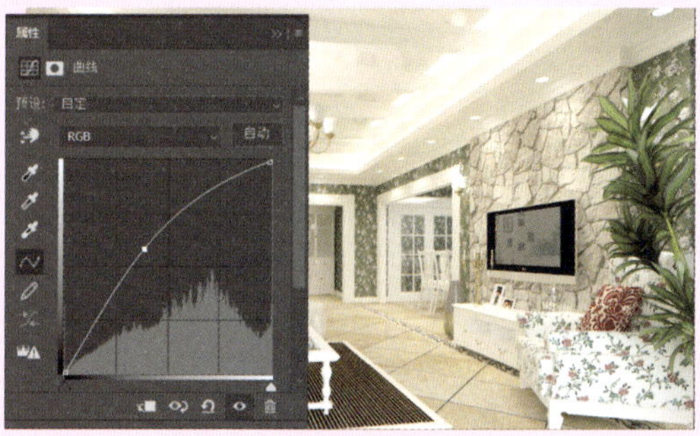

图 5-96

**07** 按快捷键Ctrl+Shift+Alt+E，将当前的效果合并复制到一个新的图层上去，便于后续操作。执行“滤镜”→“锐化”→“USM锐化”命令，打开“USM锐化”对话框，设置相关参数，使图像看起来更加清晰，如图5-97所示。

图 5-97

**08** 单击“创建新的填充或调整图层”按钮，选择“照片滤镜”，在“照片滤镜”属性面板中，设置“滤镜”为“Warming Filter（81）”，设置“浓度”为“17%”，为图像增加暖色调。此时，简单的后期处理基本完成，效果如图5-98所示。

图 5-98

## 5.7 知识与技能梳理

本章讲解了田园风格主题的室内效果图的制作，使用VRay灯光的自然光和环境光，以及点光源和聚光灯来模拟真实的光照效果。采用采样器、全局光照等渲染设置可以获得高质量的渲染结果。在渲染过程中，应当注意细节的处理和优化，包括阴影、反射、折射、模糊等效果的调整，以及颜色的校准。

**重要工具：** 摄影机、VRay灯光工具栏、VRay材质编辑器。

**核心技术：** 使用自然光和环境光，以及点光源和聚光灯来模拟真实的光照效果；采样器、全局光照等渲染设置。

**实际运用：** 3ds Max中材质灯光的控制方法和室内效果图表现流程。

## 5.8 课后练习

在完成上述田园风格客厅表现的案例示范后，请读者试着进行下面的扩展训练，制作轻法式风格客厅，效果如图5-99所示。

图 5-99

Chapter 6

# 简欧风格卫生间表现

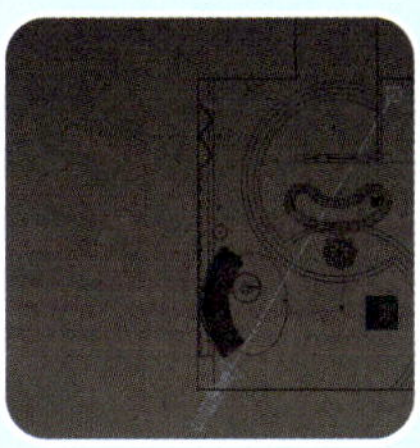

简欧风格是简约版的欧式风格，在整体装修上更多表现为一种实用性和多元化，是古典欧式风格的改良和简化。作为室内设计风格中的一种，它融入了现代生活的元素，让居室变得温馨、宁静。本章将通过案例详细讲解简欧风格卫生间的表现方法与设计原则，介绍场景灯光及材质的表现方法以及渲染方法。

| 学习要求 | 知识点 | 学习目标 | | | |
|---|---|---|---|---|---|
| | | 了解 | 应用 | 创新 | 重点知识 |
| | 项目介绍 | 🚩 | | | |
| | 场景构图 | | | | 🚩 |
| | 灯光布置 | | | | 🚩 |
| | 材质模拟 | | | | 🚩 |
| | 最终渲染 | | 🚩 | | |
| | 后期处理 | | | | 🚩 |

能力与素养目标

# 6.1 项目介绍

本场景是一个简欧风格的卫浴空间，高贵典雅、简洁实用。本项目进行了如下设计：底色为白色调，墙体为淡黄色；家具部分，马桶和浴缸都使用天然的白色陶瓷，其他家具如洗手台柜、台灯架以及衣柜采用了相同色系；金属器使用黑色的铁艺，以弥补本空间黑色调不足、层次感不强的缺陷。图6-1所示是简欧风格卫浴空间的表现效果，地毯、吊灯、镜架的黑灰色可以增加场景的层次感，整个场景高雅且实用，既不铺张浪费，又显高贵清雅。

图 6-1

# 6.2 场景构图

## 6.2.1 设置LWF模式

**01** 启动3ds Max 2024，打开本书配套资源中的“Chapter 6/简欧卫浴间（场景文件）.max”文件，如图6-2所示，这是一个半封闭空间。下面将使用摄影机对场景进行取景。

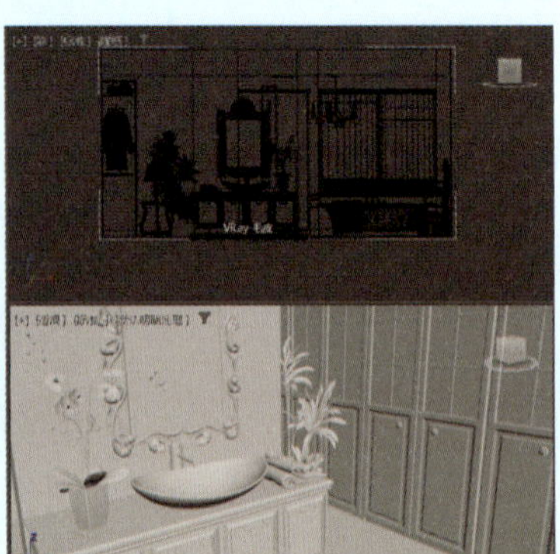

图 6-2

微课：场景构图

**02** 执行“自定义”菜单→“首选项”命令，打开“首选项设置”对话框，切换到“Gamma和LUT”选项卡，勾选“启用Gamma/LUT校正”复选框，设置“Gamma”为2.2，勾选“影响颜色选择器”和“影响材质选择器”复选框，单击“确定”按钮，如图6-3所示。

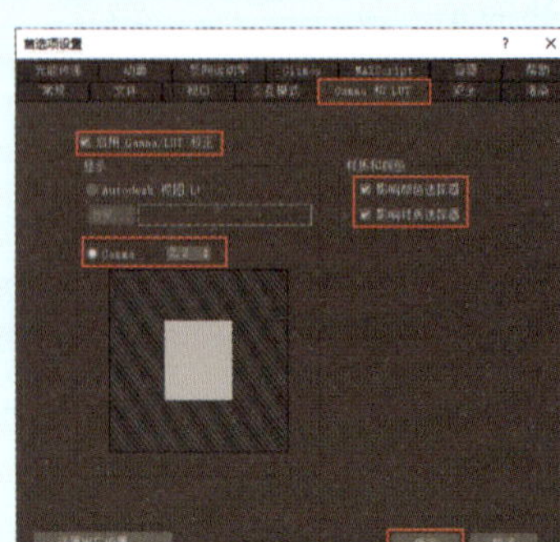

图 6-3

## 6.2.2 创建目标摄影机

01 切换到顶视图，在视图中拖曳光标创建一台摄影机，使摄影机从室外拍摄室内。选择摄影机，切换到“修改”面板，调整“视野”和“镜头”大小为28mm和65.47mm。此参数应根据顶视图的拍摄范围确定取值，如图6-4所示。

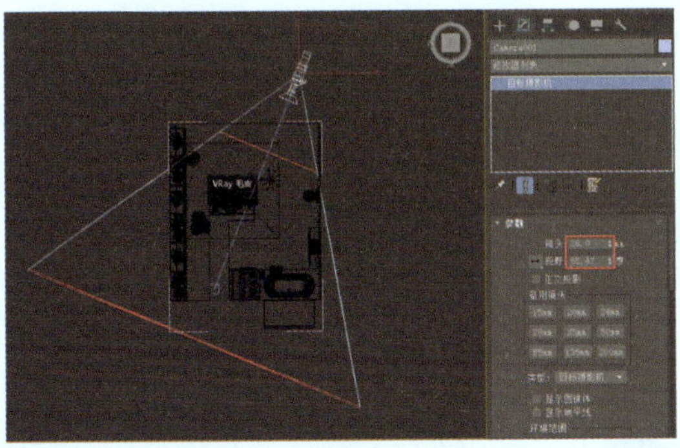

图 6-4

02 切换到顶视图，选择摄影机，勾选“手动剪切”选项，然后根据顶视图的拍摄范围调整“近距剪切”和“远距剪切”的值分别为2950和10000，此时的参数设置如图6-5所示。

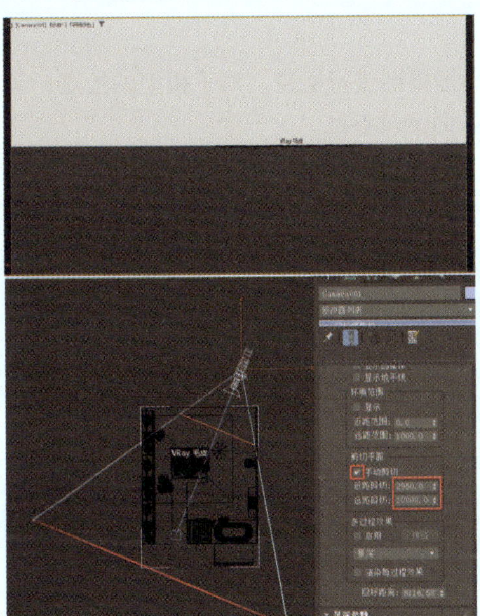

图 6-5

03 切换到左视图，调整摄影机和目标点的位置，如图6-6所示，再次切换到摄影机视图，拍摄效果如图6-7所示。

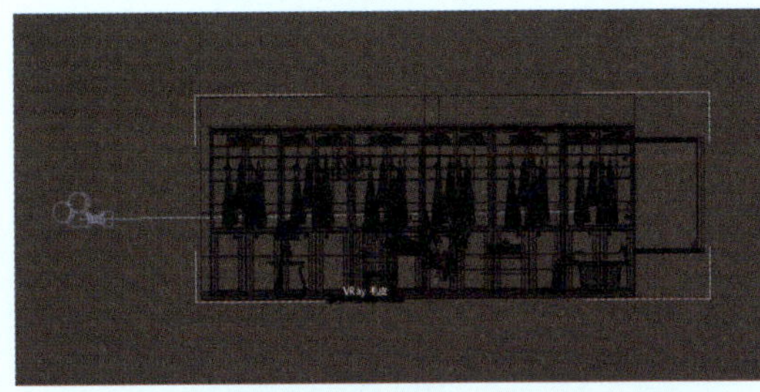

图 6-6

图 6-7

04 图6-8是目标点的坐标值，图6-9是摄影机的坐标值。请注意它们的单位为毫米(mm)。

图 6-8

图 6-9

05 注意观察图6-7所示的拍摄效果，墙体角度出现轻微倾斜，下面来校正一下摄影机视角。选中摄影机，在视图中右击，在弹出的菜单中选择“应用摄影机校正修改器”，如图6-10所示。

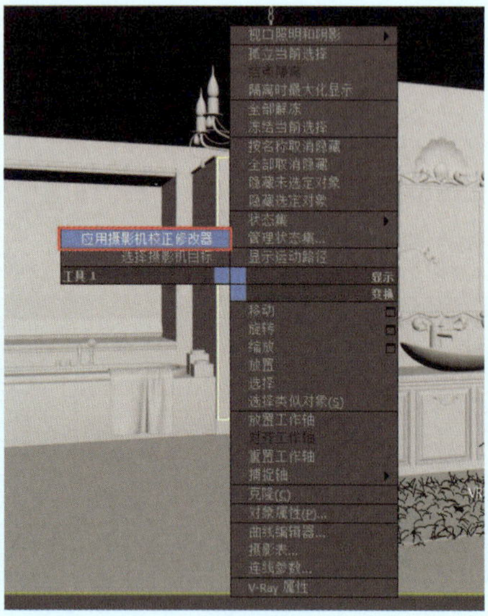

图 6-10

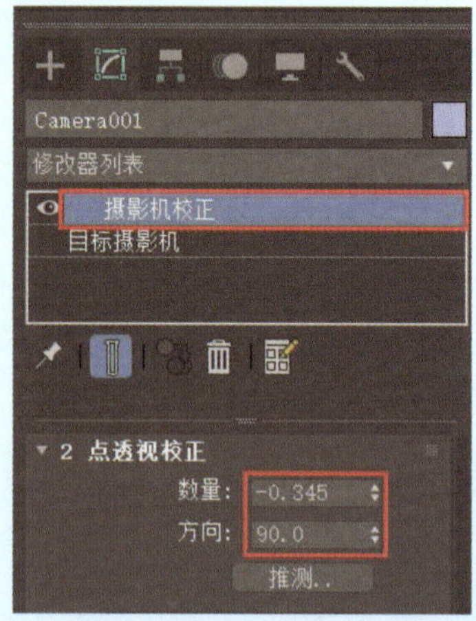


图 6-11

06 此时，系统会为摄影机加载一个“摄影机校正”修改器，用于校正当前摄影机的透视效果。进入“修改”面板，可以查看到“摄影机校正”修改器，设置“数量”为-0.345、“方向”为90，如图6-11所示，此时的摄影机拍摄效果如图6-12所示。

图 6-12

## 6.3 模型检查

**在创建好摄影机，确定了构图后，下面开始对场景模型进行检查。对于模型的检查，可以使用一个test材质进行覆盖处理。本次设置的渲染参数为测试参数。**

01 按M键打开“材质编辑器”窗口，选择一个空白材质球，设置为VRayMtl材质，将其命名为“test”，设置“漫反射”颜色为（红：220，绿：220，蓝：220），如图6-13所示。

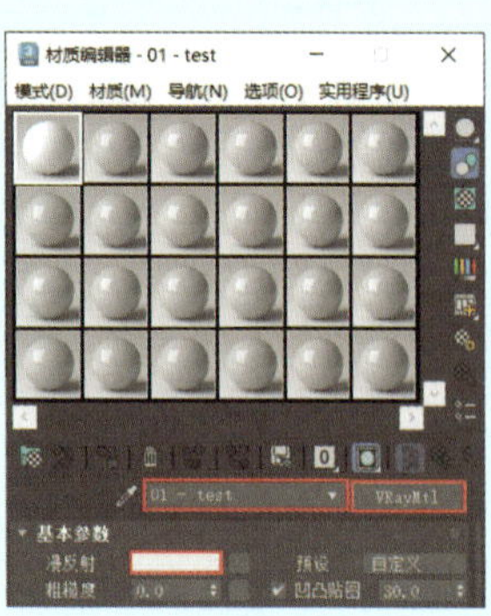

图 6-13

微课：模型检查

**技巧 提示**

细心的朋友应该可以发现，“材质编辑器”中的材质球窗口的亮度大了，这是由LWF模式下，勾选了“影响材质选择器”复选框造成的。

02 按F10键打开“渲染设置”窗口，在“公用参数”卷展栏中设置“宽度”为800，“高度”会自动更新为440，如图6-14所示。

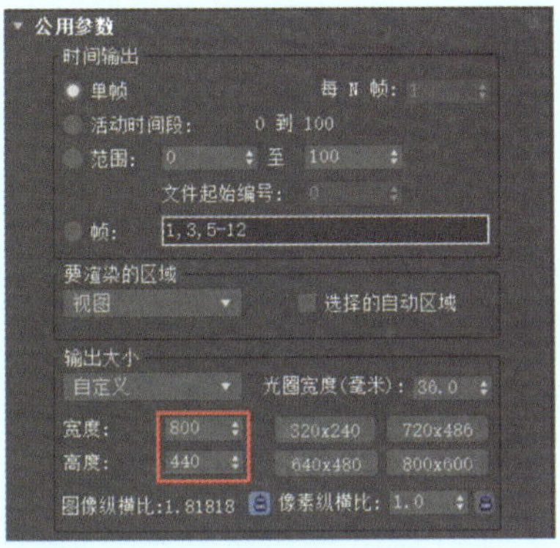


图 6-14

**03** 切换到“V-Ray”选项卡，打开“全局开关”卷展栏，勾选“覆盖材质”，将“材质编辑器”中的test材质拖曳到“覆盖材质”的通道中，并在“实例（副本）材质”对话框中选择“实例”，单击“确定”按钮，如图6-15所示。

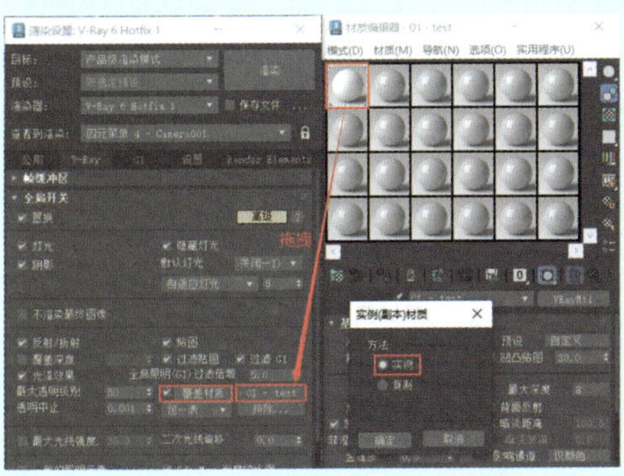

图 6-15

**04** 打开“图像采样器（抗锯齿）”卷展栏，设置“类型”为“渲染块”；打开“图像过滤器”卷展栏，设置“过滤器”为“区域”，如图6-16所示。

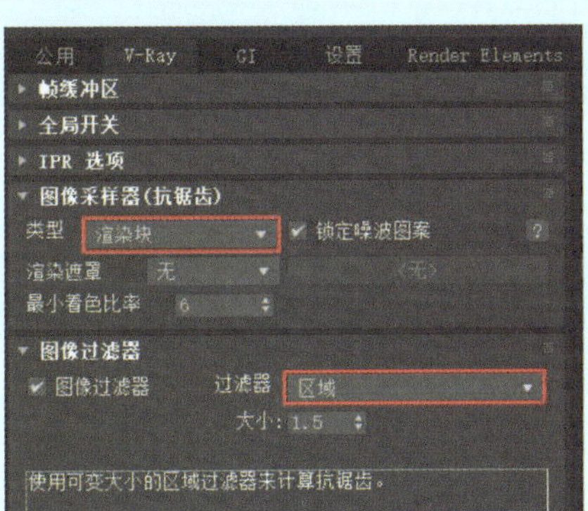


图 6-16

**05** 切换到“GI”选项卡，打开“全局照明”卷展栏，勾选“启用GI”复选框，设置“首次引擎”和“二次引擎”分别为“发光贴图”和“灯光缓存”，如图6-17所示。

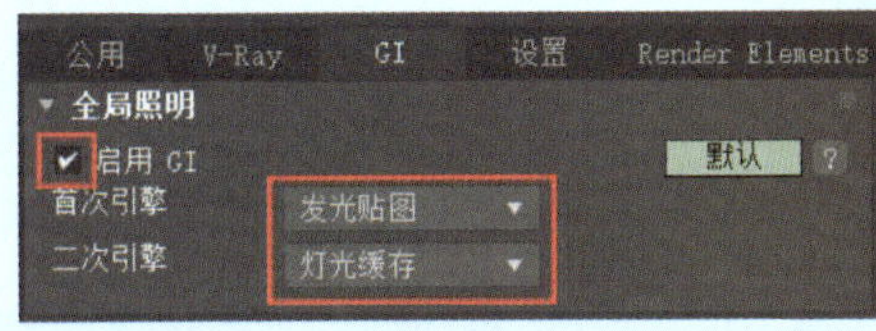


图 6-17

**06** 打开“发光贴图”卷展栏，设置“当前预设”为“非常低”、“细分”为20，如图6-18所示。

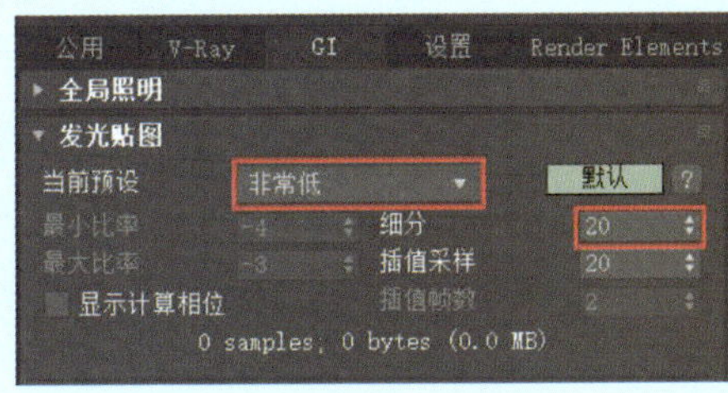


图 6-18

**07** 打开“灯光缓存”卷展栏，设置“细分”为200，勾选“显示计算相位”复选框，如图6-19所示。

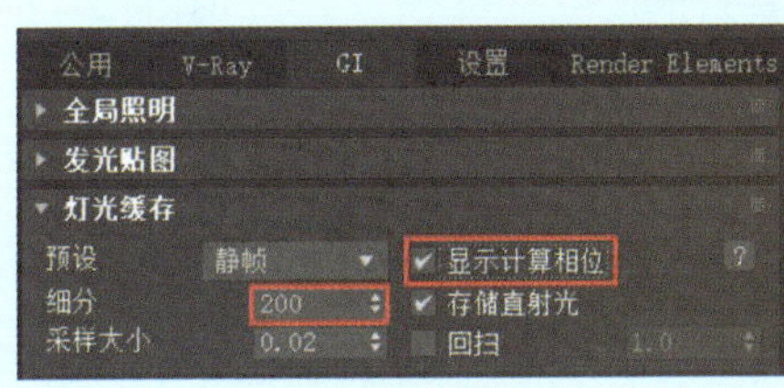


图 6-19

**08** 这里考虑使用室外光来照亮场景。在摄影机视图中选择如图6-20所示的窗户玻璃，右击，选择“隐藏选定对象”命令，将窗户玻璃模型隐藏，让其通透，可以透光，如图6-21所示。

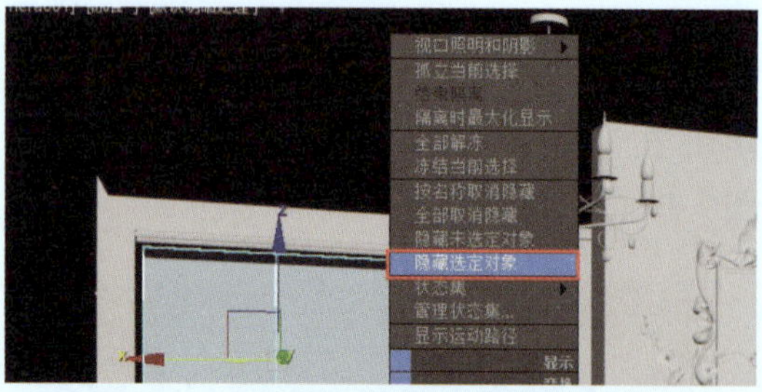

图 6-20

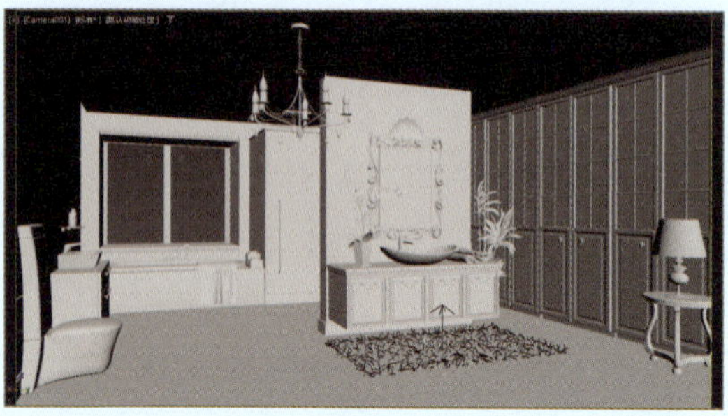

图 6-21

**09** 在场景中的窗户外创建一盏“VRay灯光”工具下的“平面”光，用于模拟透过窗户照射到室内的天光。灯光如图6-22所示。

图 6-22

**10** 选择创建的“平面”光，此处的“长度”和“宽度”为参考值，大小同窗框差不多即可，“倍增”设置为8，勾选“不可见”复选框，取消勾选“影响反射”选项，如图6-23所示。

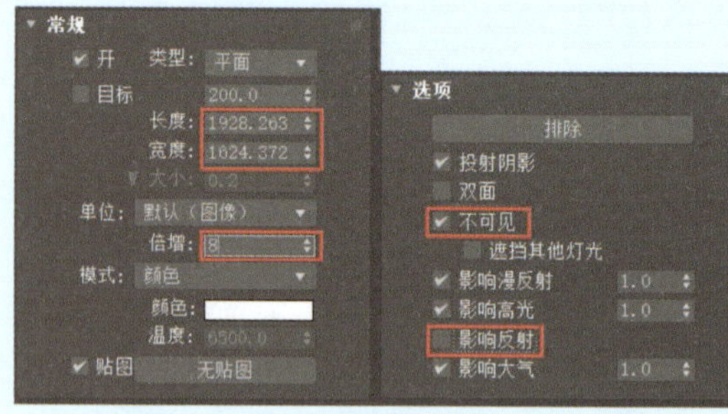


图 6-23

**11** 因为这里使用“VRay灯光”模拟天光，所以必须要设置环境。按8键打开“环境和效果”对话框，设置“颜色”为（红：185，绿：226，蓝：254），模拟天空的蓝色，如图6-24所示。

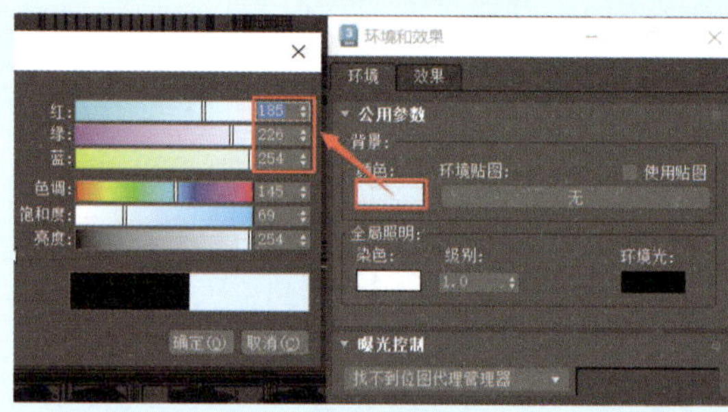


图 6-24

**12** 按C键切换到摄影机视图，按快捷键Shift+Q渲染场景，效果如图6-25所示，此时光线正常。

图 6-25

## 6.4 灯光布置

当构图和模型检查都处理好后，下面开始对场景进行补光，本例使用的是柔光照明，主要以体现室内灯光为主。

微课：灯光布置

## 6.4.1 创建吊灯

**因为在模型检查的时候已经创建好天光，所以这里可以直接创建室内灯光。使用“网格”灯光来模拟吊灯，这样既能保持灯光的形状，也能保证亮度适宜。**

**01** 切换到透视图，选择场景中的吊灯。右击，在弹出的快捷菜单中单击“孤立当前选择”选项或按快捷键Alt+Q将吊灯模型独立显示，如图6-26所示。

图 6-26

**02** 使用“VRay灯光”工具在当前独立显示的场景中创建一盏灯光，放置在任意位置，如图6-27所示。

图 6-27

**03** 选择上一步创建的灯光，在修改器中将“类型”修改为“网格”，此时视图中的灯光示意图会变为球形，单击“拾取网格”按钮，在视图中选择灯泡对象，如图6-28所示。

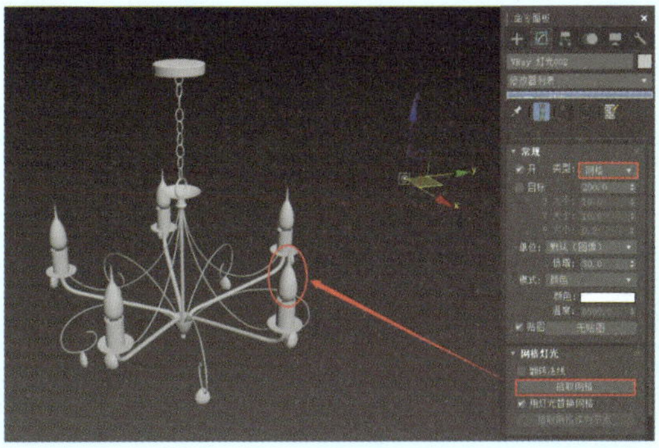

图 6-28

**04** 拾取了网格后，“VRay灯光”图示消失，灯泡模型变为灯光，在“修改面板”的“可编辑网格”对象中出现“VRay灯光”，如图6-29所示。

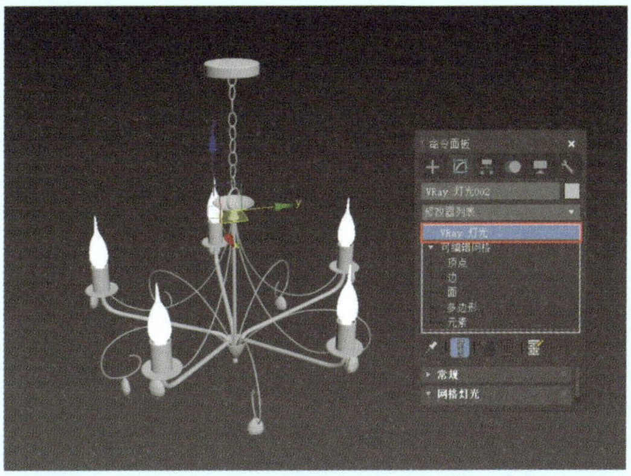

图 6-29

**技巧 提示**

若拾取网格后，想要取消拾取，即还原网格对象，可以单击“拾取网格作为节点”按钮，如图6-30所示。单击该按钮后，会在灯光内部还原网格对象，对象外面罩着网格灯，删除网格灯即可。

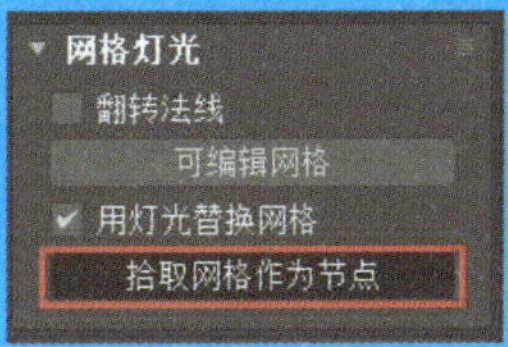


图 6-30

**05** 选择“网格”灯，设置“倍增”为30、“颜色”为（红：255，绿：251，蓝：243），灯光略微偏黄可以使房间温馨一点，如图6-31所示。

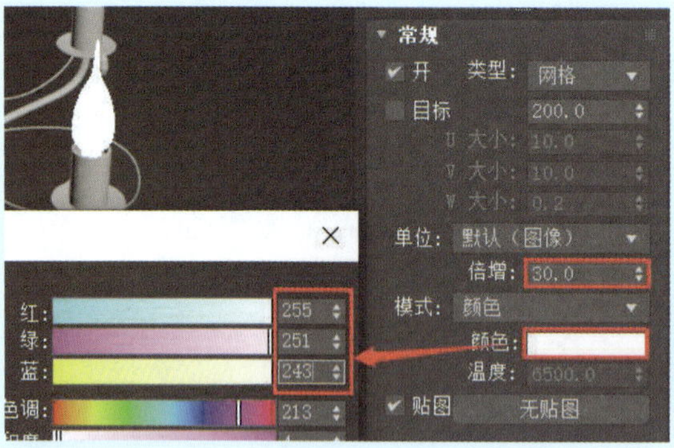


图 6-31

**06** 右击吊灯对象，在弹出的菜单中单击“结束隔离”选项，如图6-32所示，切换到摄影机视图，按快捷键Shift+Q渲染场景，效果如图6-33所示。此时，室内环境被照亮，而且灯泡的效果比较好。

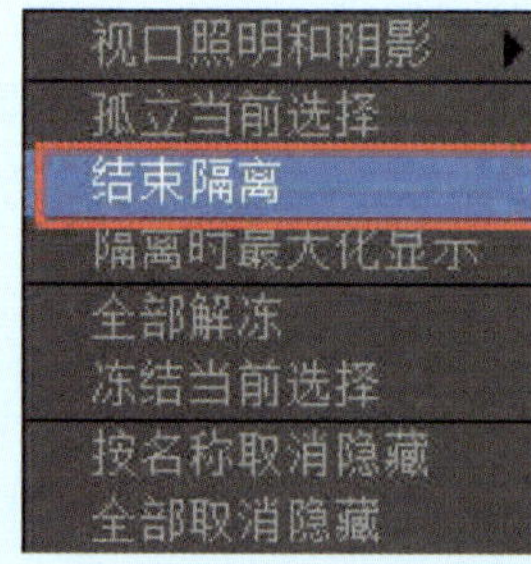


图 6-32

图 6-33

## 6.4.2 创建天花灯

**同样使用“网格”灯光来模拟天花灯。**

**01** 切换到透视图，选择场景中的天花灯，如图6-34所示，按快捷键Alt+Q孤立当前选择，如图6-35所示。

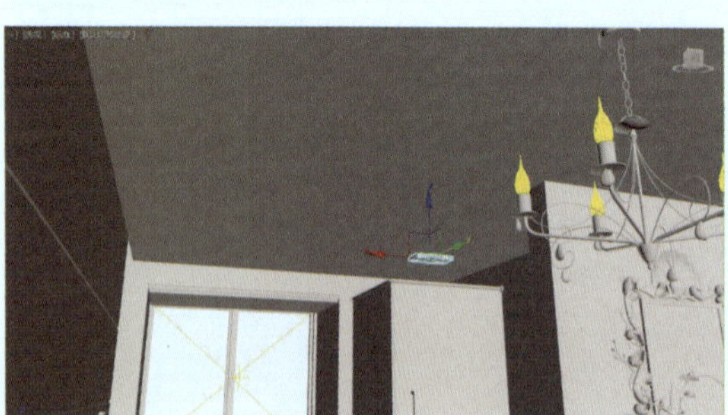

图 6-34

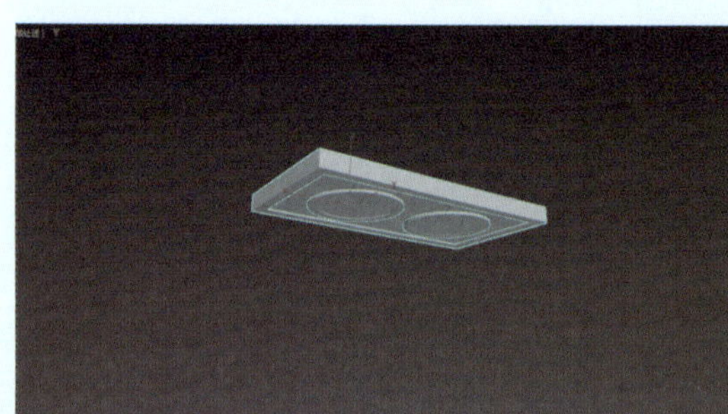

图 6-35

**02** 在当前视图的任意位置创建一盏“VRay灯光”，如图6-36所示。

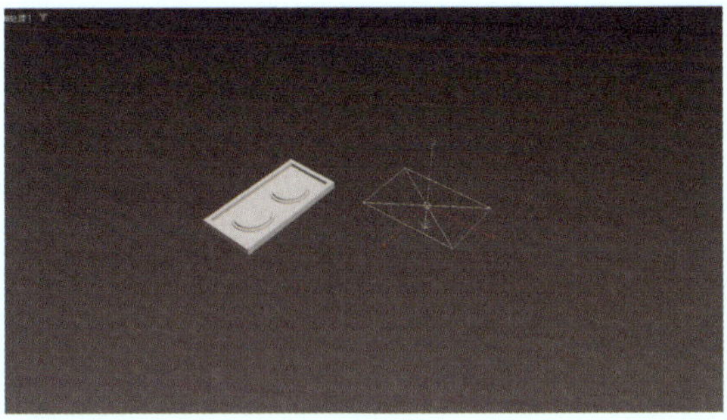

图 6-36

**技巧 提示**

在创建“VRay灯光”的时候，为了方便查找，可以创建为“平面”或者“球体”灯光，因为直接创建“网格”灯光会很难找到灯光。

**03** 选择“平面”灯，将“类型”修改为“网格”，此时视图中，灯光示意图会变为球形，单击“拾取网格”按钮，在视图中选择天花板灯对象，如图6-37所示，拾取网格后的效果如图6-38所示。

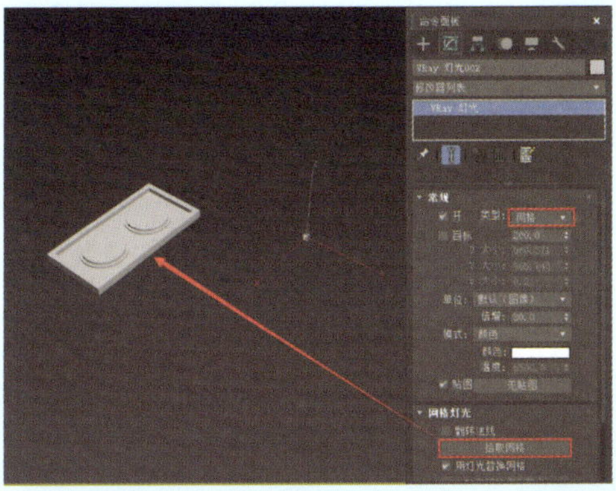

图 6-37

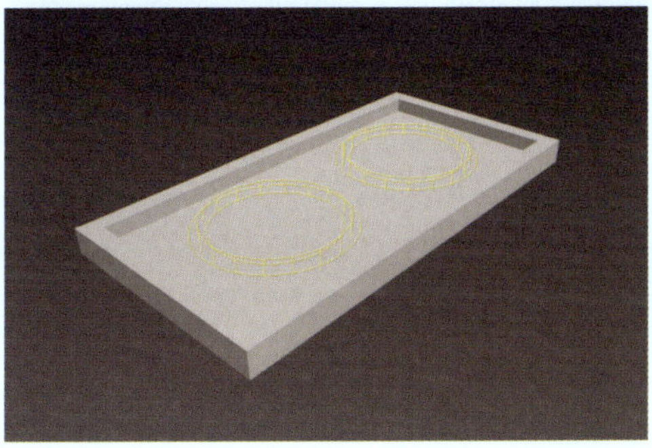

图 6-38

**04** 选择天花板的“网格”灯，设置与吊灯相同的参数即可，如图6-39所示。

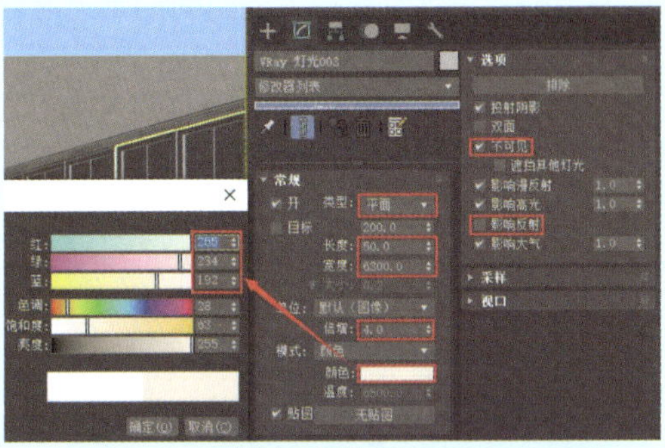

图 6-39

**05** 单击“结束隔离”选项，切换到摄影机视图，如图6-40所示。

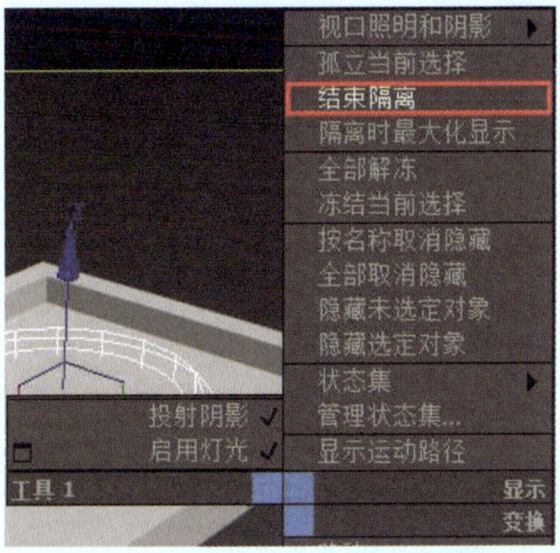


图 6-40

**06** 按快捷键Shift+Q渲染场景，效果如图6-41所示。此时，室内的亮度提高了一些，浴缸处的亮度更加明亮自然。

图 6-41

## 6.4.3 创建灯带

**在墙壁处设计灯槽是卫浴空间的常见装修方法，即通过灯槽来丰富室内的灯光效果。**

**01** 切换到顶视图，使用“VRay灯光”工具在灯槽中创建一盏“平面”灯光，如图6-42所示。

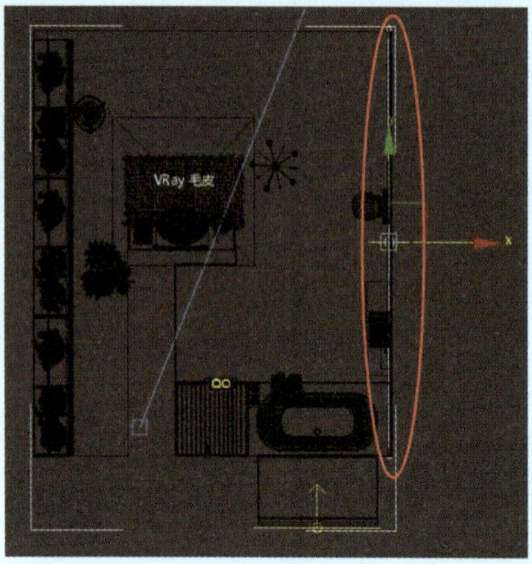


图 6-42

**02** 切换到前视图，移动灯光位置到如图6-43所示的位置。为了方便读者寻找，此处给出壁灯在场景中对应的位置，如图6-44所示。

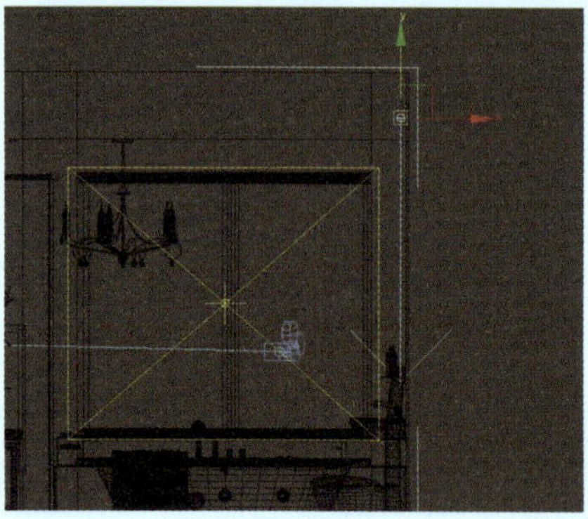

图 6-43

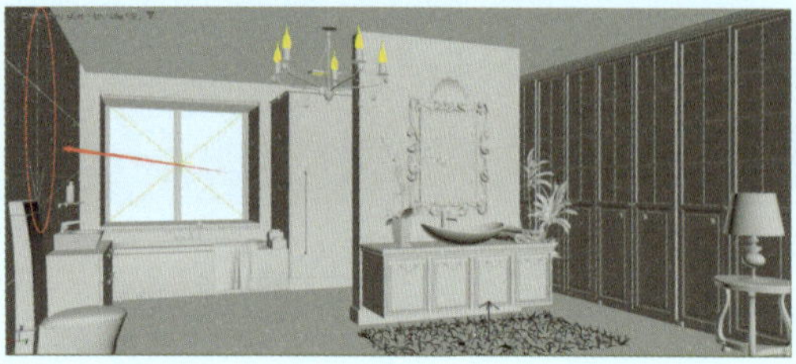

图 6-44

**03** 选择灯光，设置“倍增”为4、“颜色”为（红：255，绿：234，蓝：192），灯的“长度”与“宽度”与灯槽大小吻合即可，勾选“不可见”复选框，取消勾选“影响反射”复选框，如图6-45所示。

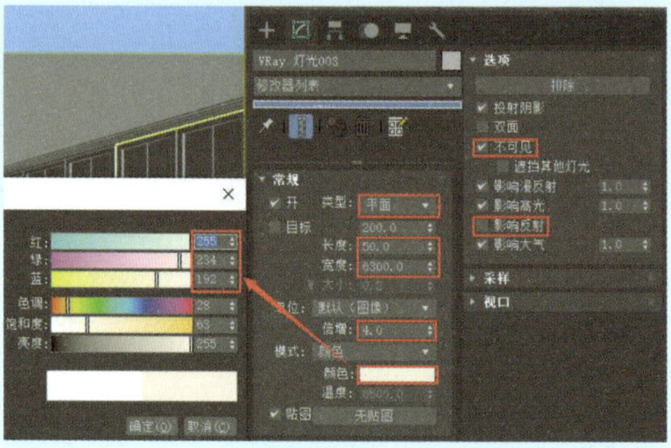


图 6-45

**04** 切换到摄影机视图，按快捷键Shift+Q渲染场景。效果如图6-46所示，此时，灯槽处有亮光，场景变亮。

图 6-46

## 6.4.4 创建台灯

下面使用“VRay灯光”工具的“球体”灯来模拟台灯照明。

**01** 切换到顶视图，使用“VRay灯光”工具在台灯中创建一盏“球体”灯光，如图6-47所示。

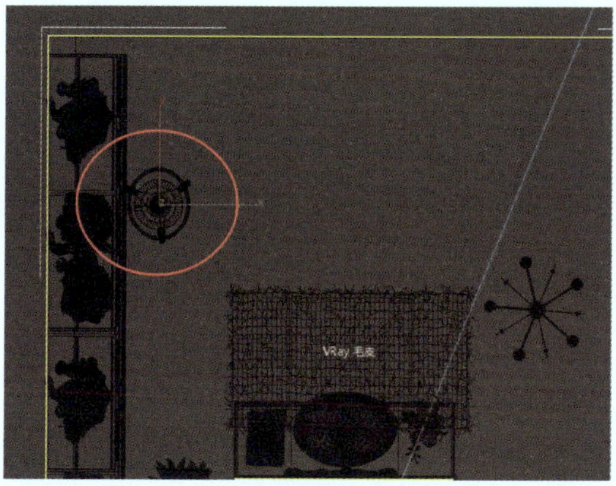

图 6-47

**02** 切换到左视图，调整“球体”灯的位置，将它移动到台灯内，如图6-48所示。

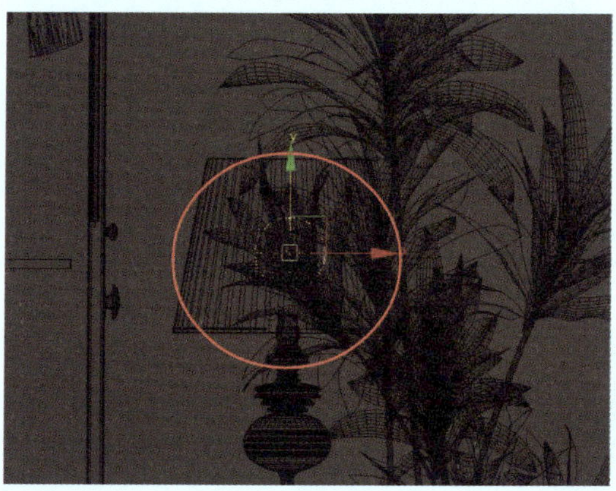

图 6-48

**03** 选择台灯中的“球体”灯，设置“倍增”为15、“颜色”为（红：245，绿：174，蓝：111），维持“半径”在45左右，勾选“不可见”复选框，如图6-49所示。

图 6-49

**04** 切换到摄影机视图，按快捷键Shift+Q渲染场景，效果如图6-50所示，此时，台灯处光亮了不少。

图 6-50

## 6.4.5 创建柜脚灯

观察渲染效果，可以发现地毯和柜子处比较暗，可以考虑在柜子下方设计一个柜脚灯，这也是一种家装的设计方法。

01 切换到顶视图，使用“VRay灯光”工具的“平面”光在洗手台的柜子内侧创建一盏灯光，如图6-51所示。

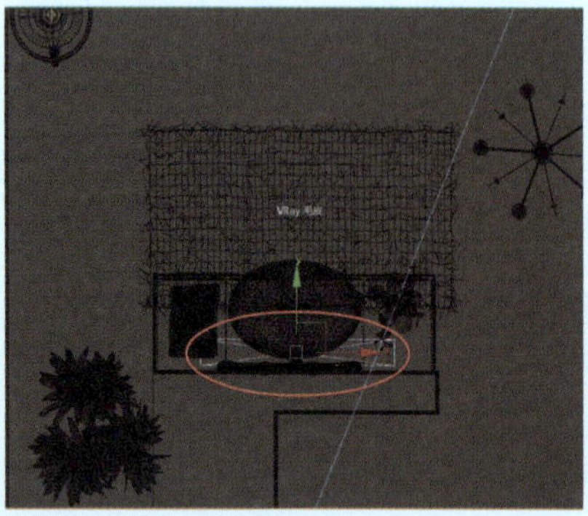

图 6-51

02 切换到前视图，调整灯光的位置，如图6-52所示。

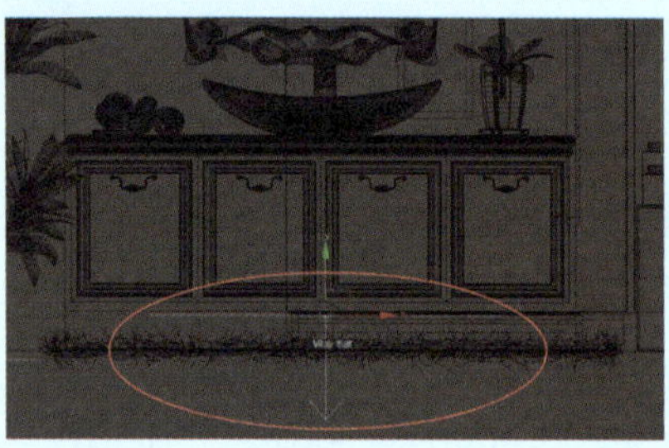

图 6-52

03 选择柜脚处的灯，设置“倍增”为1，勾选“不可见”复选框，取消勾选“影响反射”复选框，如图6-53所示。这里的“长度”和“宽度”值仅供参考。

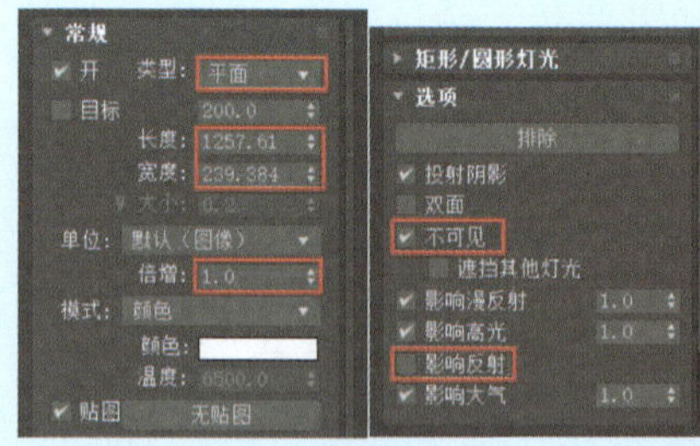


图 6-53

04 切换到摄影机视图，按快捷键Shift+Q渲染场景，效果如图6-54所示，此时，洗手台下方亮度有所提高。

图 6-54

## 6.4.6 创建其他房间的灯光

**根据LWF布光原理，卫浴空间的布光已经完成，但是现实情况下，卫浴空间的过道处肯定会有其他房间的灯光，所以建议在过道处使用“平面”灯来模拟其他房间溢出的灯光。**

01 切换到前视图，在卫浴间的过道入口处创建一盏“平面”灯光，如图6-55所示。

图 6-55

02 切换到顶视图，调整灯光的位置，如图6-56所示。

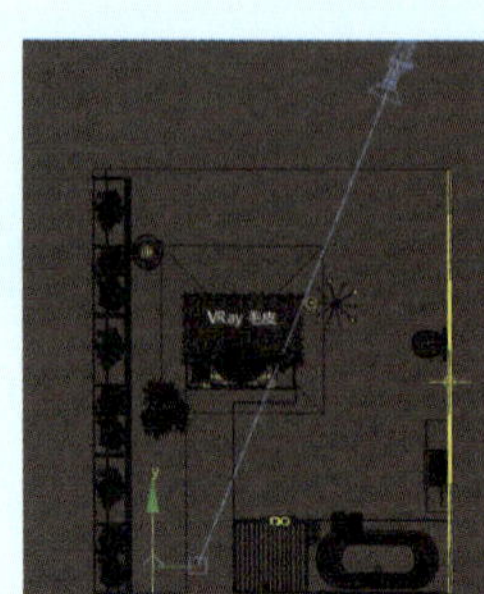

图 6-56

**03** 选择入口处的灯，设置“倍增”为4，“颜色”为（红：210，绿：238，蓝：255），如图6-57所示。

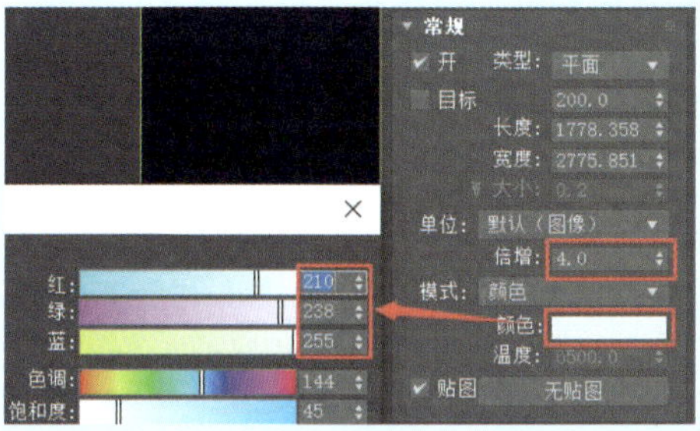


图 6-57

**04** 切换到摄影机视图，按快捷键Shift+Q渲染场景，效果如图6-58所示，此时，整个空间的布光完成。

图 6-58

**技巧 提示**

在效果图制作中，未出现在视野范围内的对象都不用进行表现。在这里，我们需要的是过道的光照效果，因此灯光的“长度”和“宽度”只要大于窗框的尺寸即可。

## 6.5 材质模拟

灯光布置好以后，可将灯光隐藏，防止在材质制作时移动灯光的位置。场景中的材质种类并不多，为了方便读者学习和识别，图6-59对要制作的主要材质进行了说明。

微课：材质模拟

图 6-59

## 6.5.1 地板材质

**本例中欧式风格的地板材质颜色偏淡，色感偏淡黄，表面有凹凸感，有高光和模糊反射。为了真实地模拟反射效果，可以考虑使用菲涅尔反射。在制作的时候注意相关参数和贴图的选取。**

01 在“漫反射”贴图通道中加载“Chapter 6/材质包/e232333.jpg”位图，设置“模糊”为0.01，模拟大理石地板的表面纹理和颜色。如图6-60所示。

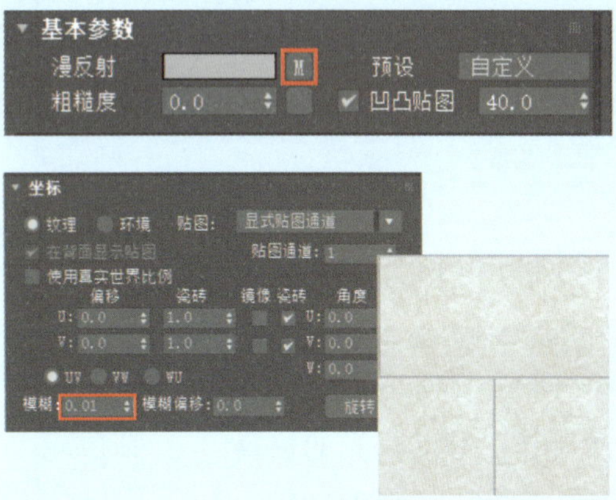

图 6-60

02 在“反射”贴图通道中加载“衰减”程序图，设置“衰减类型”为“Fresnel”，模拟菲涅尔反射效果；设置“反射光泽度”为0.85，模拟高光和模糊成像效果，如图6-61所示。

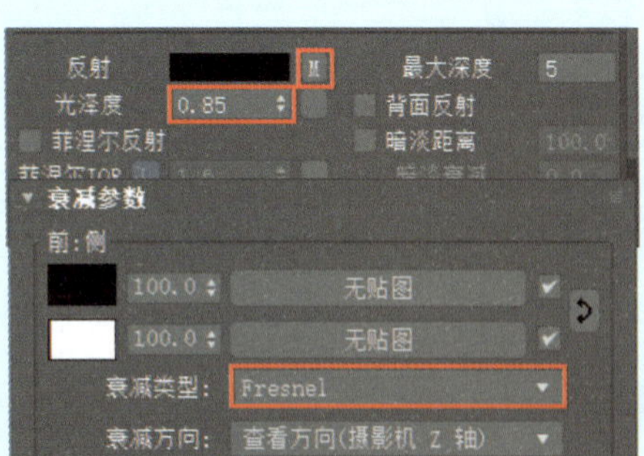

图 6-61

03 打开“贴图”卷展栏，将“漫反射”中的贴图以“实例”的形式拖曳复制到“凹凸”贴图通道中，设置强度为40，模拟地板表面的凹凸纹理，如图6-62所示。

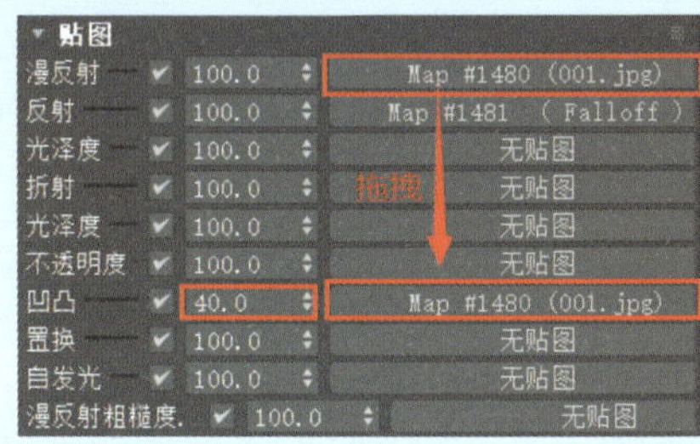

图 6-62

04 此时地板材质设置完成，材质球效果如图6-63所示。

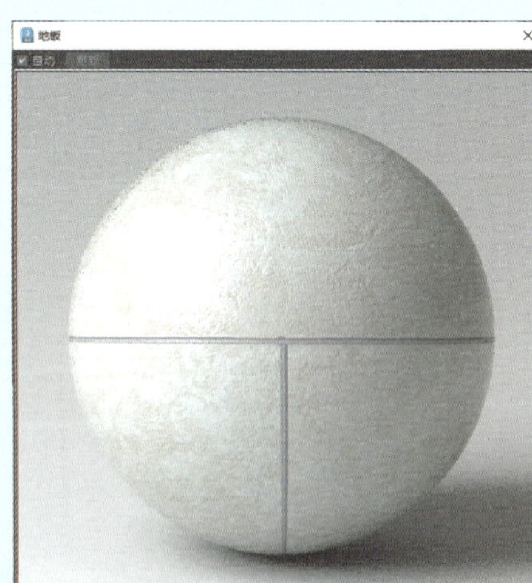

图 6-63

## 6.5.2 绒毛地毯及毛巾材质

**棕色的地毯可以明确空间中的黑白灰关系，但是必须要注意简欧风格的色彩偏淡，所以在选择绒布贴图的时候，可以使用颜色为棕色且偏淡的贴图。**

**01** 按M键打开“材质编辑器”窗口，选择一个空白材质球，给其指定一个VRayMtl材质，在“漫反射”贴图通道中加载“Chapter 6/材质包/002.jpg”位图，如图6-64所示。

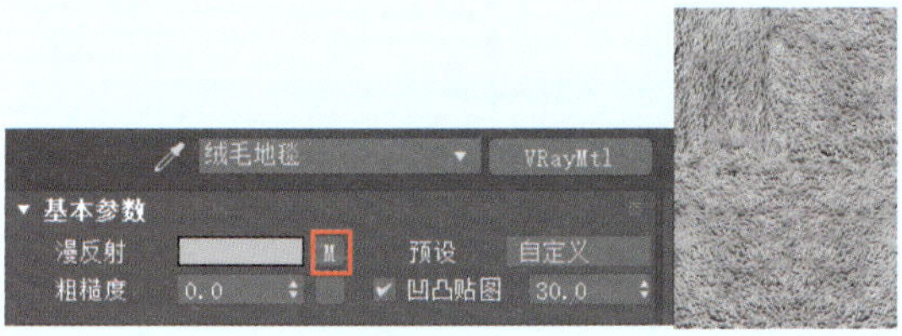


图 6-64

**02** 此时绒毛地毯材质设置完成，材质球效果如图6-65所示。

图 6-65

**03** 按M键打开“材质编辑器”窗口，选择一个空白材质球，为其指定一个VRayMtl材质，打开“贴图”卷展栏，在“漫反射”贴图通道中加载“Chapter 6/材质包/003.jpg”位图，模拟毛巾花纹。在“置换”贴图通道中加载“Chapter 6/材质包/004.jpg”位图，设置强度为10，模拟毛巾的表面凹凸效果，如图6-66所示。

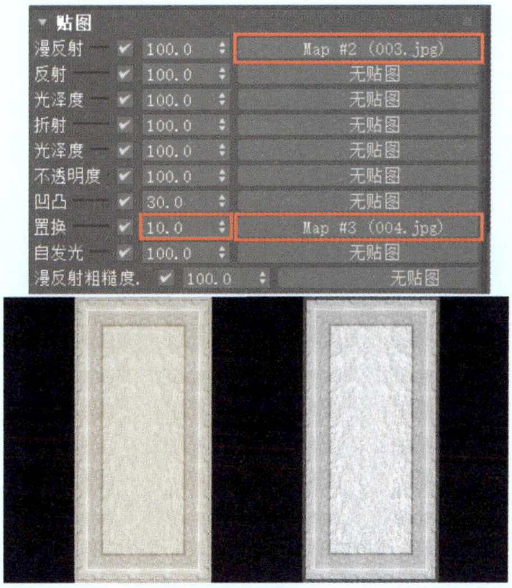


图 6-66

**04** 此时毛巾材质设置完成，材质球效果如图6-67所示。

图 6-67

## 6.5.3 防水帘材质

**卫生间使用的防水帘是透明的防水材质，所以相较于客厅以及卧室的窗帘，它的反射强度更高，下面介绍防水帘材质的制作方法。**

**01** 按M键打开“材质编辑器”窗口，选择一个空白材质球，为其指定一个VRayMtl材质，设置“漫反射”的颜色为（红：250，绿：250，蓝：250），模拟防水帘本身的灰色，如图6-68所示。

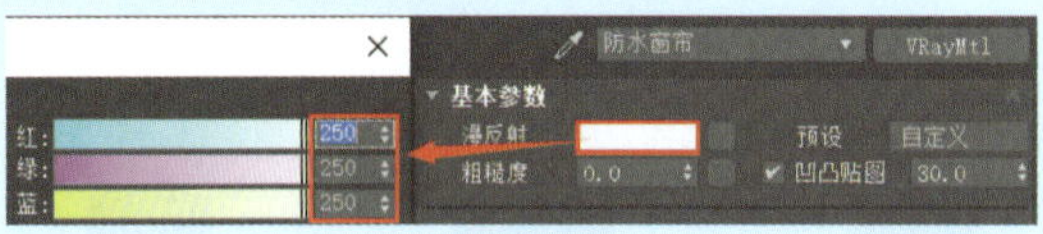


图 6-68

**02** 设置“折射”颜色为（红：154，绿：157，蓝：160），模拟防水帘较强的反射强度；设置“折射光泽度”为0.75，模拟防水帘的反射模糊效果。设置“折射率”为1.5，勾选“影响阴影”复选框，减弱防水帘的投影强度，如图6-69所示。

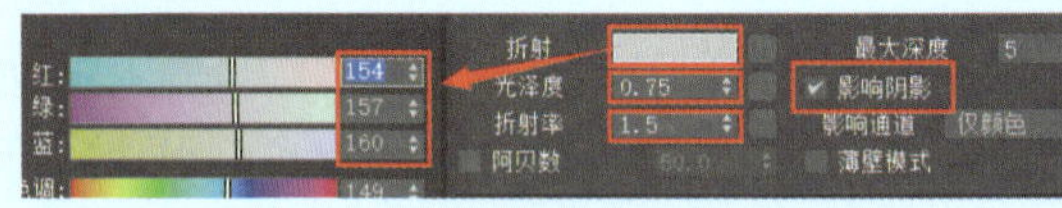


图 6-69

**03** 此时防水帘材质设置完成，材质球效果如图6-70所示。

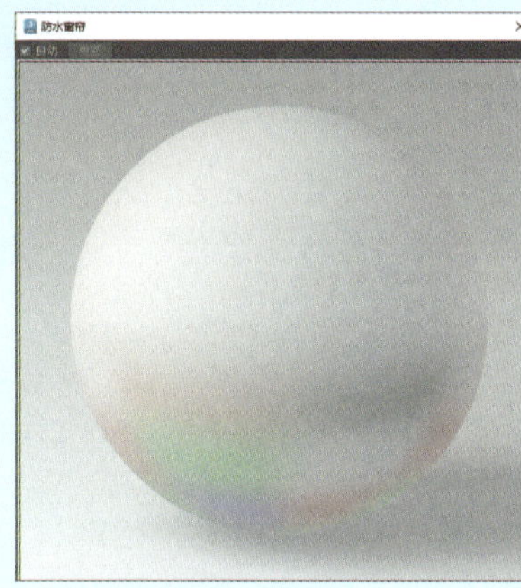


图 6-70

## 6.5.4 铸铁材质

**前面介绍过欧式风格的家装会使用金银器材。考虑简欧风格的特点是简单和实用，强调画面的层次感，本例将使用铁艺装饰来代替金银器，如铁艺吊灯和铁艺镜框。要注意铸铁材质通常为黑色，有反射，但反射强度很弱，有较大区域的高光，反射效果比较模糊。铸铁材质粗糙，表面通常有刮痕。**

**01** 按M键打开“材质编辑器”窗口，选择一个空白材质球，给其指定一个VRayMtl材质，设置“漫反射”的颜色为（红：2，绿：2，蓝：2），模拟铸铁本身的黑色，如图6-71所示。

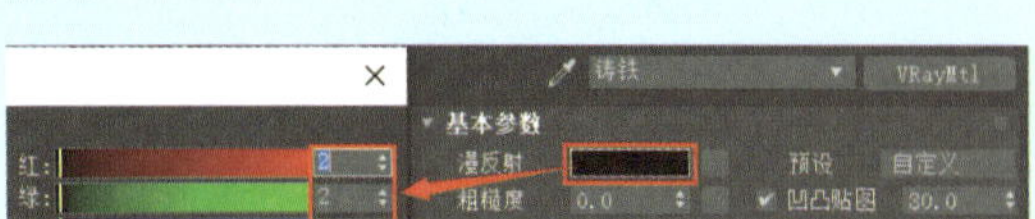


图 6-71

**02** 设置“反射”颜色为（红：10，绿：10，蓝：10），模拟铸铁较弱的反射强度；设置“反射光泽度”为0.7，模拟铸铁的反射模糊效果，如图6-72所示。

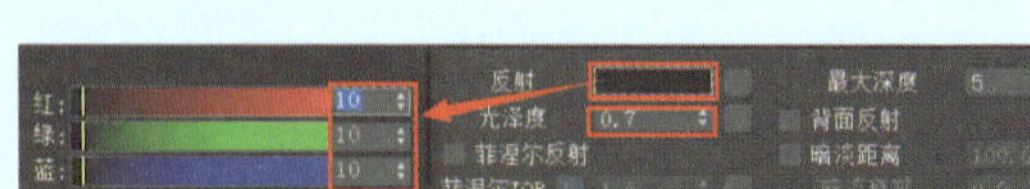


图 6-72

03 打开“贴图”卷展栏，在“凹凸”贴图通道中加载“Chapter 6/材质包/005.jpg”刮痕贴图，模拟铸铁表面的刮痕效果，如图6-73所示。

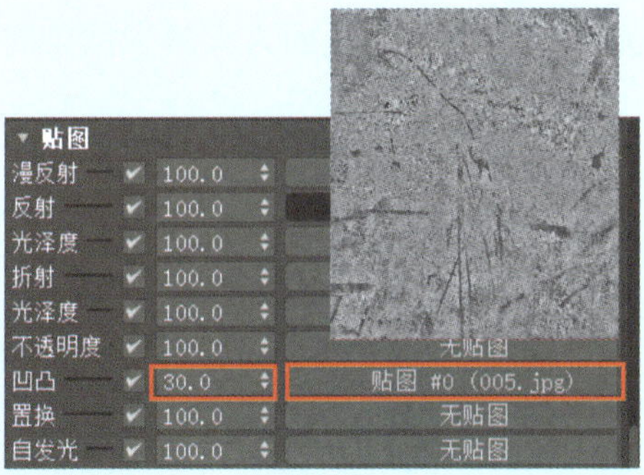


图 6-73

04 此时铸铁材质设置完成，材质球效果如图6-74所示。

图 6-74

## 6.5.5 镜子材质

**镜子材质和玻璃材质比较类似，区别在于镜子的后面镀了一层金属，使镜子可以成像。制作的时候应注意镜子镀层一般为黑色，呈镜面反射。**

01 按M键打开“材质编辑器”窗口，选择一个空白材质球，为其指定一个VRayMtl材质，设置“漫反射”的颜色为（红：0，绿：0，蓝：0），模拟镀层的黑色，如图6-75所示。

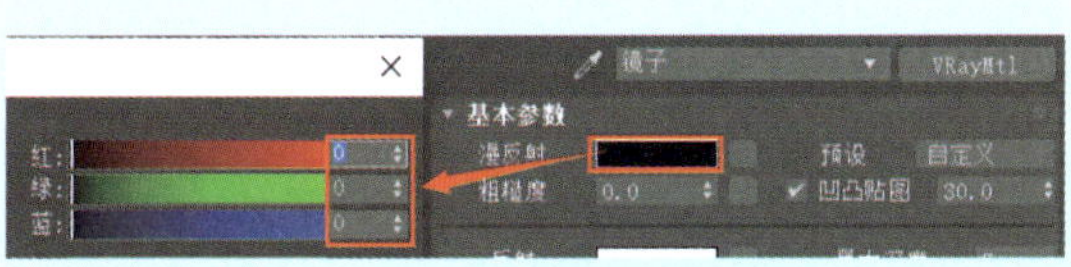


图 6-75

02 设置“反射”颜色为白色，模拟镜面反射，如图6-76所示。

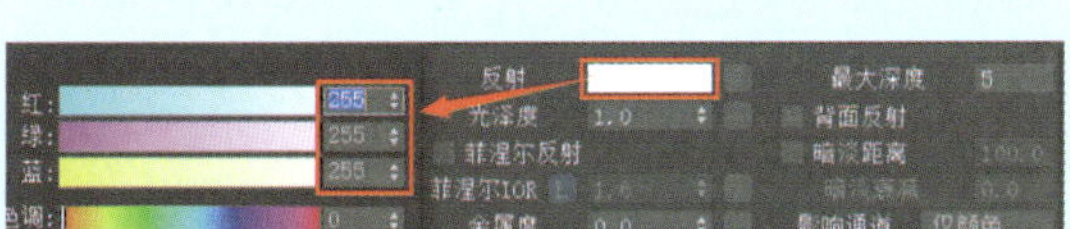


图 6-76

03 此时镜子材质设置完成，材质球效果如图6-77所示。

图 6-77

**对于本章未做介绍的材质，读者可以查看完成文件。常见的有不锈钢、墙砖、乳胶漆、陶瓷和铜质等材质，在前面的章节中均有介绍，可以参考这些参数来制作材质。**

# 6.6 最终渲染

在渲染过程中，渲染速度和渲染质量之间存在一定的关系。通常情况下，提高渲染质量会导致渲染速度变慢，降低渲染质量则可以提高渲染速度。在进行连续渲染时，可以使用渲染缓存来提高速度。渲染缓存将已经计算过的帧保存下来，在进行下一次渲染时重复使用这些帧，而无须重新计算，从而大大减少渲染时间。

微课：最终渲染

## 6.6.1 曝光处理

在布置灯光的时候，考虑材质的反射和折射会对曝光有影响，所以未进行曝光处理。现在，材质已经指定好了，下面可以进行曝光处理了。

按F10键打开“渲染设置”窗口，切换到“V-Ray”选项卡，打开“颜色映射”卷展栏，设“类型”为“莱因哈德”，设置“伽玛值”为0.9，“倍增”为1.8，勾选“子像素映射”复选框如图6-78所示。

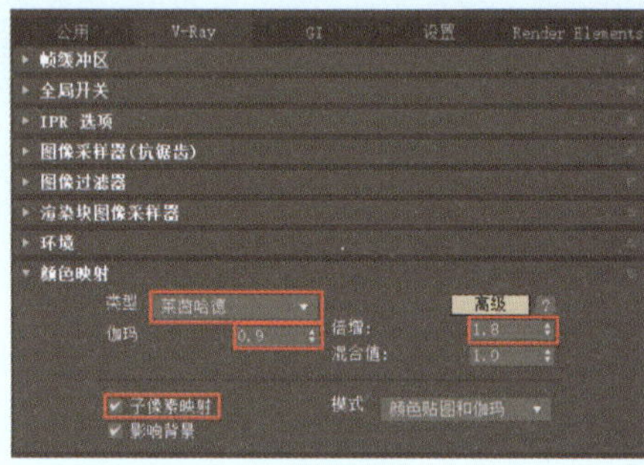

图 6-78

**技巧 提示**

从图片亮度来看，渲染效果图明显偏暗，但是，此处不建议重置灯光，亮度问题可以在后期处理，这也是后期处理的优势所在。

灯光细分的设置方法可以参考第3章中的参数，这里不再进行具体介绍，建议设置为8的倍数。

## 6.6.2 设置渲染参数

01 按F10键打开“渲染设置”窗口，设置“宽度”为4000，“高度”为2200，如图6-79所示。

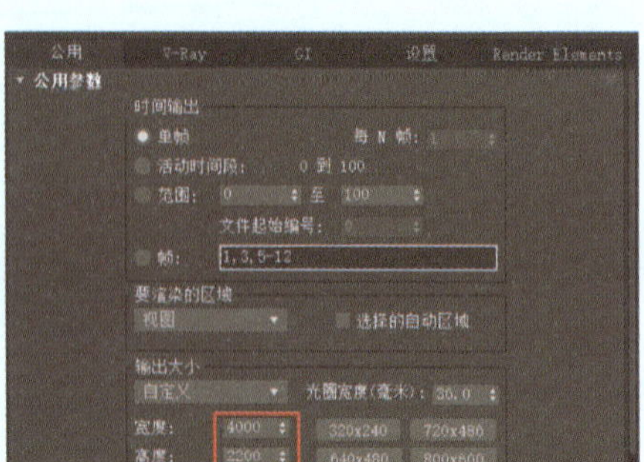

图 6-79

02 切换到“V-Ray”选项卡，打开“图像采样器（抗锯齿）”卷展栏，设置“类型”为“渲染块”；打开“图像过滤器”卷展栏，选择“过滤器”为“VRayLanczosFilter”；在“渲染块图像采集器”卷展栏中设置“最大细分”为12，如图6-80所示。

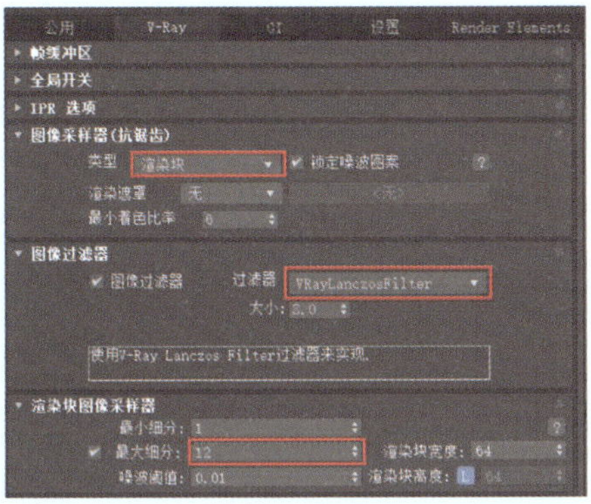


图 6-80

03在“渲染块图像采集器”卷展栏下设置“噪波阈值”为0.006、如图6-81所示。

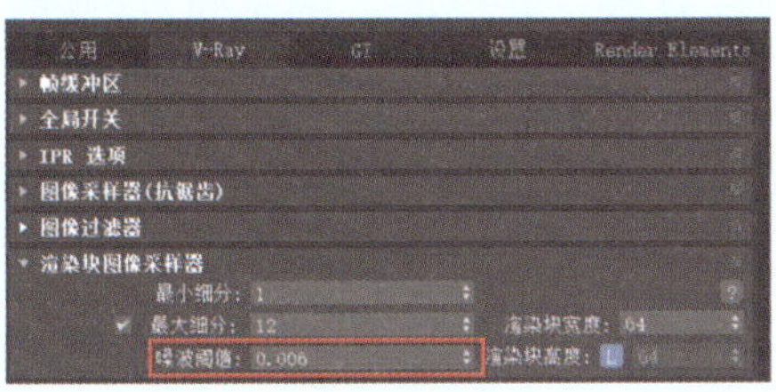


图 6-81

04切换到“GI”选项卡，打开“发光贴图”卷展栏，设置“当前预设”为“中”、“细分”为60、“插值采样”为20，如图6-82所示。

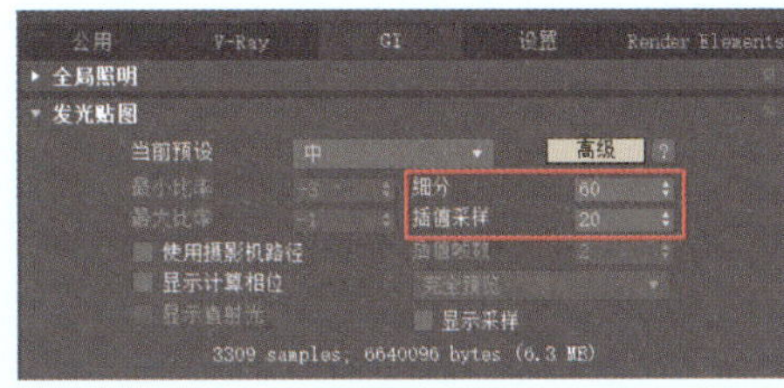


图 6-82

05打开“灯光缓存”卷展栏，设置“细分”为1500，勾选“显示计算相位”复选框，如图6-83所示。

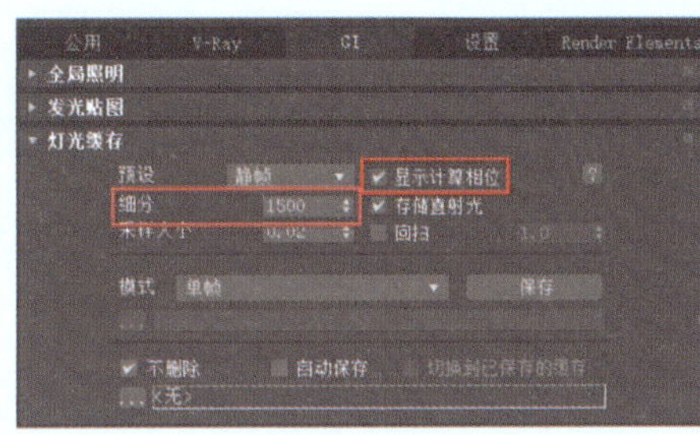


图 6-83

## 6.6.3 保存渲染图像

渲染参数设置好后，下面开始渲染最终图像。

01切换到摄影机视图，按快捷键Shift+Q渲染场景，如图6-84所示。

图 6-84

02单击“渲染帧窗口”上的“保存图像”按钮，将其保存为OpenEXR图像文件，如图6-85所示。

图 6-85

**03** 系统会弹出“OpenEXR配置”对话框，设置“格式”为“全浮点数（32位/每通道）”、“类型”为“RGBA”、“压缩”为“无压缩”，如图6-86所示。

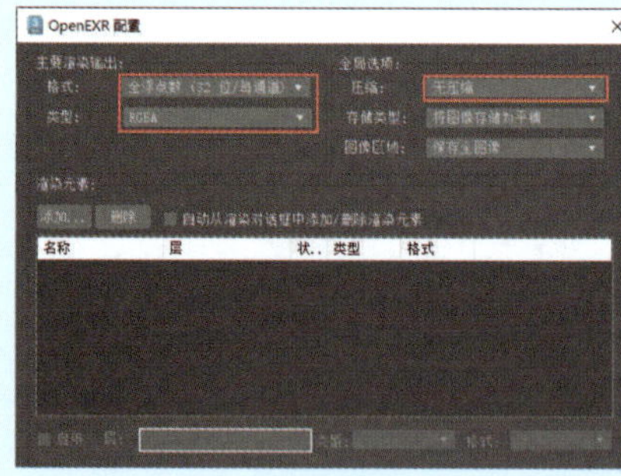


图 6-86

## 6.7 知识与技能梳理

本章介绍了如何使用3ds Max的灯光和材质来制作欧式卫生间的效果图，包括各种类型灯光及其参数设置、材质参数设置，全局光照的设置等，并以欧式卫生间为例进行灯光和材质的设置示范。

## 6.8 课后练习

在完成上述简欧风格卫生间表现的案例示范后，请读者试着进行下面的浴室扩展训练，效果如图6-87所示。

图 6-87

# 封闭空间——中式厨房表现

## Chapter 7

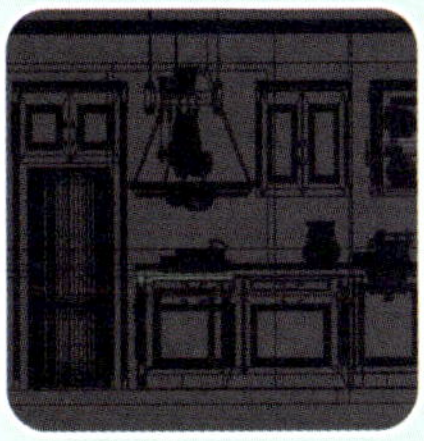

本案例为封闭的厨房空间，室内色彩比较温馨，所以光的颜色一般设置为暖色，同时多种灯共同配合，视觉上灯光的层次较多。本章通过介绍中式厨房效果图的制作过程，帮助读者学习运用VRay制作封闭空间效果图的方法，以及封闭室内空间的处理风格和光影之间的相互融合。

| 学习要求 | 知识点 | 学习目标 | | | |
|---|---|---|---|---|---|
| | | 了解 | 应用 | 创新 | 重点知识 |
| | 项目分析 | 🚩 | | | |
| | 场景构图 | | 🚩 | | |
| | 灯光布置 | | | | 🚩 |
| | 材质模拟 | | | | 🚩 |
| | 最终渲染 | | 🚩 | | |
| | 后期处理 | | 🚩 | | |

能力与素养目标

# 7.1 项目介绍

新中式风格展现的是东方的魅力，对新中式厨房而言，厨房的设计不需要太复杂，以明亮、实用、美观为主。在选材方面，中式风格采用红木材料以及竹编、方格装饰和雕纹等装饰材料。图7-1所示是中式风格厨房的表现效果，场景中的柜子、吊篮、竹编都是中国风元素；本场景的设计都偏向于现代风格，实用性也比较强。

图 7-1

# 7.2 场景构图

## 7.2.1 场景构图与画面比例

微课：场景构图

厨房的空间比较小，但是对象却非常多，所以在效果图表现时，应尽可能表现出厨房中的对象，所以选择横构图来表现厨房空间。

**01** 打开本书配套资源中的“Chapter 7/中式厨房（场景文件）.max”文件，如图7-2所示，这是一个封闭空间，下面将使用摄影机对场景进行取景。

**02** 按F10键打开“渲染设置”窗口，设置“宽度”为600、“高度”为375，锁定“图像纵横比”为1.6，如图7-3所示。

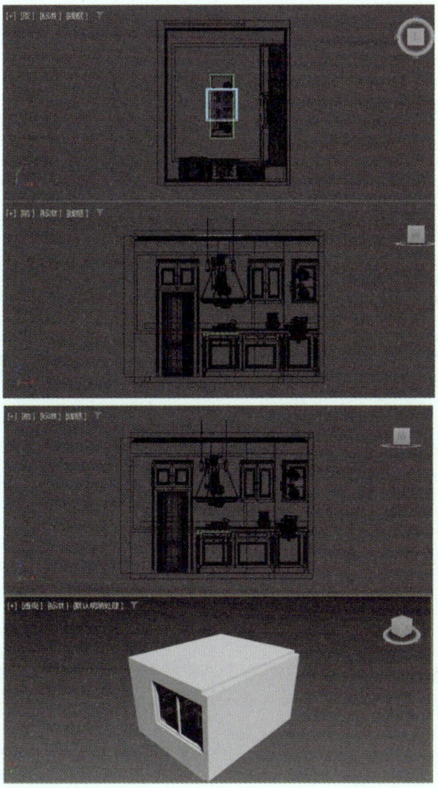

图 7-2

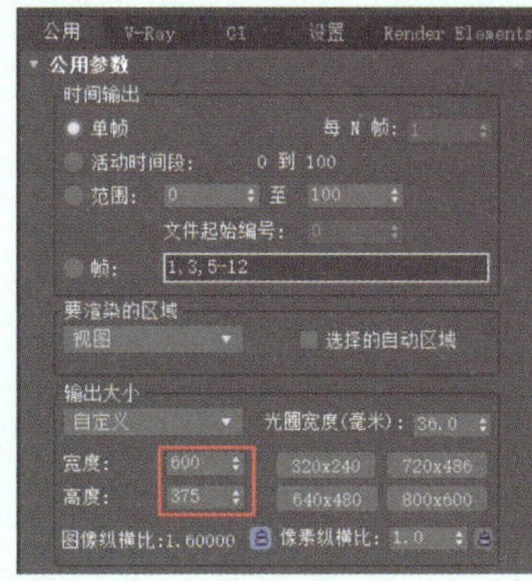


图 7-3

**03** 选择透视图，按快捷键Shift+F激活安全框，如图7-4所示。

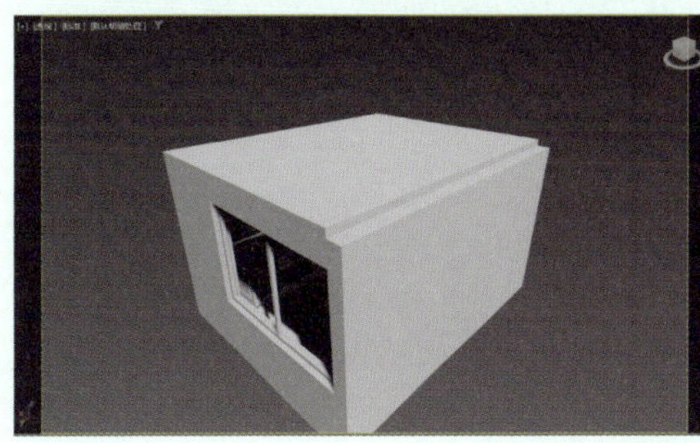

图 7-4

## 7.2.2 创建目标摄影机

**01** 切换到顶视图，在视图中拖曳创建一台摄影机，如图7-5所示。

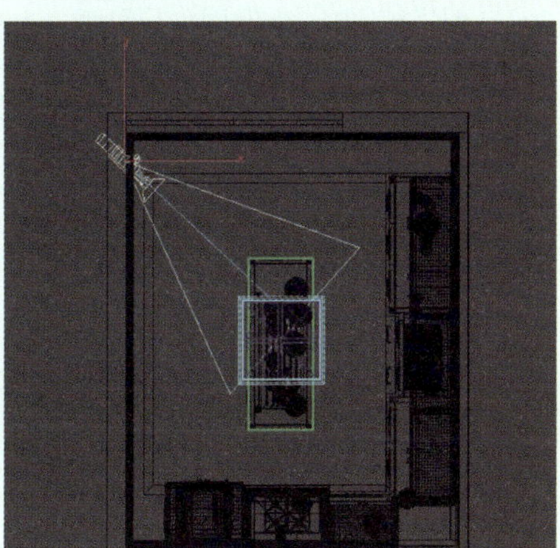

图 7-5

**02** 选择摄影机，切换到“修改”面板，调整“视野”和“镜头”大小分别为21mm和81.203度，此参数仅作参考，应根据顶视图的拍摄范围确定取值；勾选“手动剪切”复选框，设置“近距剪切”和“远距剪切”分别为100mm和5320mm，以此来控制摄影机的拍摄范围，如图7-6所示。

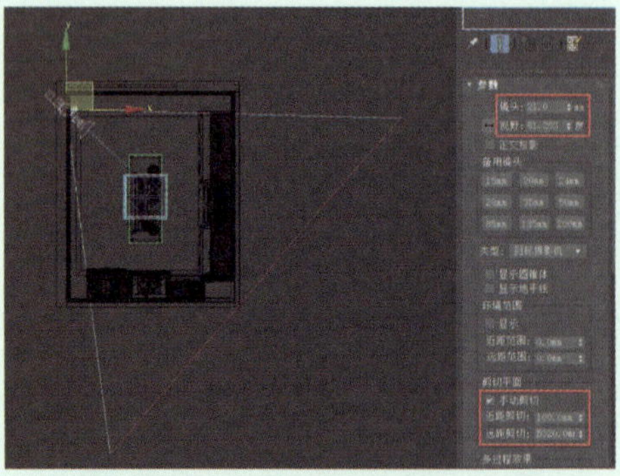

图 7-6

**03** 切换到左视图，调整摄影机和目标点的高度，如图7-7所示。

图 7-7

**04** 按C键切换到摄影机视图，此时的构图效果如图7-8所示。

图 7-8

**05** 摄影机的坐标如图7-9所示，目标点的坐标如图7-10所示。

图 7-9

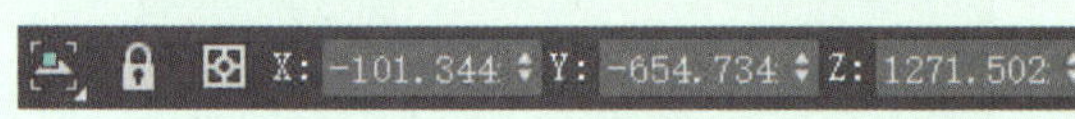


图 7-10

## 7.2.3 模型检查

**使用一个test材质来进行覆盖处理，通过测试参数来对场景模型进行检查。**

**01** 按M键打开“材质编辑器”窗口，选择一个空白材质球，设置为VRayMtl材质，将其命名为“test”，设置“漫反射”颜色为（红：220，绿：220，蓝：220），如图7-11所示。

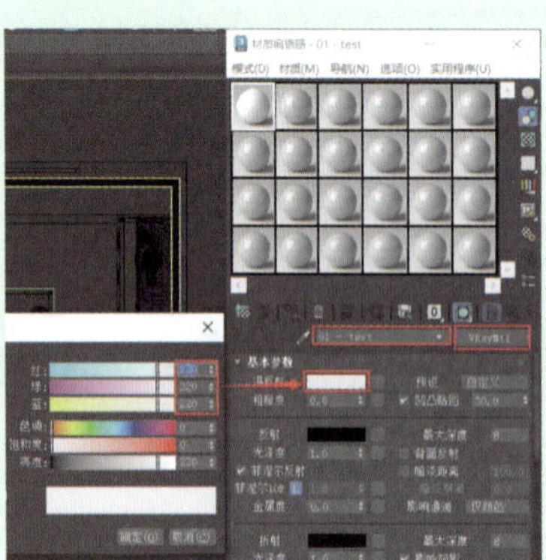

图 7-11

**02** 按F10键打开“渲染设置”窗口，在“公用参数”卷展栏中设置“宽度”为800，“高度”会自动更新为500，如图7-12所示。

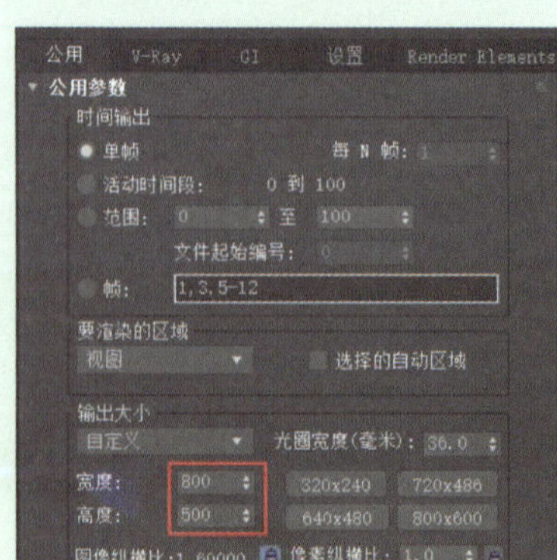

图 7-12

03 切换到“V-Ray”选项卡，打开“全局开关”卷展栏，勾选“覆盖材质”复选框，将“材质编辑器”中的test材质拖曳到“覆盖材质”的通道中，并在“实例（副本）材质”对话框中选择“实例”，单击“确定”按钮，如图7-13所示。

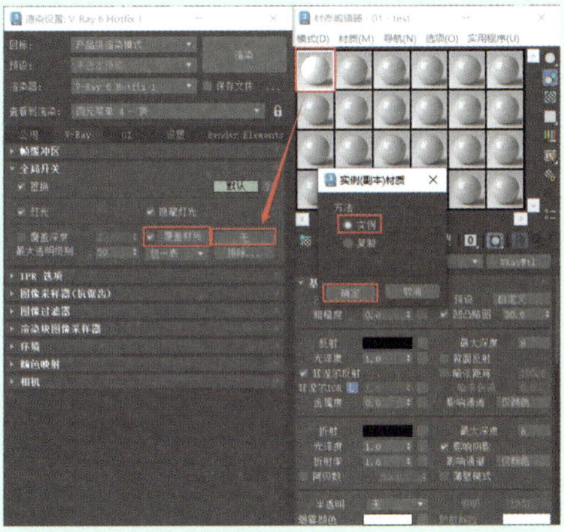

图 7-13

04 打开“图像采样器（抗锯齿）”卷展栏，设置“类型”为“渲染块”，打开“图像过滤器”卷展栏，设置“过滤器”为“区域”，如图7-14所示。

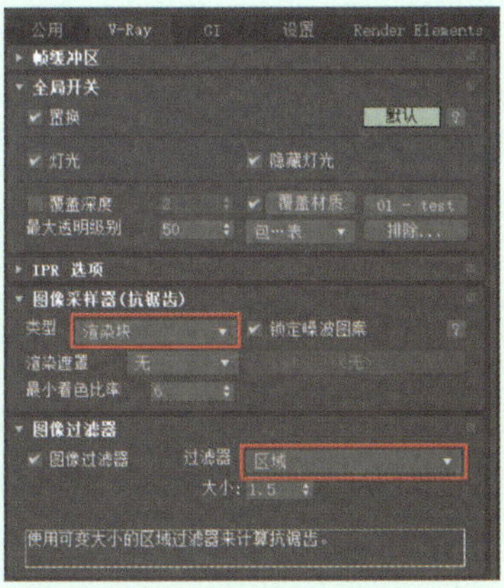


图 7-14

05 切换到“GI”选项卡，打开“全局照明”卷展栏，勾选“启用GI”复选框，设置“首次引擎”和“二次引擎”分别为“发光贴图”和“灯光缓存”，如图7-15所示。

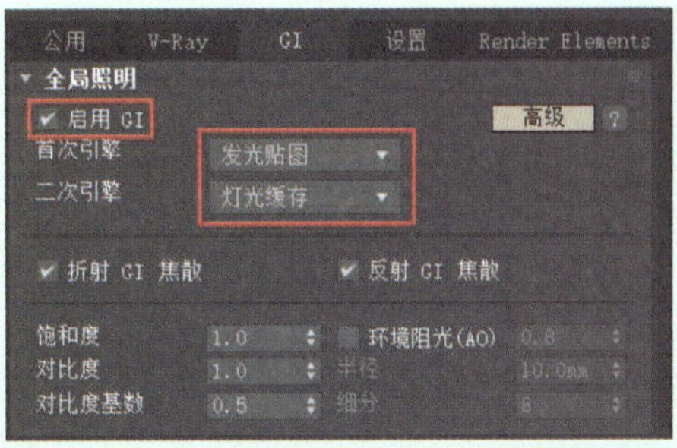


图 7-15

06 打开“发光贴图”卷展栏，设置“当前预设”为“非常低”，“细分”为20，如图7-16所示。

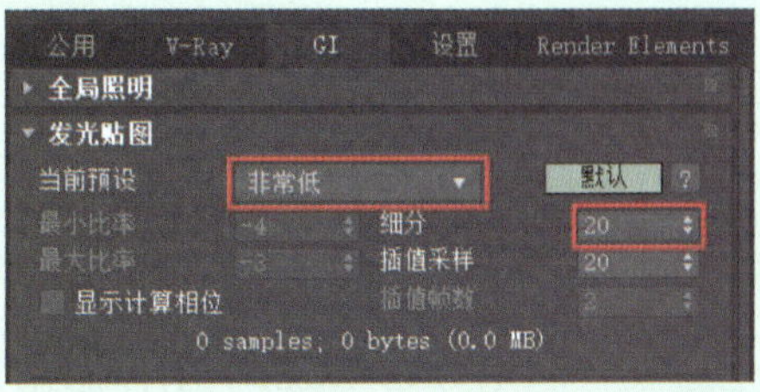


图 7-16

07 打开“灯光缓存”卷展栏，勾选“显示计算相位”，设置“细分”为200，如图7-17所示。

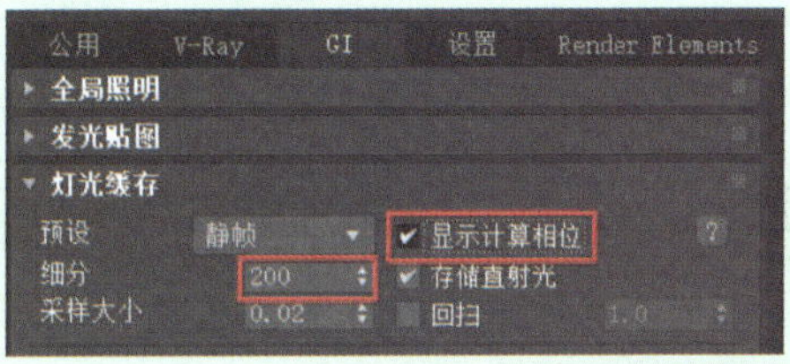


图 7-17

08 切换到摄影机视图，按快捷键Shift+Q渲染场景，如图7-18所示。此时渲染出的图像没有任何内容，因为还未进行环境灯光设置。

图 7-18

**09** 按8键打开“环境和效果”对话框，打开“公用参数”卷展栏，设置“颜色”为（红：185，绿：226，蓝：254），以此来模拟天光，如图7-19所示。

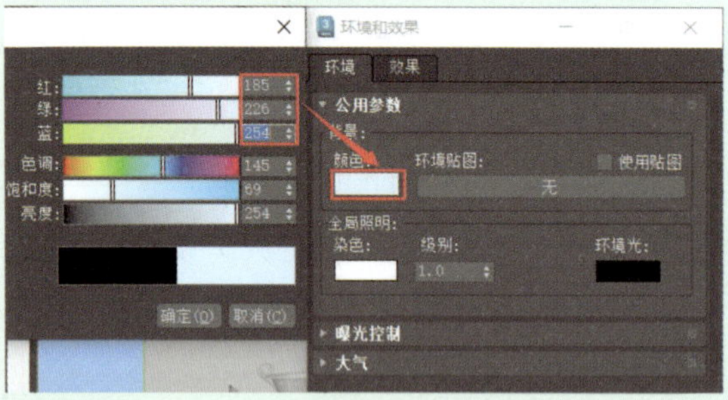


图 7-19

**10** 切换到摄影机视图，按快捷键Shfit+Q渲染场景，效果如图7-20所示。此时，场景被照亮，且模型没有任何重面、漏光等问题。

图 7-20

## 7.3 灯光布置

微课：灯光布置

在3ds Max中制作厨房效果图时，灯光布置要精简，不宜过多，过多的灯光会使软件的工作过程变得杂乱无章，难以处理，同时也会影响显示与渲染速度。部分物体需要有阴影以显得更加真实。灯光布置要有层次感，有主光源和辅助光源之分，照射范围也要有区别。

### 7.3.1 创建环境光

**中式风格的灯光通常比较柔和，厨房空间建议使用暖色调，因为厨房是一个温馨的地方。在模型检查的时候已经创建了天光入口，所以在这里，只需要根据中式风格的特点和柔光效果来调整环境光的颜色。**

**01** 按8键打开“环境和效果”对话框，设置“颜色”为（红：225，绿：238，蓝：217），模拟天光颜色和强度，如图7-21所示。

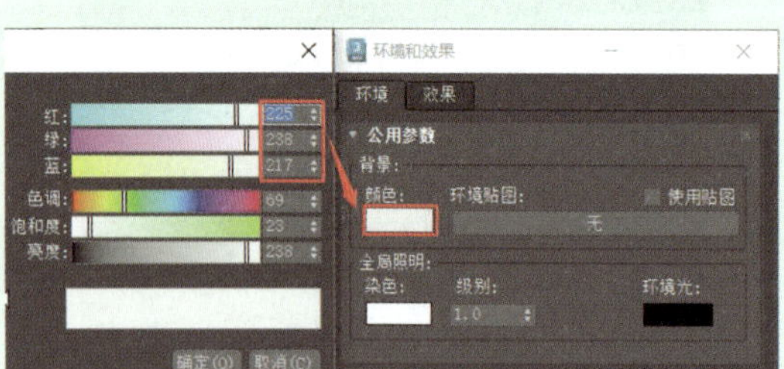


图 7-21

**02** 切换到摄影机视图，按快捷键Shift+Q渲染场景，如图7-22所示。

图 7-22

## 7.3.2 创建天花灯

**01** 选择场景中的天花灯的灯罩模型，如图7-23所示，按快捷键Alt+Q独立显示，如图7-24所示。

图 7-23

图 7-24

**02** 使用“VRay灯光”工具在场景中任意位置创建一盏“平面”灯光，如图7-25所示。

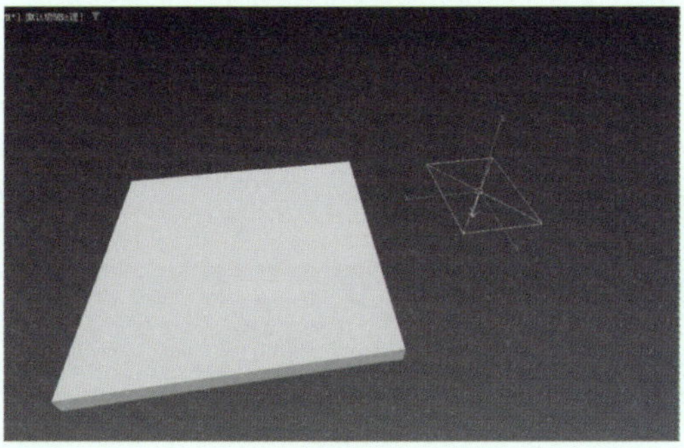

图 7-25

**03** 选择上一步创建的灯光，打开命令面板中的“常规”卷展栏，设置“类型”为“网格”，设置“倍增”为12、“颜色”为（红：255，绿：241，蓝：225），打开“网格灯光”卷展栏，单击“拾取网格”按钮，再单击视图中的灯罩模型，如图7-26所示。

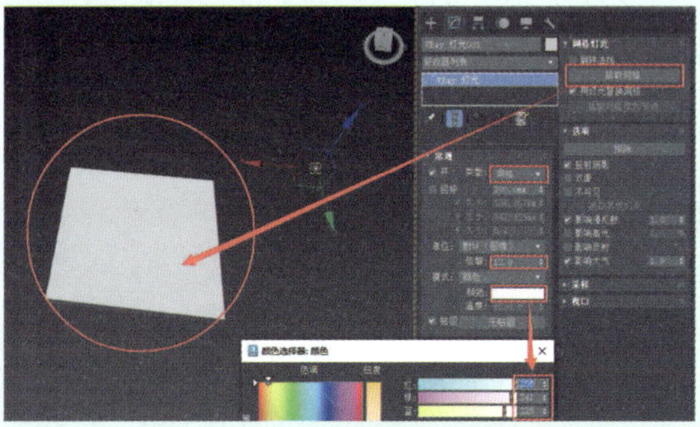

图 7-26

**04** 视图将会自动跳转到孤立显示前的场景，这时可以看到灯光已经附在灯罩模型上了，如图7-27所示。

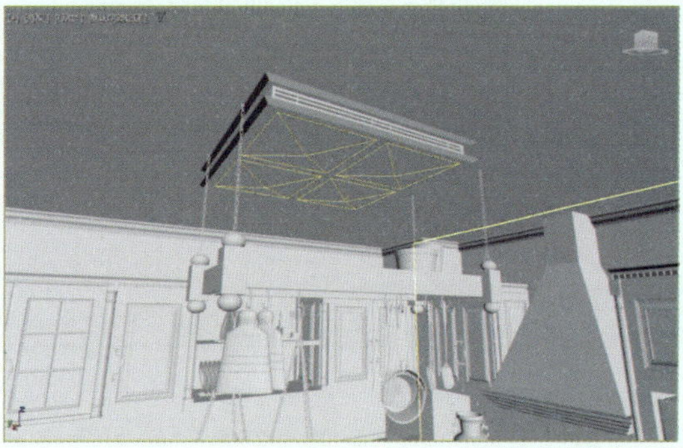

图 7-27

**05** 切换到摄影机视图，按快捷键Shift+Q渲染场景，如图7-28所示。

图 7-28

**至此，厨房的灯光布置就完成了。厨房的功能性是效果图的主要表现方向，所以，不建议在厨房中布置过多的灯光，以免使厨房显得华而不实。**

# 7.4 材质模拟

灯光布置好后，可将灯光隐藏，以防止在材质制作时移动灯光的位置。场景中的材质种类并不多，为了方便学习和识别，图7-29对要制作的主要材质进行了说明。

微课：材质模拟

图 7-29

## 7.4.1 红木材质

**中式风格的主要材料是红木，所以本场景中的主要对象，比如柜子、吊架和装饰结构，都采用了红木材质。红木材质有纹理，表面涂漆，具有反射强度，且满足菲涅尔反射。红木表面涂漆，所以木纹的纹理凹凸感不强。**

**01** 按M键打开“材质编辑器”窗口，选择一个空白材质球，给其指定一个VRayMtl材质，在“漫反射”贴图通道中加载“Chapter 7/材质包/001.jpg”木纹位图，模拟红木的纹理，如图7-30所示。

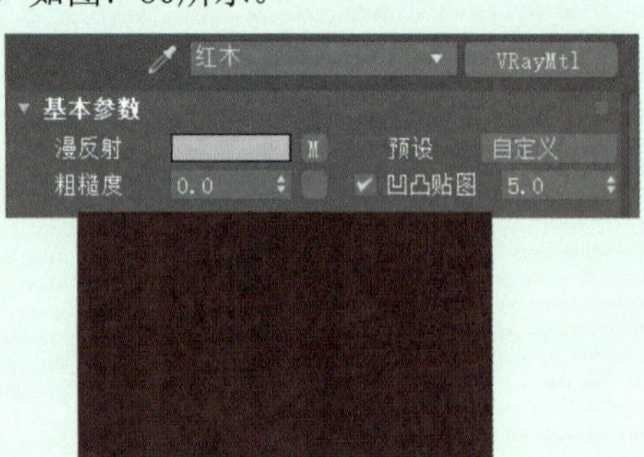


图 7-30

**02** 设置“反射”颜色为（红：193，绿：210，蓝：246），模拟涂漆层的反射强度；设置“反射光泽度”为0.85，模拟木纹的非镜像反射效果，如图7-31所示。

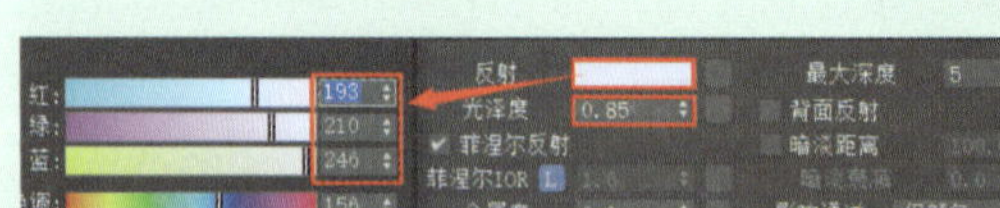


图 7-31

**03** 打开“贴图”卷展栏，将“漫反射”贴图通道中的贴图拖曳复制到“凹凸”通道中，模拟木纹的表面凹凸纹理；设置强度为5，减弱凹凸效果，但仍能看出纹理，如图7-32所示。

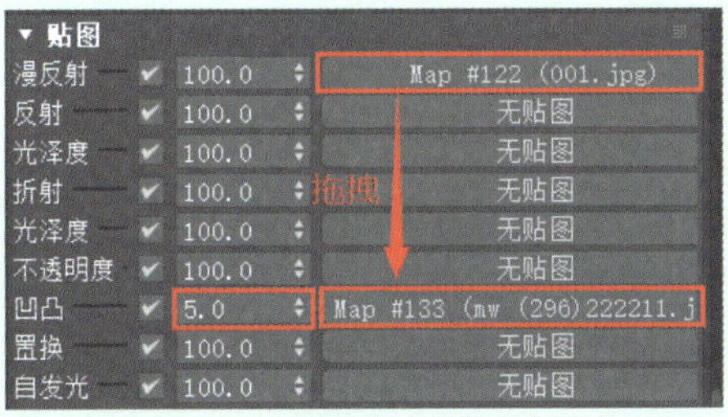


图 7-32

**04** 此时红木材质设置完成，材质球效果如图7-33所示。

图 7-33

## 7.4.2 竹编材质

**竹编是中式风格的重要组成元素，竹编材料与红木类似，都有涂漆。制作原理相同，所以不做解释。**

**01** 按M键打开“材质编辑器”窗口，选择一个空白材质球，为其指定一个VRayMtl材质，在“漫反射”贴图通道中加载“Chapter 7/材质包/002.jpg”木纹位图，模拟竹编的纹理，如图7-34所示。

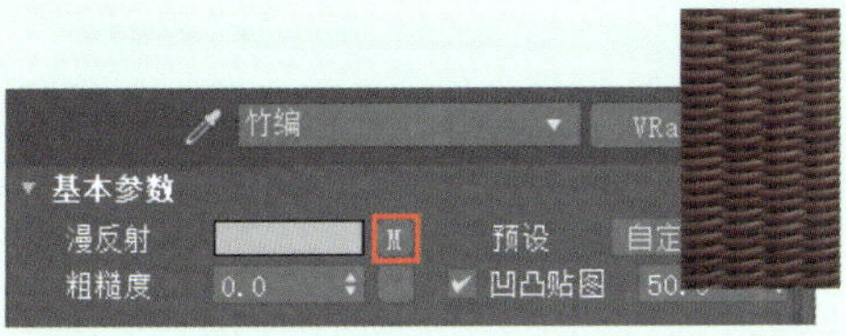


图 7-34

**02** 在“反射”贴图通道中加载一张“衰减”程序图，设置“侧”通道颜色为（红：188，绿：188，蓝：188），设置“衰减类型”为“Fresnel”，模拟涂漆层的反射强度；设置“反射光泽度”为0.8，模拟木纹的非镜像反射效果，如图7-35所示。

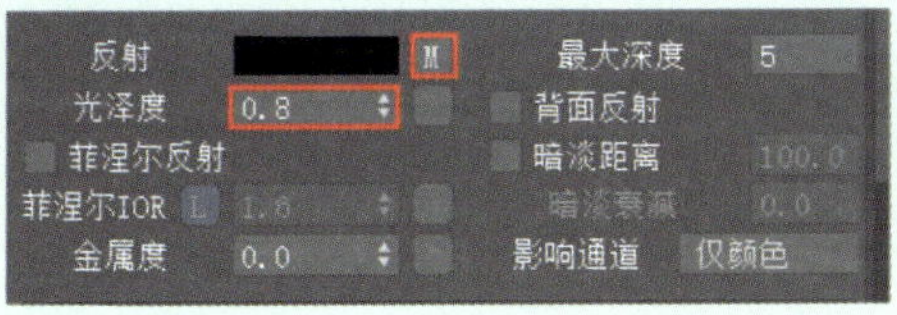


(a)

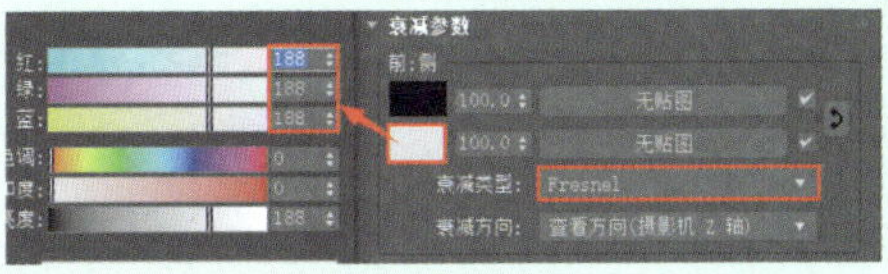


(b)

图 7-35

**03** 打开“贴图”卷展栏，将“漫反射”贴图通道中的贴图拖曳复制到“凹凸”通道中，模拟木纹表面的凹凸纹理；设置强度为50，使凹凸效果不强，但能看出纹理，如图7-36所示。

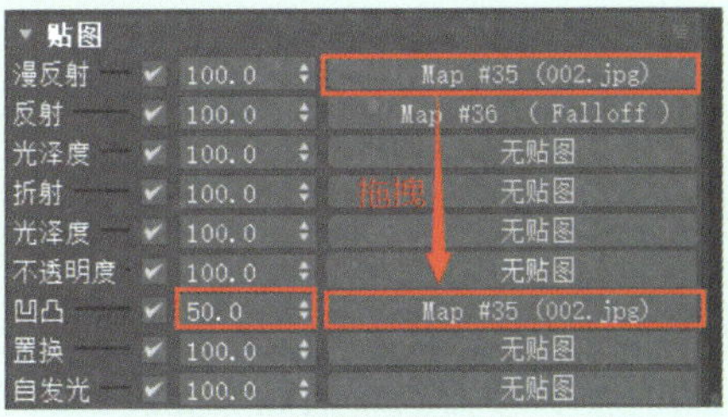


图 7-36

**04** 此时竹编材质设置完成，材质球效果如图7-37所示。

图 7-37

**技巧 提示**

为什么竹编材质要用"衰减"来模拟反射呢？这是由竹编对象本身决定的。因为竹编是竹条编制的，其表面不是一个平面，菲涅尔反射效果更明显，所以直接使用"衰减"来模拟反射。

## 7.4.3 人工石材质

**通常将石材质用于厨房空间的台面，常见的石材质有大理石和花岗岩。考虑价格上的可接受性，可以使用人工石代替大理石，在制作材质时，可以使用大理石的相关属性来模拟人工石。本例使用的是纯色的石材，与大理石类似，有反射能力，且符合菲涅尔反射；有高光性，有反射效果。**

**01** 按M键打开"材质编辑器"窗口，选择一个空白材质球，为其指定一个VRayMtl材质，设置"漫反射"颜色为（红：245，绿：245，蓝：245），模拟石材的白色底色，如图7-38所示。

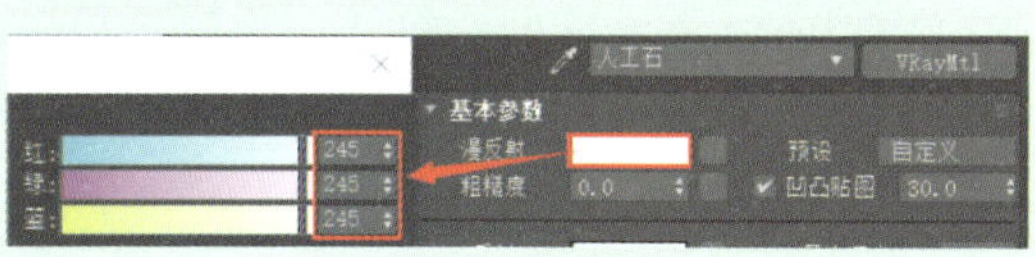


图 7-38

**02** 设置"反射"颜色为（红：210，绿：233，蓝：249），模拟反射强度和反射颜色；勾选"菲涅尔反射"复选框，模拟石材表面的菲涅尔反射效果；设置"反射光泽度"为0.95，模拟石材的高光和反射效果，如图7-39所示。

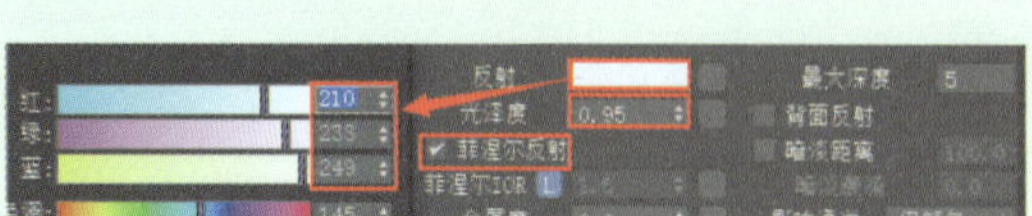


图 7-39

**03** 此时人工石材质设置完成，材质球效果如图7-40所示。

图 7-40

## 7.4.4 棕毛刷材质

**棕毛刷子可以说是中国传统的农家清洁工具。不建议读者使用“VRay毛皮”来处理棕毛材质，可以考虑直接使用贴图来模拟，然后根据棕毛的属性来设置参数。棕毛刷表面不平整，凹凸程度强，所以高光区域比较大；棕毛刷的反射效果非常弱，几乎可以不考虑。**

**01** 按M键打开“材质编辑器”窗口，选择一个空白材质球，为其指定一个VRayMtl材质，在“漫反射”贴图通道中加载“Chapter 7/材质包/003.jpg”棕毛刷位图，并设置“模糊”为0.01，模拟棕毛刷的形态，如图7-41所示。

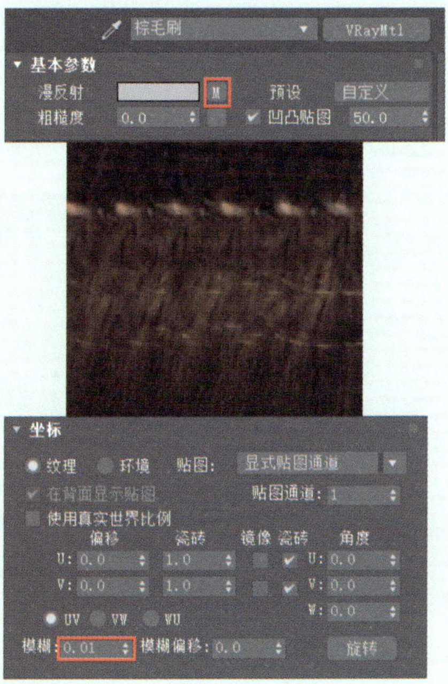


图 7-41

**02** 设置“反射”颜色为（红：12，绿：12，蓝：12），模拟棕毛较弱的反射，如图7-42所示。

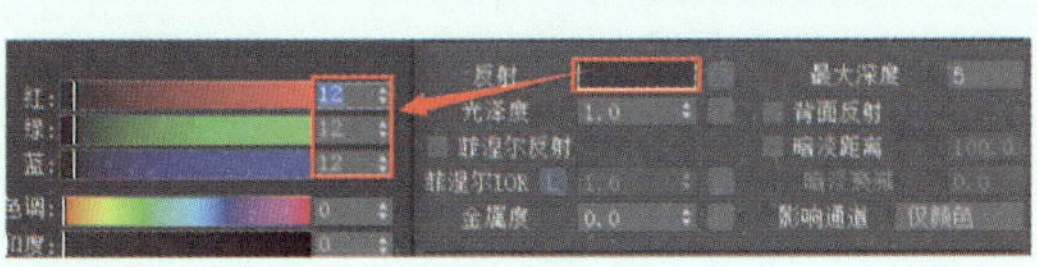


图 7-42

**03** 打开“选项”卷展栏，取消勾选“跟踪反射”复选框，这样VRay在渲染时，就不会计算反射，但会保留高光属性。该操作既保留了材质效果，又提高了渲染速度，如图7-43所示。

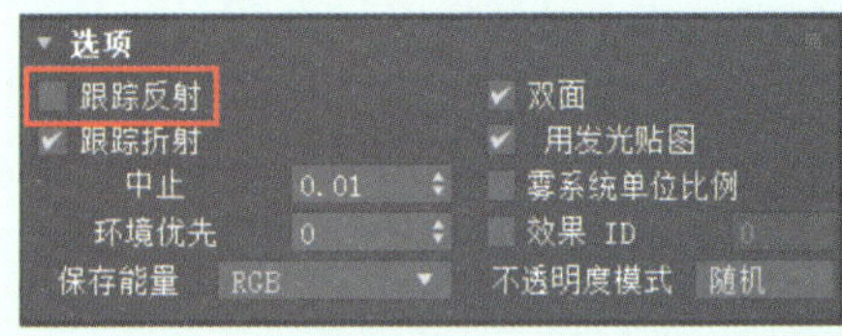


图 7-43

**04** 打开“贴图”卷展栏，将“漫反射”贴图通道中的位图拖曳复制到“凹凸”通道中，并设置强度为50，模拟刷子因编织产生的凹凸感，如图7-44所示。

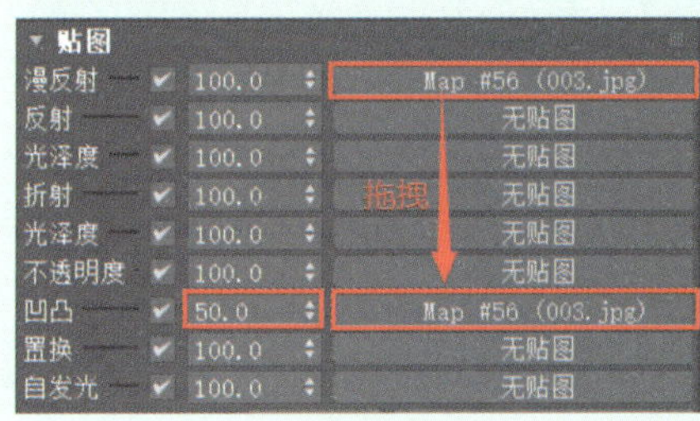


图 7-44

**05** 此时棕毛刷材质设置完成，材质球效果如图7-45所示。

图 7-45

## 7.4.5 墙砖材质

**厨房的墙面材料与室内其他空间的是有区别的，厨房的墙面不使用墙纸，而是使用瓷砖铺贴，目的是防水和防污，这一点与卫浴间类似。**

**01** 按M键打开“材质编辑器”窗口，选择一个空白材质球，为其指定一个VRayMtl材质，在“漫反射”贴图通道中加载一张“平铺”程序贴图，用于模拟瓷砖的花纹和平铺效果，如图7-46所示。

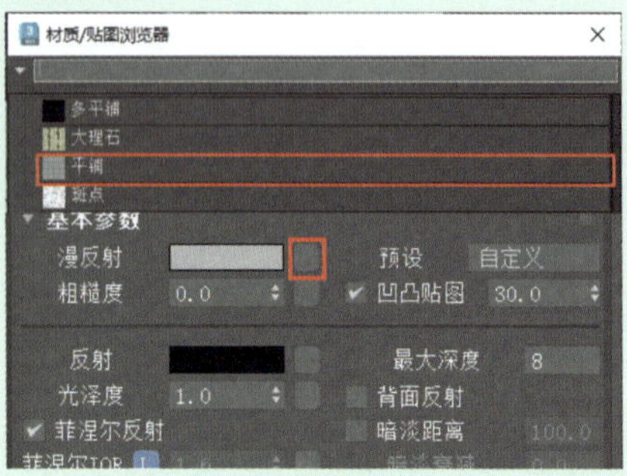


图 7-46

**02** 打开“坐标”卷展栏，勾选“瓷砖”选项，设置“瓷砖”的“U”和“V”为2，设置“角度”的“W”为45，模拟瓷砖图案的方向和大小，如图7-47所示。

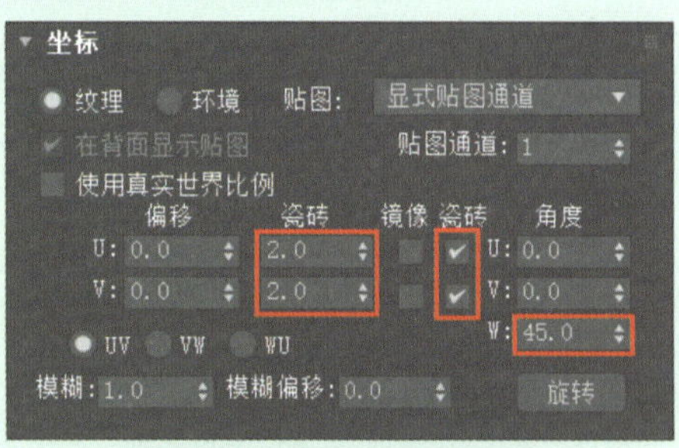


图 7-47

**03** 打开“标准控制”卷展栏，设置“预设类型”为“堆栈砌合”，如图7-48所示。

图 7-48

**04** 打开“高级控制”卷展栏，在“平铺设置”选项组中，为“纹理”通道加载“Chapter 7/材质包/004.jpg”瓷砖位图，作为瓷砖的花纹，设置“水平数”和“垂直数”为2，设置“淡出变化”为0.05，模拟平铺效果；在“砖缝设置”选项组中，用同样的方法，为“纹理”通道加载“Chapter 7/材质包/005.jpg”瓷砖位图，作为砖缝的花纹，设置“水平间距”和“垂直间距”为0.1，模拟平铺砖缝效果，如图7-49所示。

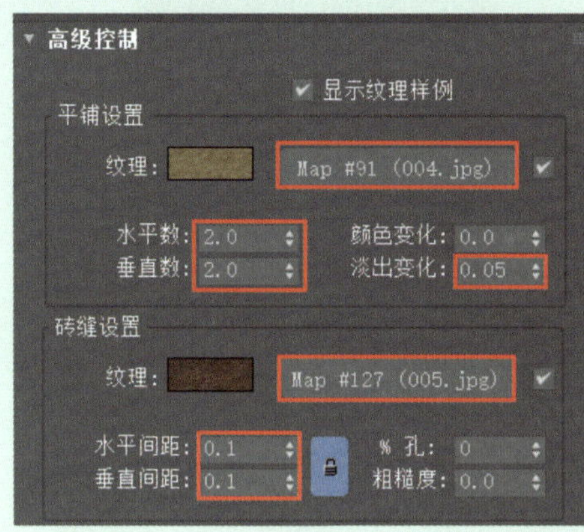


图 7-49

**05** 设置“反射”颜色为（红：200，绿：200，蓝：200），设置“反射光泽度”为0.85，勾选“菲涅耳反射”复选框，模拟瓷砖的反射效果，如图7-50所示。

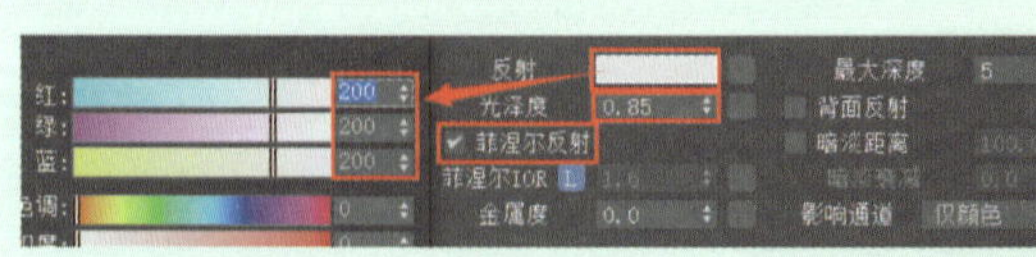


图 7-50

**06** 打开“贴图”卷展栏，将“漫反射”贴图通道中的位图拖曳复制到“凹凸”通道中，并设置强度为300，模拟墙面上瓷砖之间产生的缝隙，如图7-51所示。

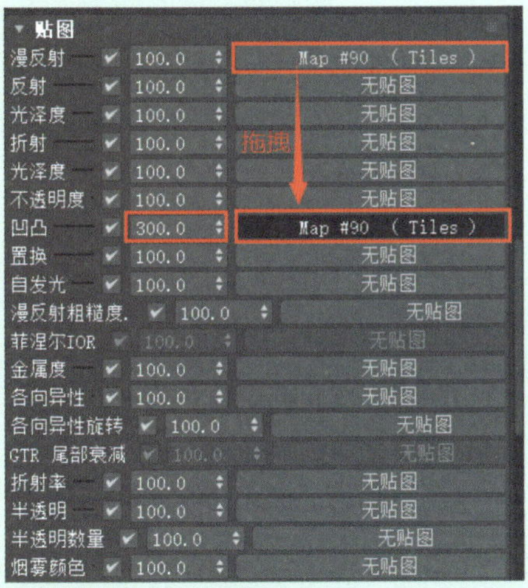

图 7-51

**07** 此时墙砖材质设置完成，材质球效果如图7-52所示。

图 7-52

**本例的墙面还有一条不同的瓷砖带，俗称“腰线”。腰线材料和瓷砖类似，只是花纹和反光不同。下面介绍腰线的材质如何设置。**

**01** 按M键打开“材质编辑器”窗口，选择一个空白材质球，为其指定一个VRayMtl材质，在“漫反射”贴图通道中加载“Chapter 7/材质包/006.jpg”花纹位图，模拟腰线的纹理，如图7-53所示。

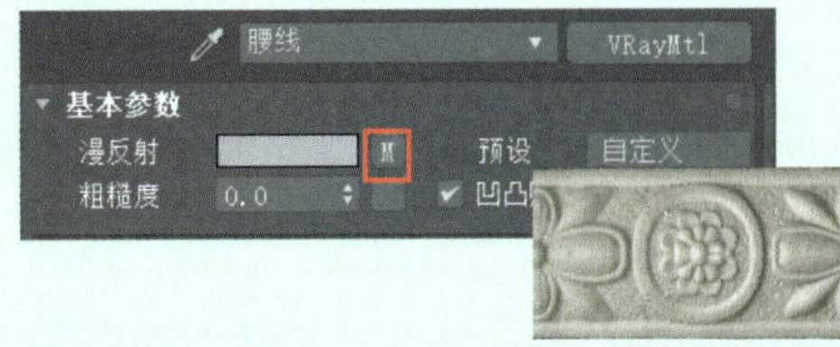

图 7-53

**02** 打开“位图参数”卷展栏，在“剪裁/放置”选项组中分别设置“U”“V”“W”和“H”为0.4、0.398、0.6、0.602，如图7-54所示。

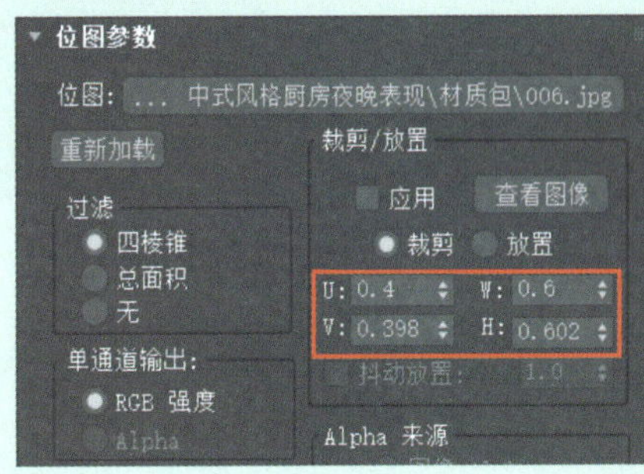

图 7-54

**03** 打开“贴图”卷展栏，将“漫反射”贴图通道中的位图拖曳复制到“凹凸”通道中，并设置强度为200，如图7-55所示。

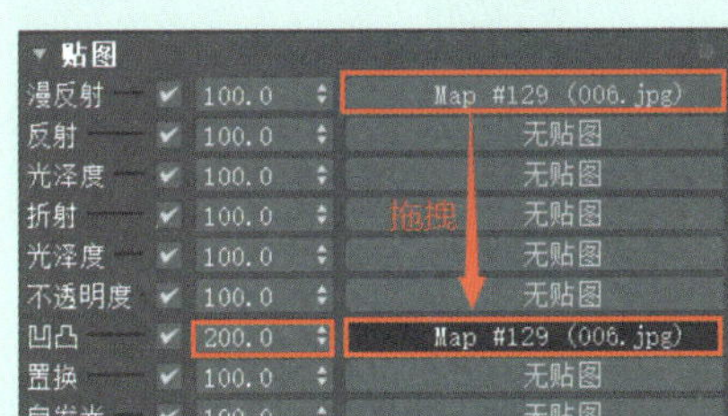

图 7-55

**04** 此时腰线材质设置完成，材质球效果如图7-56所示。

图 7-56

## 7.4.6 陶罐材质

**陶器通常被用于制作罐子，陶器材质有磨砂感或者花纹。下面介绍陶罐材质的设置方法。**

**01** 按M键打开“材质编辑器”窗口，选择一个空白材质球，为其指定一个VRayMtl材质，在“漫反射”贴图通道中加载“Chapter 7/材质包/007.jpg”花纹位图，模拟陶罐表面的纹理，如图7-57所示。

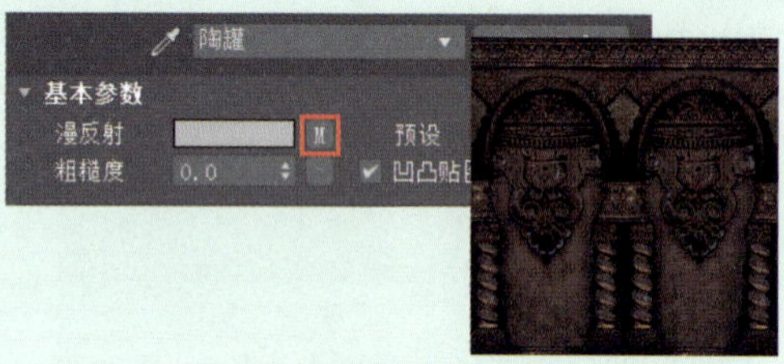


图 7-57

**02** 在“反射”贴图通道中加载一张“衰减”程序贴图，设置“侧”通道颜色为（红：87，绿：87，蓝：87），设置“衰减类型”为“垂直/平行”，模拟陶罐表面釉的反射强度；设置“反射光泽度”为0.54，模拟陶罐表面纹理的反射效果，如图7-58所示。

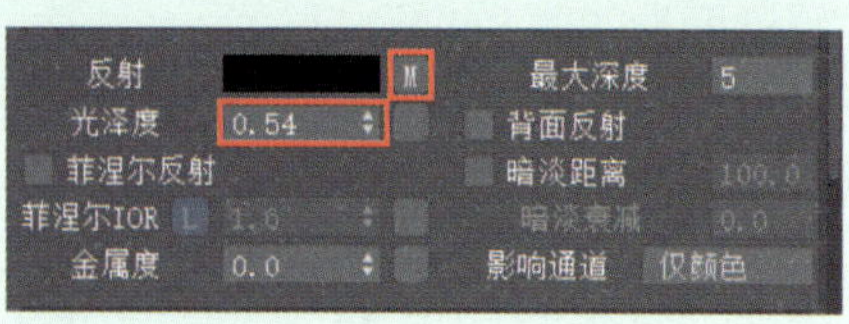


(a)

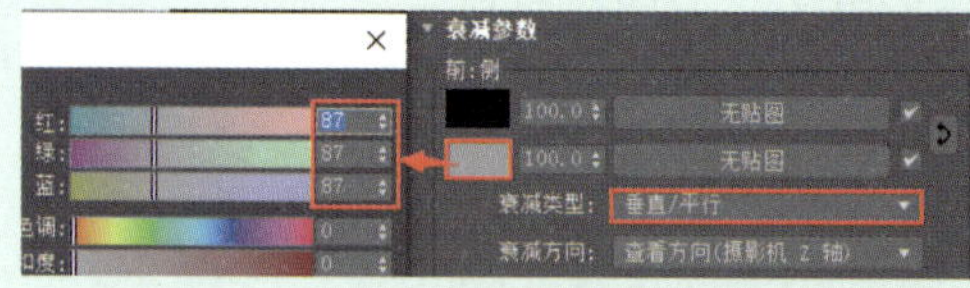


(b)

图 7-58

**03** 打开“贴图”卷展栏，将“漫反射”贴图通道中的位图拖曳复制到“凹凸”通道中，并设置强度为300，如图7-59所示。

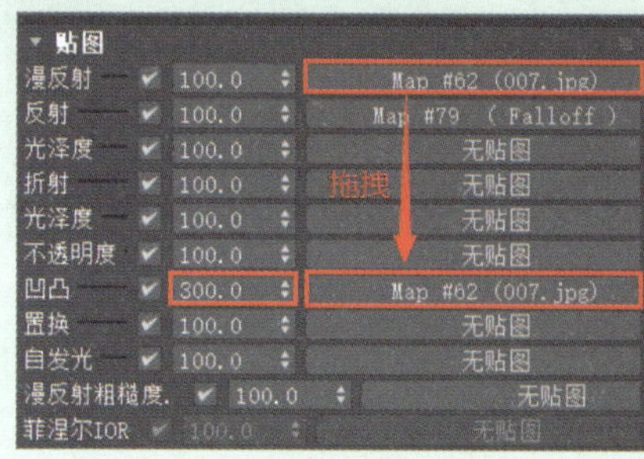


图 7-59

**04** 此时陶罐材质设置完成，材质球效果如图7-60所示。

图 7-60

# 7.5 最终渲染

当材质和灯光都处理好后，下面进入3ds Max制作效果图的最后一步——渲染最终效果图。在进行最终渲染参数设置之前，一定要记得取消勾选“覆盖材质”复选框。

微课：最终渲染

## 7.5.1 曝光处理

在布置灯光的时候，考虑材质的反射和折射会对曝光有影响，所以未进行曝光处理，现在，材质已经指定好了，下面可以进行曝光处理了。

**01** 按F10键打开“渲染设置”窗口，切换到“V-Ray”选项卡，打开“颜色映射”卷展栏，设置“类型”为“莱因哈德”，设置“倍增”为1.5、“混合值”为1.1，如图7-61所示。

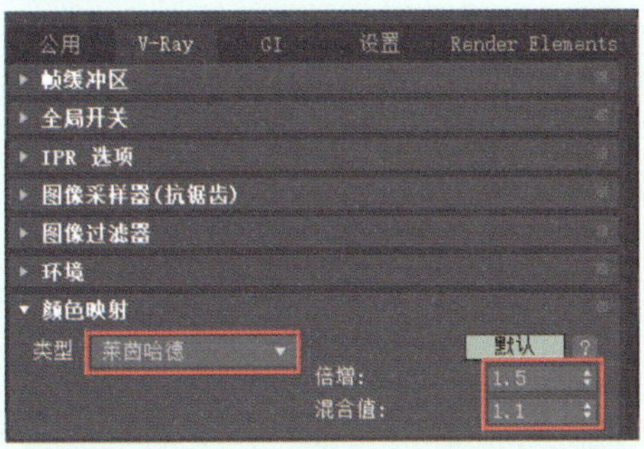

图 7-61

**02** 切换到摄影机视图，按快捷键Shift+Q渲染场景，效果如图7-62所示。

图 7-62

从图片的亮度来看，此时夜景效果较为完美，至于图片的噪点太多，是由渲染质量低造成的。关于灯光细分的设置方法在前面已经介绍过多次，这里不再赘述，本例场景内灯光较少，建议将细分设置得高一点，如设置为24。

## 7.5.2 设置渲染参数

**01** 按F10键打开“渲染设置”窗口，设置“宽度”为4000，“高度”会自动更新为2500，如图7-63所示。

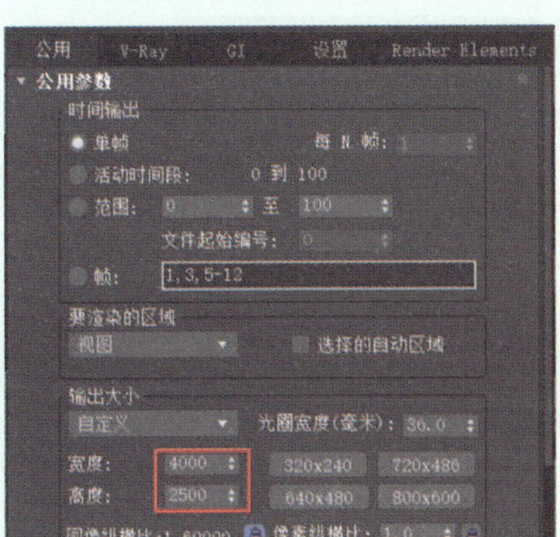

图 7-63

**02** 切换到“V-Ray”选项卡，打开“全局开关”卷展栏，设置“二次光线偏移”为0.001，防止重面，如图7-64所示。

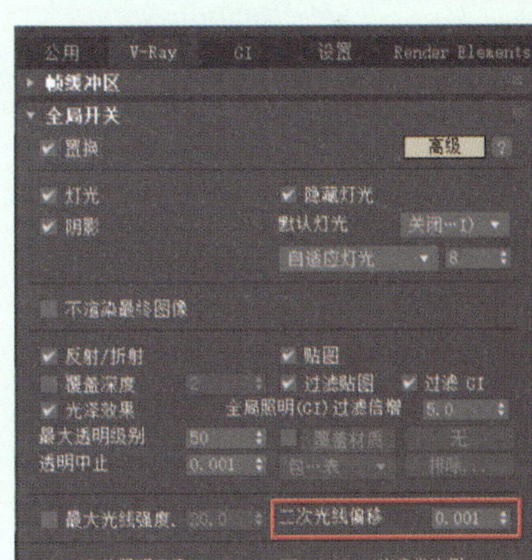

图 7-64

03 打开“图像采样器（抗锯齿）”卷展栏，设置“类型”为“渲染块”；打开“图像过滤器”卷展栏，选择“过滤器”为“Catmull-Rom”；打开“渲染块图像采集器”卷展栏，设置“噪波阈值”为0.006，如图7-65所示。

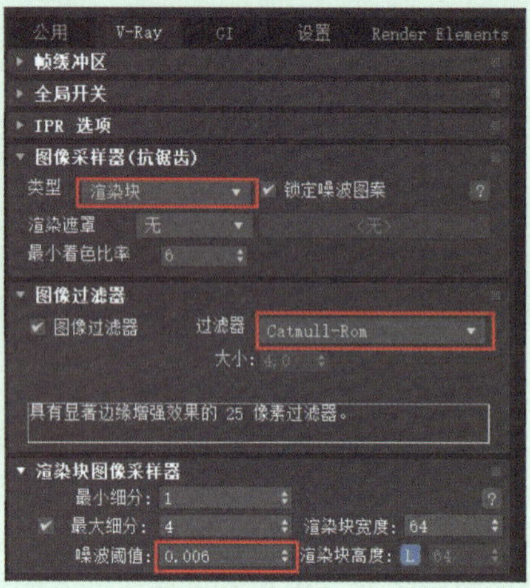

图 7-65

04 切换到“GI”选项卡，打开“发光贴图”卷展栏，设置“当前预设”为“中”、“细分”为60，如图7-66所示。

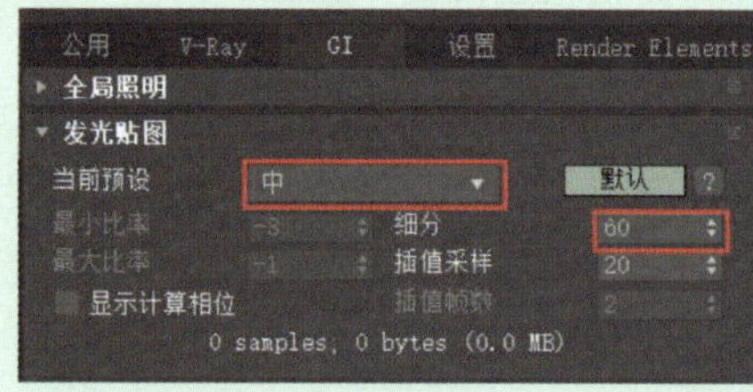

图 7-66

05 打开“灯光缓存”卷展栏，设置“细分”为1500，勾选“显示计算相位”复选框，如图7-67所示。

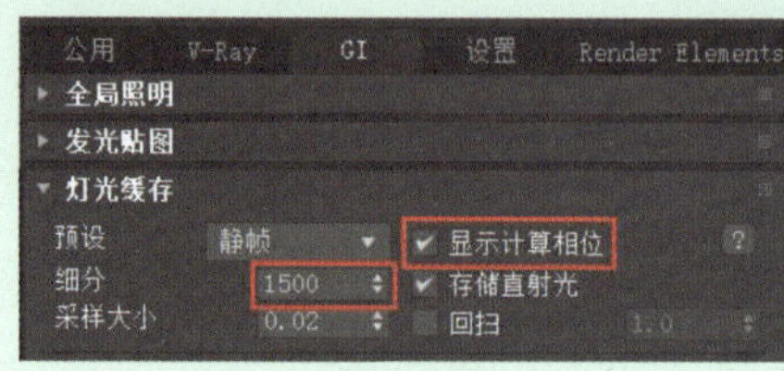

图 7-67

## 7.5.3 保存渲染图像

01 渲染参数设置好后，下面开始渲染最终图像，渲染效果如图7-68所示。

图 7-68

02 单击“渲染帧窗口”上的“保存图像”按钮，会弹出“保持图像”对话框，将“保存类型”设置为“OpenEXR图像文件”，系统会弹出“OpenEXR配置”对话框，设置“格式”为“全浮点数（32位/每通道）”、“类型”为“RGBA”、“压缩”为“无压缩”，如图7-69所示。

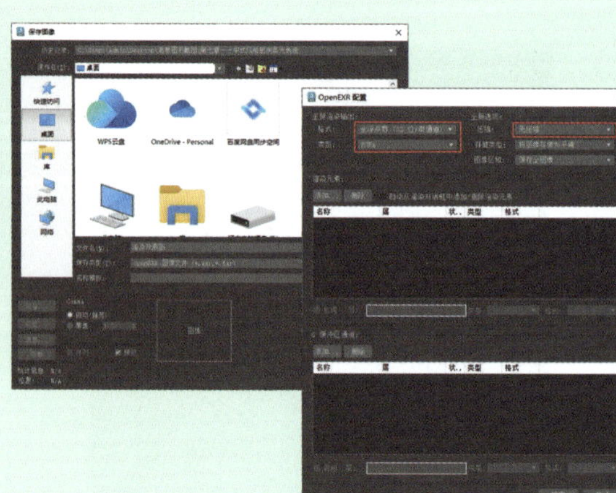
图 7-69

**03** 下面需要渲染一张AO图用于后期处理，AO图可以解决模型与模型的交界处发虚和明暗不足的问题。打开“渲染设置”窗口，选择“V-Ray”选项卡，打开“全局开关”卷展栏，勾选“覆盖材质”复选框，如图7-70所示。

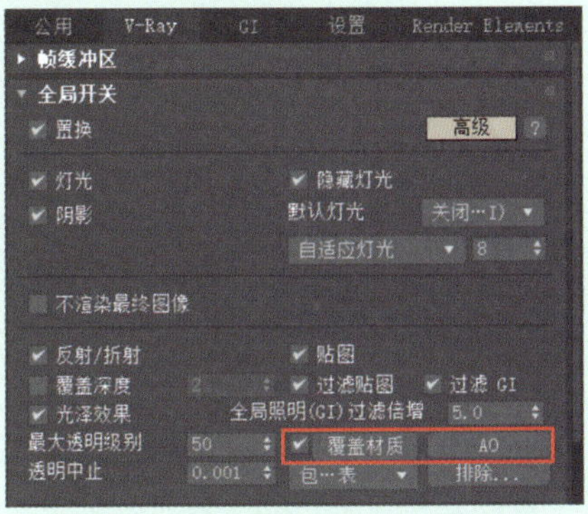

图 7-70

**04** 将一个空白材质球拖曳到“覆盖材质”上，设置材质球为“VRay灯光材质”，接着为材质加载一张“VRay污垢”贴图，并设置强度为2，如图7-71所示，最后打开“VRay污垢参数”卷展栏，设置“半径”为200.0mm，“细分”为50，如图7-72所示。

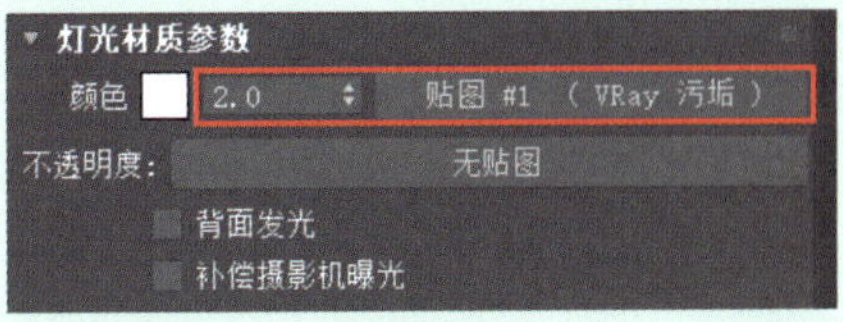

图 7-71

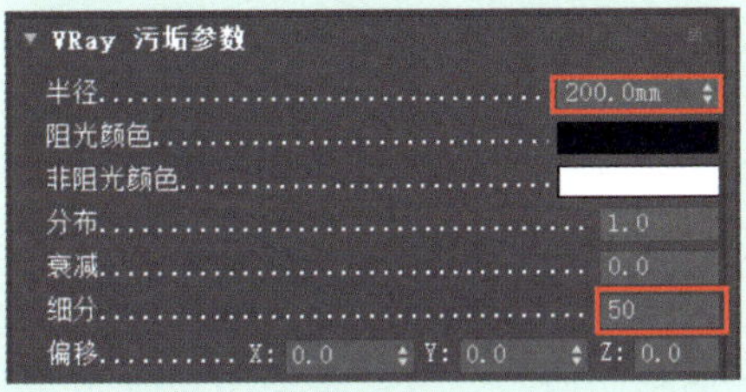

图 7-72

**05** 保持渲染参数不变，渲染摄影机视图，效果如图7-73所示。这就是AO图，模型与模型之间的交界位置会以黑色表现出来。

图 7-73

## 7.6 后期处理

**在商业效果图的制作流程中，后期处理的工作内容并不多，主要解决渲染图颜色不足的问题。当然，如果是制作高质量的表现图，在后期处理阶段，还是需要调整很多细节的。**

**01** 打开Photoshop，然后打开渲染效果图和AO图，如图7-74所示。

图 7-74

**02** 单击AO图前面的“眼睛”图标，隐藏该图层，然后选择“背景”图层，按快捷键Ctrl+J复制一个图层，并双击复制出来的图层的名字，将其命名为“大图”，如图7-75所示。

微课：后期处理

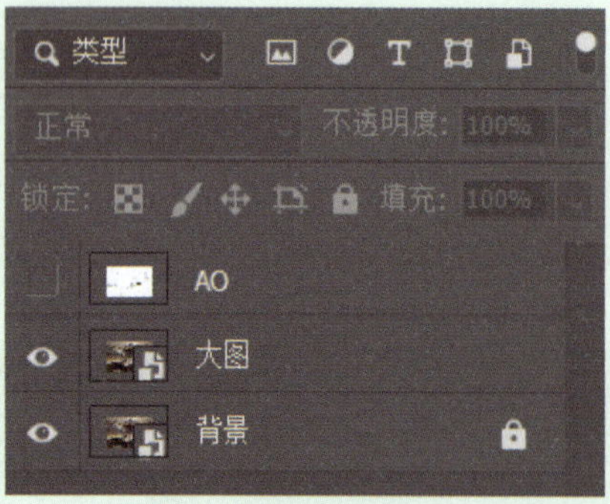


图 7-75

**03** 选中“大图”图层，执行“图像”菜单→“调整”命令，下拉菜单中包括很多调整选项，如图7-76所示。

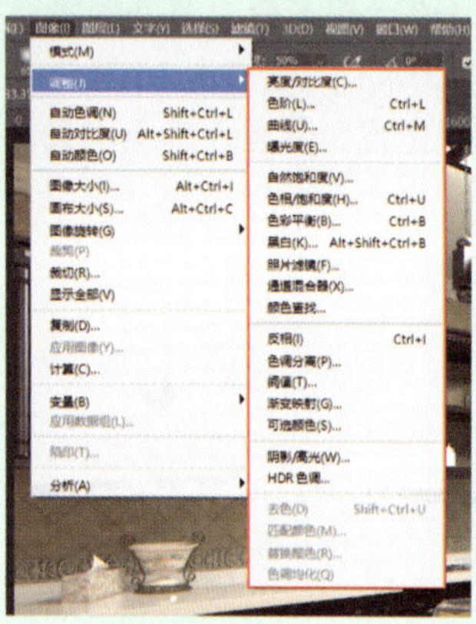

图 7-76

**04** 下面要处理图像的层次感、对比度、色彩的饱和度以及整体亮度。在“色阶”“亮度/对比度”“自然饱和度”和“曲线”对话框中进行调整，可以参考如图7-77所示的参数。

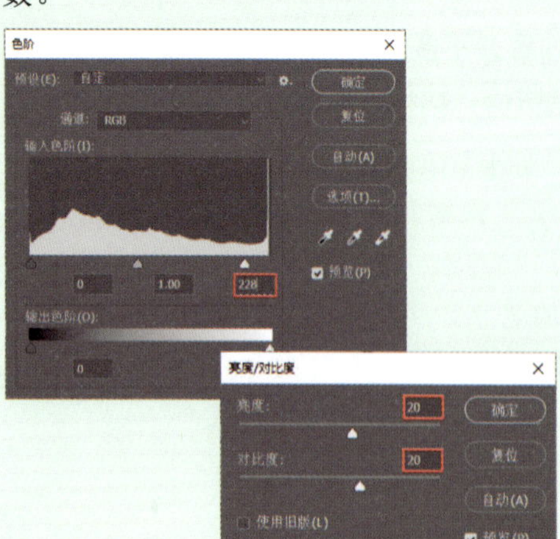


(a)

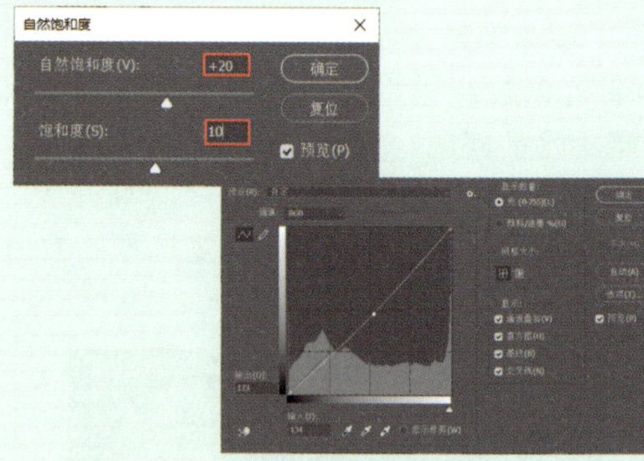


(b)

图 7-77

**05** 激活AO图层，然后设置图层模式为“正片叠底”，“不透明度”为50%，如图7-78所示。最终效果如图7-79所示。

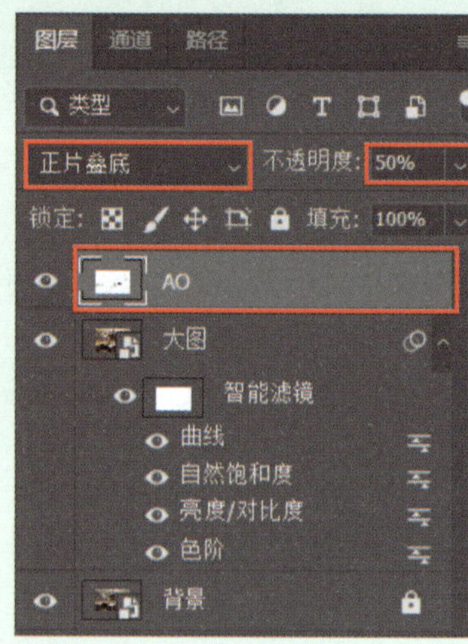


图 7-78

图 7-79

## 7.7 知识与技能梳理

本章主要学习了封闭室内场景效果图的制作，灯光主要为人照光源，所以在表现的时候，选择了吸顶灯来作为主要照明。通过材质的制作，读者可以感受到质感与光影对于场景中结构的表现是至关重要的。

## 7.8 课后练习

在完成上述中式厨房表现的案例示范后，请读者试着进行下面的扩展训练，制作另一个新中式厨房，效果如图7–80所示。

图 7–80

Chapter **8**

# 综合办公室空间表现

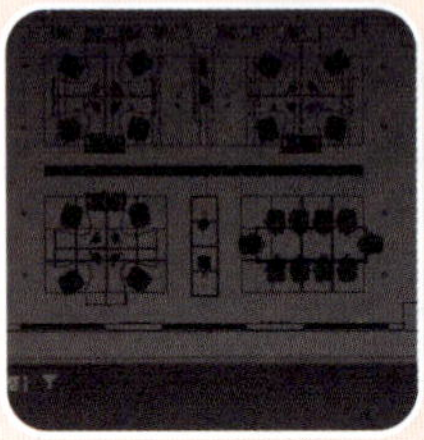

本案例为现代风格的办公室，房间宽敞通透、采光良好，场景的外体框架、屋顶和地面按照房间原有的结构进行划分，模型素材的选择与摆放遵循房间原有布置。办公环境的设计在工业装饰中占据很重要的位置，本章将通过构图、灯光布置、材质模拟以及渲染设置的流程讲述如何在强光下的办公空间中搭配办公用具和整体颜色。

| | 知识点 | 学习目标 | | | |
|---|---|---|---|---|---|
| | | 了解 | 应用 | 创新 | 重点知识 |
| 学习要求 | 办公空间的分析 | 🚩 | | | |
| | 办公室场景构图 | | | 🚩 | |
| | 办公室灯光布置 | | | | 🚩 |
| | 材质模拟 | 🚩 | | | |
| | 最终渲染 | | | | 🚩 |
| | 后期处理 | | 🚩 | | |

能力与素养目标

## 8.1 项目介绍

本场景是一个综合办公室，属于工装环境。与家装环境相比，工装环境的实用性更强，效果图的侧重点是表现场景的刚性需求，即最大限度地满足办公需要。综合办公室的室内对象以椅子、办公桌、计算机、抽屉柜子等为主；灯光色调通常选用纯白色高强度的灯光，这样的灯光不仅能使办公室明亮，还能显得场景清净干练，更加适合员工办公。图8-1所示是本场景的设计效果，办公桌陈设在同一侧，与会议桌以过道隔开，区域的划分非常清晰。

图 8-1

## 8.2 场景构图

### 8.2.1 设置画面比例

**01** 启动3ds Max 2024，打开本书配套资源中的“Chapter 8/综合办公室（场景文件）.max”文件，如图8-2所示，这是一个封闭的工装办公室环境。

微课：场景构图

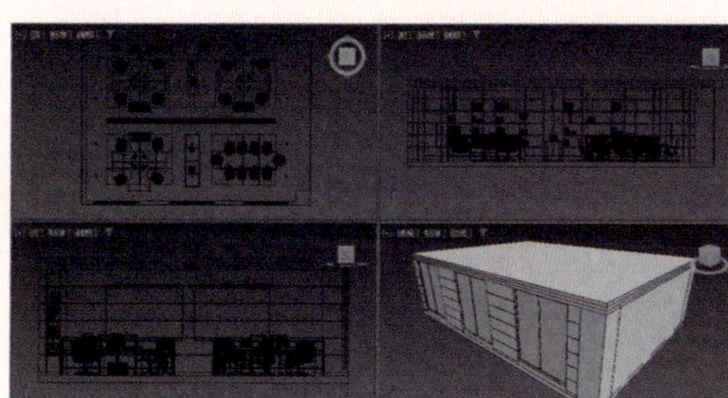

图 8-2

02 执行“自定义”菜单→“首选项设置”命令，打开“首选项设置”对话框，切换到“Gamma和LUT”选项卡，勾选“启用Gamma/LUT校正”复选框，设置“Gamma”为2.2，勾选“影响颜色选择器”和“影响材质选择器”复选框，单击“确定”按钮，如图8-3所示。

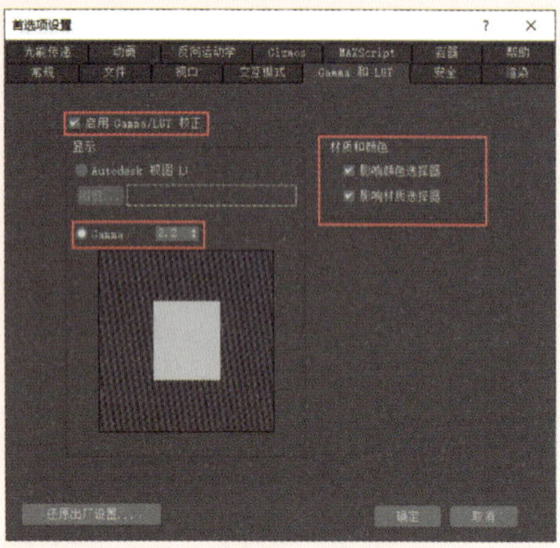


图 8-3

03 按F10键打开“渲染设置”窗口，选择“公用”选项卡，设置“宽度”为500、“高度”为330，锁定“图像纵横比”为1.51515，如图8-4所示。

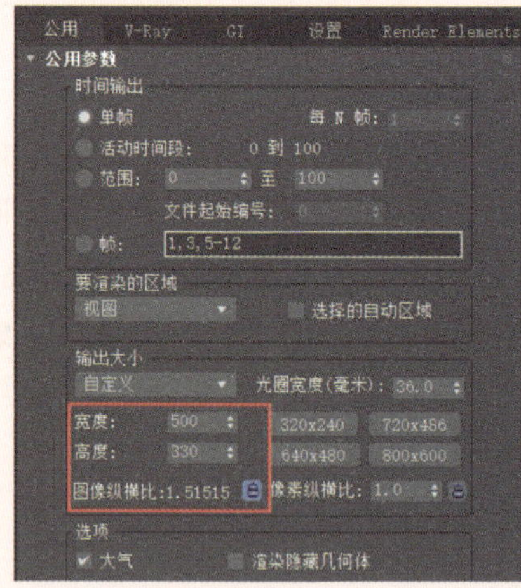


图 8-4

04 选择透视图，按快捷键Shift+F激活安全框，如图8-5所示。

图 8-5

## 8.2.2 创建目标摄影机

**为了最大化地拍摄办公室的室内对象，在此选择对角拍摄的方式，目标区域选择公示板的区域，因为这是办公环境的标志。**

01 切换到顶视图，在视图中拖曳光标创建一台目标摄影机，如图8-6所示，切换到“修改”面板，通过调整“视野”和“镜头”的大小来控制摄影机的拍摄角度，建议设置视野为70～75度；勾选“手动剪切”复选框，根据顶视图中红线显示的范围来调整摄影机的拍摄范围，如图8-7所示。

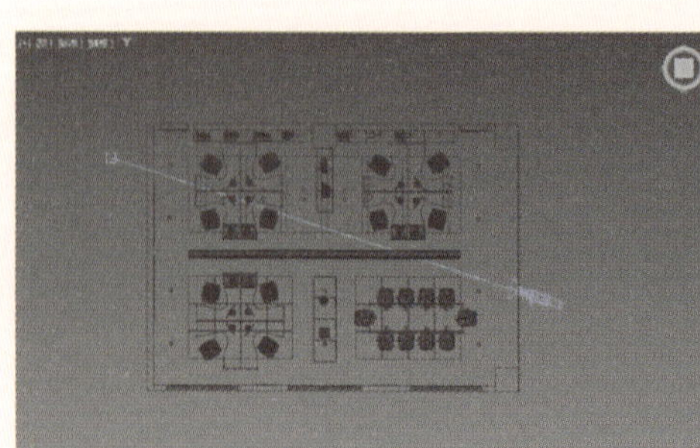

图 8-6

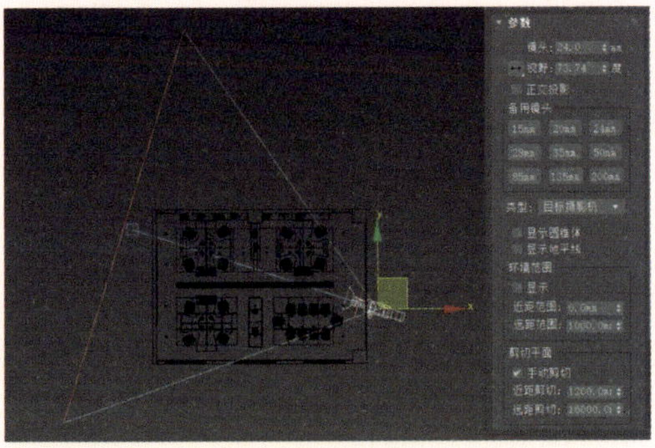

图 8-7

图 8-8

图 8-9

**02** 切换到左视图，调整摄影机和目标点的高度，如图8-8所示。按C键切换到摄影机视图，此时的构图效果如图8-9所示，此时的拍摄角度最大化拍摄视野，可以拍摄办公室的大部分对象。

**03** 摄影机的坐标如图8-10所示，目标点的坐标如图8-11所示。

图 8-10

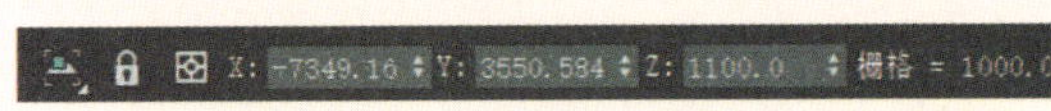


图 8-11

## 8.2.3 模型检查

**与家装效果图相同，当确认了摄影机的拍摄角度后，需要对场景模型进行检测。为了简化操作，已经为场景中的所有对象指定了一个VRayMtl的test材质。所以，此处不再需要通过“全局开关”卷展栏来覆盖材质了。**

**01** 因为场景中有窗户，而指定的材质不具备透光和透视效果，所以检查模型之前，需要模拟半封闭空间，将窗玻璃隐藏。在透视图中选择3个窗玻璃模型，然后右击，选择“隐藏选定对象”命令，如图8-12所示，隐藏后的效果如图8-13所示。

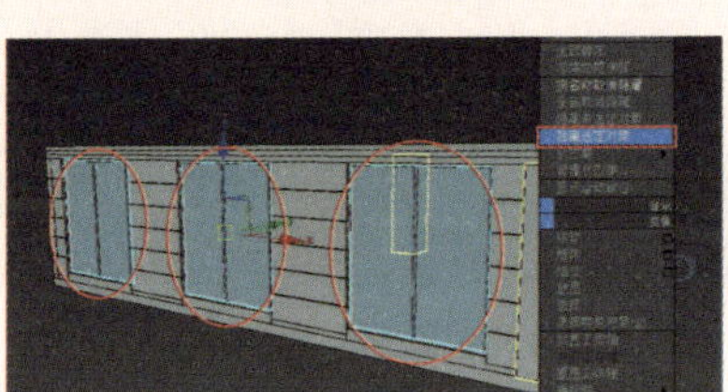

图 8-12

图 8-13

**02** 因为是半封闭空间，即便不考虑太阳光，也应该考虑环境天光，所以这里来创建环境光。按8键打开“环境和效果”对话框，进入“环境”选项卡，在“公用参数”卷展栏下，设置“背景颜色”为（红：185，绿：207，蓝：253），如图8-14所示。

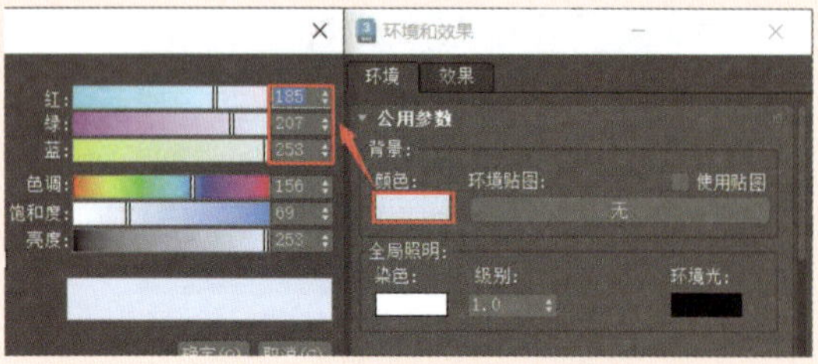

图 8-14

**03** 灯光布置好后，下面设置测试参数。按F10键打开“渲染设置”窗口，修改“宽度”为800、“高度”为528，如图8-15所示。

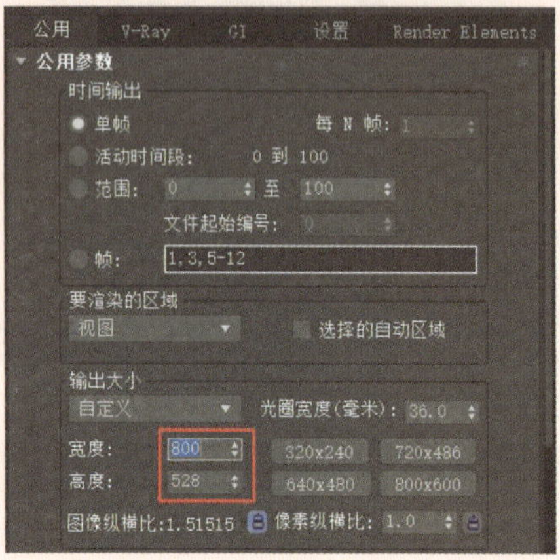

图 8-15

**04** 切换到“V-Ray”选项卡，打开“图像采样器（抗锯齿）”卷展栏，设置“类型”为“渲染块”；打开“图像过滤器”卷展栏，选择“过滤器”为“区域”，如图8-16所示。

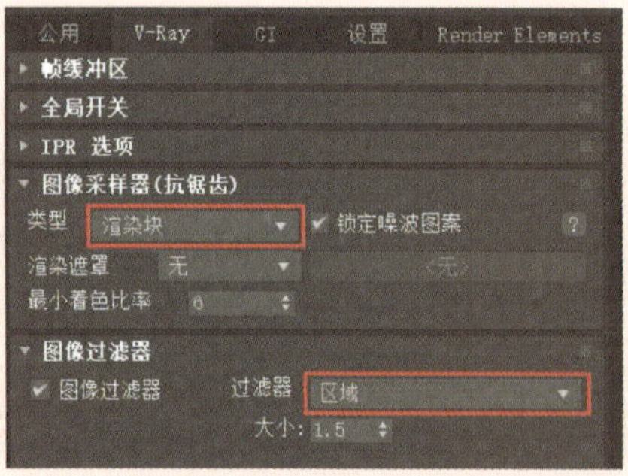

图 8-16

**05** 切换到“GI”选项卡，打开“全局照明”卷展栏，分别设置“首次引擎”和“二次引擎”为“发光贴图”和“灯光缓存”，如图8-17所示。

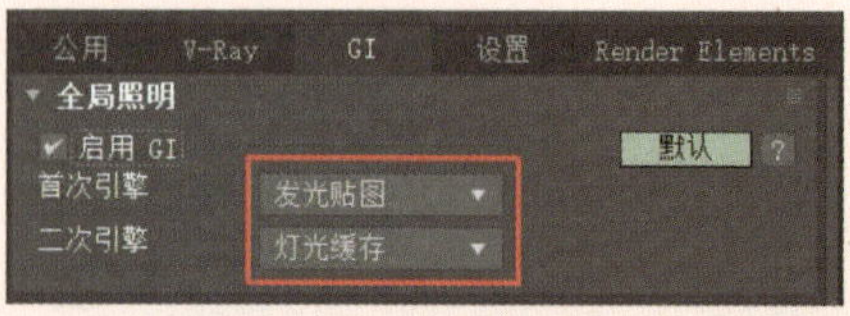

图 8-17

**06** 打开“发光贴图”卷展栏，设置“当前预设”为“非常低”、“细分”为20，如图8-18所示。

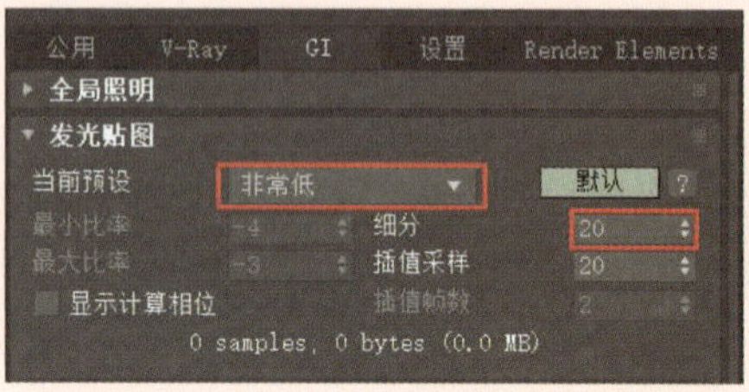

图 8-18

**07** 打开“灯光缓存”卷展栏，设置“细分”为200，勾选“显示计算相位”复选框，如图8-19所示。

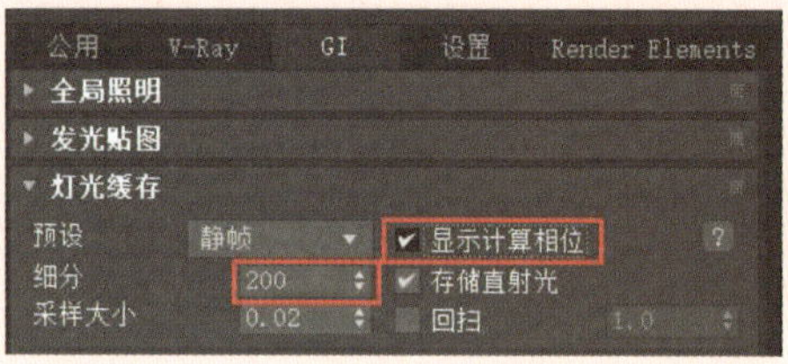

图 8-19

**08** 切换到摄影机视图，按快捷键Shift+Q渲染场景，效果如图8-20所示。此时，场景被照亮，且模型没有任何问题。

图 8-20

# 8.3 灯光布置

在3ds Max中制作办公空间效果图时，灯光布置要符合实际，不能过于夸张或过暗，要考虑自然光和室内光源的结合。灯光冷暖色的过渡要自然，不能太过生硬，要考虑整体的空间氛围。

微课：灯光布置

## 8.3.1 划分天花灯光板

**在检查模型的时候已经创建好了环境光，并且参数设置也测试正常，所以，在灯光设置中可以直接考虑布置办公室内的灯光。**

**01** 按M键打开“材质编辑器”窗口，新建一个“VRay灯光材质”，设置“颜色”为纯白色，设置强度为1，如图8-21所示。

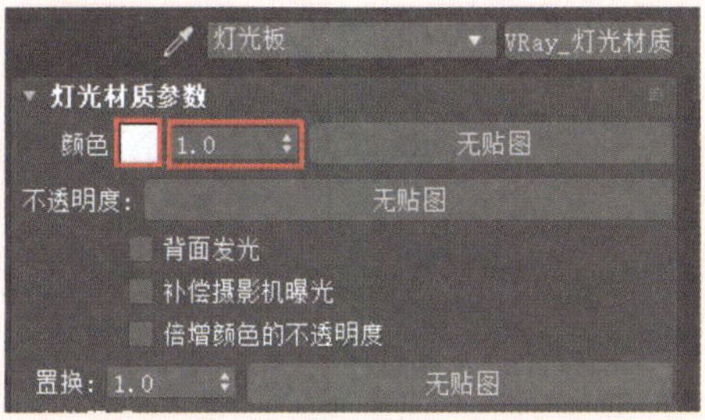


图 8-21

**02** 在场景中选择灯光板模型，如图8-22所示。

图 8-22

**03** 选择好灯光板对象后，在“材质编辑器”中选择前面制作的灯光板材质，单击“将材质指定给选定对象”按钮，将材质指定给灯光板对象，摄影机视图如图8-23所示。

图 8-23

**04** 使用“VRay灯光材质”制作灯光板材质并指定给灯光板模型的目的是模拟光源发光的效果，所以筒灯的灯筒处也可以这样处理，如图8-24所示。

图 8-24

**05** 使用“VRay灯光材质”制作的灯光会起照明作用，此处先测试一下。按快捷键Shift+Q渲染摄影机视图，效果如图8-25所示。

图 8-25

这样，就将办公室的灯光区域划分出来了，接下来要做的就是根据这些灯光分布来模拟相应的灯光，完成办公室的布光。

另外，在测试的时候，渲染效果图中会出现很多噪点，这是由渲染参数和灯光的“细分”值造成的，并非模型问题，如果想得到较好的测试效果，可以适当增加灯光的“细分”值。

## 8.3.2 创建天花片光

从场景中灯光的分布来看，天花片光可以分为左侧和右侧两个部分。既然是片光，使用“VRay灯光”工具的“平面”光来模拟即可。

**01** 使用“VRay灯光”工具在左侧的灯光片下创建一盏“平面”光，然后以“实例”的形式复制一盏到另外一处，灯光的具体位置如图8-26所示。

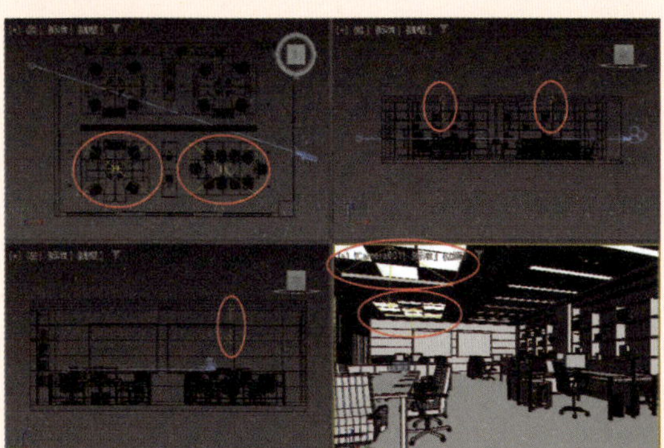

图 8-26

**02** 选择上一步创建的灯光，确认灯光的“类型”为“平面”，设置“倍增”为3、“颜色”为（红：171，绿：205，蓝：255），勾选“不可见”复选框，取消勾选“影响反射”复选框，如图8-27所示。

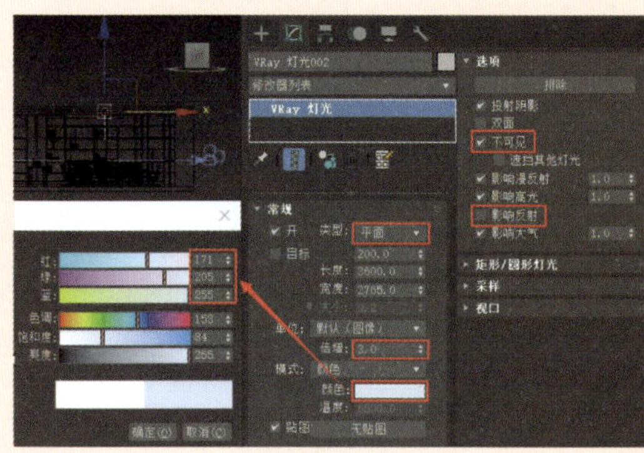

图 8-27

**03** 切换到摄影机视图，按快捷键Shift+Q渲染场景，渲染效果如图8-28所示。此时，办公室左侧被照亮。这里将灯光颜色设置为了偏蓝的颜色，目的是增加冷色调，烘托出办公室空间严谨的工作氛围。

图 8-28

**04** 下面布置右侧的灯光。使用“VRay灯光”工具在右侧灯光片下面创建一盏“平面”光，然后以“实例”的形式复制6盏到其他灯光片下，灯光的具体位置如8-29所示。

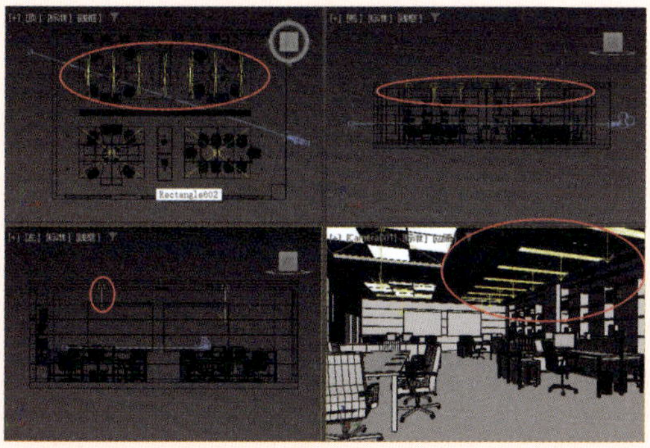

图 8-29

**05** 选择上一步创建的灯光，确认灯光的“类型”为“平面”，设置“倍增”为5、“颜色”为（红：171，绿：205，蓝：255），勾选“不可见”选项，取消勾选“影响反射”复选框，如图8-30所示。

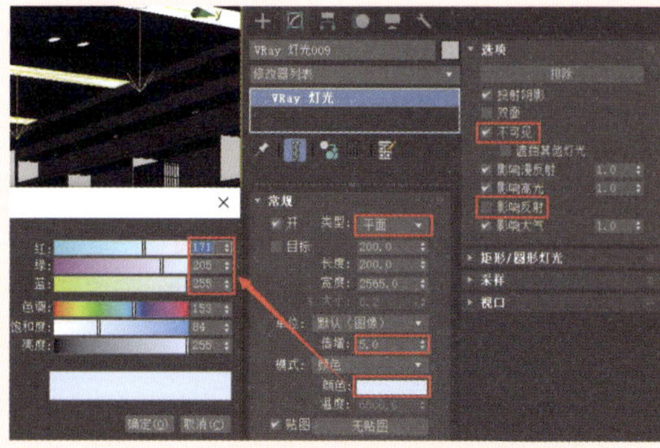

图 8-30

**06** 按C键切换到摄影机视图，按快捷键Shift+Q渲染场景，效果如图8-31所示，此时场景的右侧也被照亮了。这里设置的灯光颜色与前面的灯光颜色相同，就是为了满足大空间环境灯光的统一性。

图 8-31

## 8.3.3 优化筒灯照明

**前面基本上布置好了办公室环境的灯光，但是还有些不足，比如书架内偏暗，阴角线处没有光照。下面，将优化筒灯照明。**

**01** 使用“VRay灯光”工具在场景中创建一盏“平面”光，然后以“实例”的形式复制22盏，分别将它们移动到书架、阴角线和装饰带上，灯光的具体位置如图8-32所示。

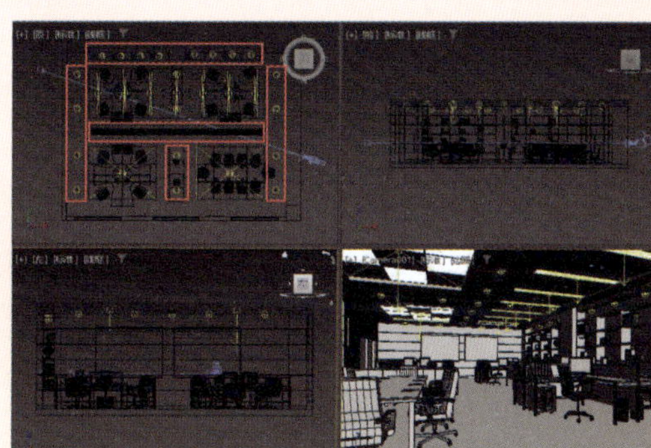

图 8-32

**02** 选择上一步创建的灯光，确认灯光的“类型”为“平面”，设置“长度”和“宽度”都为150mm，设置“倍增”为2，同样，为了形成冷暖对比，这里设置灯光“颜色”为黄色（红：255，绿：207，蓝：144），勾选“不可见”选项，取消勾选“影响反射”选项，如图8-33所示。

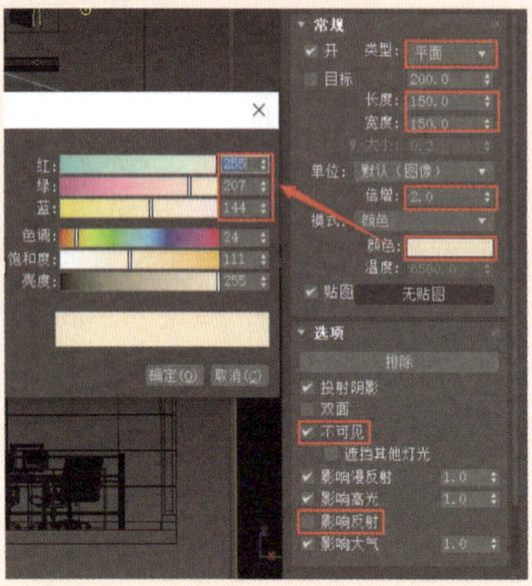


图 8-33

**03** 切换到摄影机视图，按快捷键Shift+Q渲染场景，效果如图8-34所示。从渲染效果中可以看到，办公室的整体亮度没有太大变化，但是书架等细微部分的灯光效果呈现出来了，冷暖对比也比较明显，灯光也富有了层次感。

图 8-34

**技巧 提示**

大家在此或许会有一个疑问：在前面的所有项目实例中，都是使用“目标灯光”来模拟筒灯，为什么这里使用的是“平面”光呢？

其实，这里使用“目标灯光”是可以的，也是最标准的。之所以使用“平面”光，是为了简化布光和参数。使用“平面”光，在效果上可能没有使用“目标灯光”那么真实和好看，但是在功能上，可以解决前面提到的问题。而且正因为没有“目标灯光”丰富的效果，才更能体现办公室场景的严谨、认真的氛围。当然，有兴趣的读者可以将“平面”灯光替换成“目标灯光”，根据测试效果来调整灯光的亮度，然后对比一下两种灯光的效果。

## 8.4 材质模拟

灯光布置好后，可将灯光隐藏，以防止在材质制作时移动灯光的位置。另外，在布置灯光之前隐藏了窗玻璃模型，在此需要将它们取消隐藏。主要材质分布如图8-35所示。

微课：材质模拟

图 8-35

## 8.4.1 地毯及天花材质

**对于办公室环境的地板，可以使用普通地砖，也可以使用本场景中的地毯。地毯一般具有地毯纹理，有一定反射，但是效果不是很强。**

**01** 按M键打开“材质编辑器”窗口，选择一个空白材质球，为其指定一个VRayMtl材质，在“漫反射”贴图通道中加载“Chapter 8/材质包/001.jpg”，模拟地毯的纹理；在“位图参数”卷展栏中，勾选“应用”复选框，选择“裁剪”选项，然后单击“查看图像”按钮，在“指定裁剪/放置”面板中，框选出需要的部分，如图8-36所示。

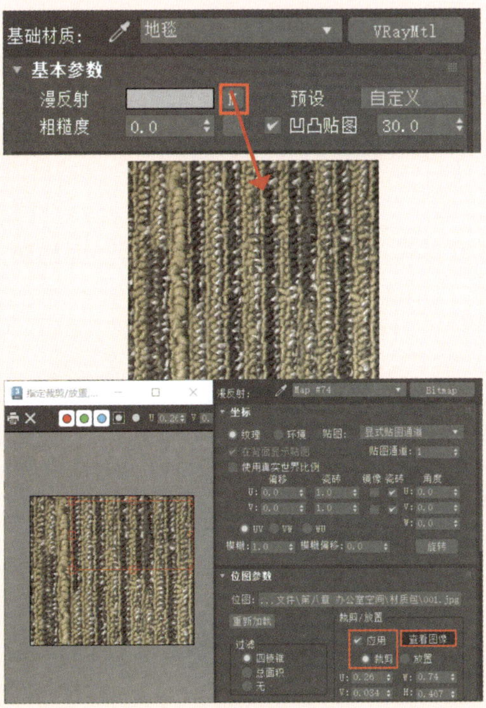


图 8-36

**02** 设置“反射”颜色为（红：30，绿：30，蓝：30），模拟地毯较弱的反射强度，如图8-37所示。

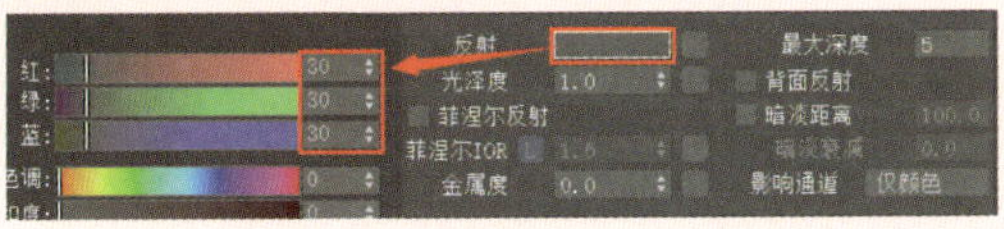

图 8-37

**03** 打开“贴图”卷展栏，将“漫反射”贴图通道中的位图拖曳复制到“凹凸”通道中，并设置强度为50，模拟地毯绒毛的凹凸感，如图8-38所示。

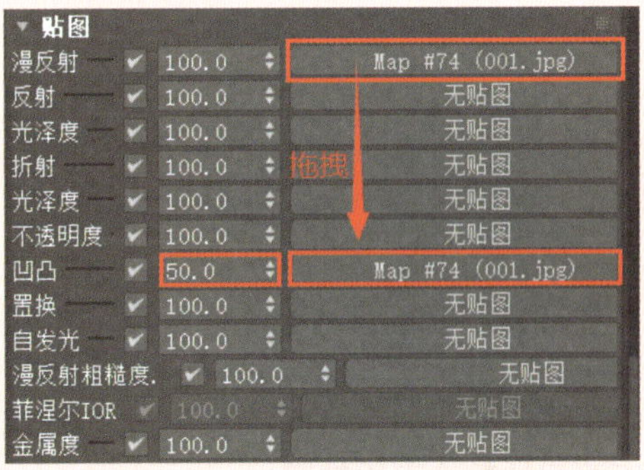


图 8-38

**04** 此时地毯材质设置完成，材质球效果如图8-39所示。

图 8-39

**接下来制作天花板材质。**

**01** 按M键打开“材质编辑器”窗口，选择一个空白材质球，为其指定一个VRayMtl材质，设置“漫反射”颜色为（红：255，绿：255，蓝：255），模拟天花板的白色，如图8-40所示。

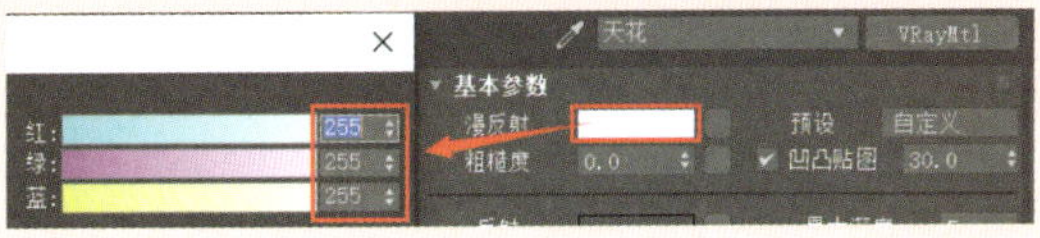

图 8-40

02 设置“反射”颜色为（红：20，绿：20，蓝：20），模拟天花较弱的反射强度，如图8-41所示。

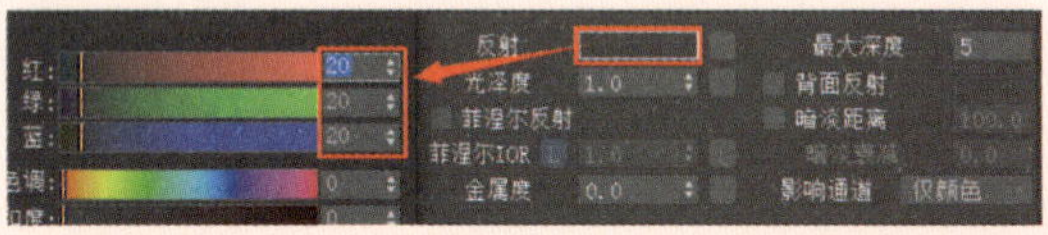

图 8-41

03 此时天花材质设置完成，材质球效果如图8-42所示。

图 8-42

## 8.4.2 防水布窗帘材质

**办公室的窗帘通常是卷帘，颜色上通常是以纯色为主。另外，窗帘材质不会选择比较柔软的棉布、丝布或者绒布等，一般以防水布、塑料为主。本场景中的防水布颜色为淡蓝色，可以过滤阳光，避免夏季阳光太热。因为防水布窗帘离摄影机较远，所以布料的反射、高光等不明显的属性不用表现。**

01 按M键打开“材质编辑器”窗口，选择一个空白材质球，为其指定一个VRayMtl材质，设置“漫反射”颜色为淡蓝色（红：190，绿：208，蓝：236），如图8-43所示。

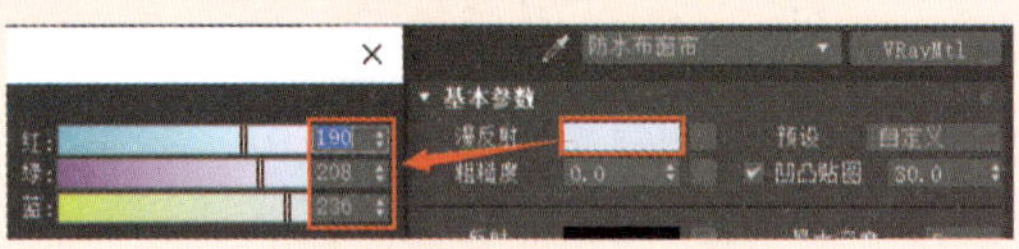

图 8-43

02 设置“折射”颜色为（红：30，绿：30，蓝：30），模拟较弱的透光性；设置“折射光泽度”为0.9；勾选“影响阴影”复选框，使光线能透过防水布产生阴影，如图8-44所示。

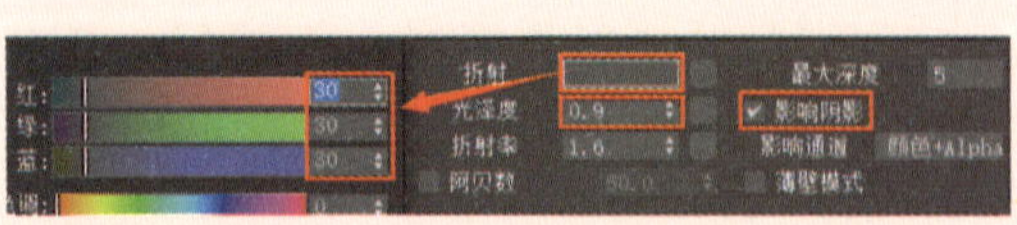

图 8-44

03 打开“贴图”卷展栏，在“凹凸”通道中加载“Chapter 8/材质包/002.jpg”，并设置强度为30，模拟防水布料表面的凹凸感，如图8-45所示。

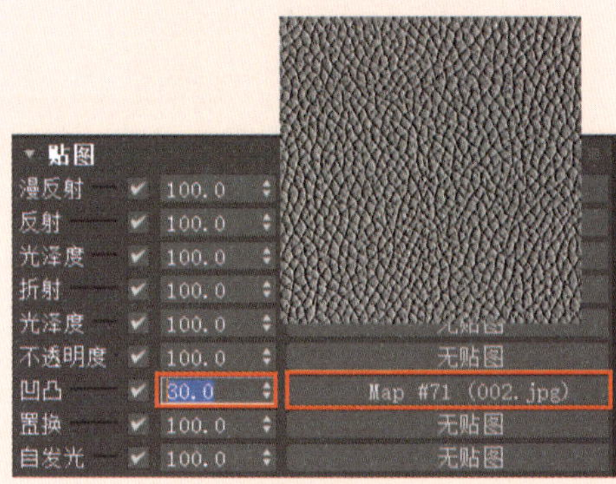


图 8-45

04 此时防水布材质设置完成，材质球效果如图8-46所示。

图 8-46

## 8.4.3 白漆及不锈钢材质

白漆是办公室电脑桌比较常见的材质。本例中白漆有反射，且满足菲涅尔反射；有比较强的高光和反射性。

**01** 按M键打开“材质编辑器”窗口，选择一个空白材质球，为其指定一个VRayMtl材质，设置“漫反射”颜色为（红：242，绿：242，蓝：242），模拟白漆的固有色，如图8-47所示。

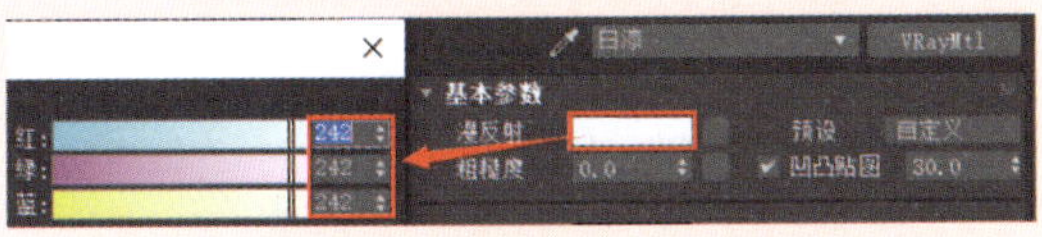


图 8-47

**02** 在“反射”贴图通道中加载一张“衰减”程序贴图，然后设置“衰减类型”为“Fresnel”，模拟菲涅尔反射效果；设置“反射光泽度”为0.86，模拟较强的反射性，如图8-48所示。

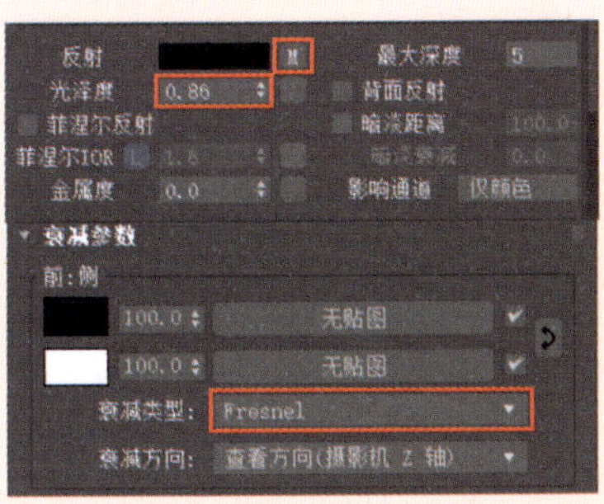


图 8-48

**03** 此时白漆材质设置完成，材质球效果如图8-49所示。

图 8-49

无论是家装还是工装，不锈钢材质都是比较常用的材质。在前面的项目中已经介绍过不锈钢材质的制作方法，这里就不具体介绍细节了。不锈钢材质的参数如图8-50所示。不锈钢材质球效果如图8-51所示。

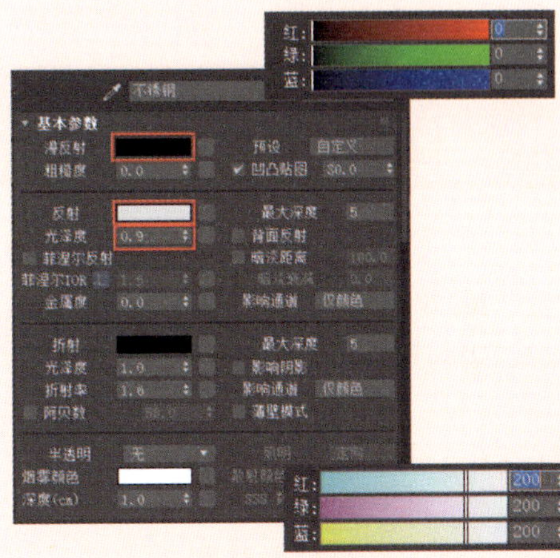


图 8-50

图 8-51

## 8.4.4 合成塑料材质

在家装环境中，因为考虑居家环境，所以塑料的使用并不太多。而对于办公环境，合成塑料材质的使用就比较多了，比如椅子的支架、办公桌的侧边等。合成塑料的材质制作原理与白漆类似，本场景使用的是灰色的合成塑料，有一定的反射强度，具备菲涅尔反射效果，有一定的高光和反射性。

**01** 按M键打开“材质编辑器”窗口，选择一个空白材质球，为其指定一个VRayMtl材质，设置“漫反射”颜色为（红：50，绿：50，蓝：50），模拟深灰色，如图8-52所示。

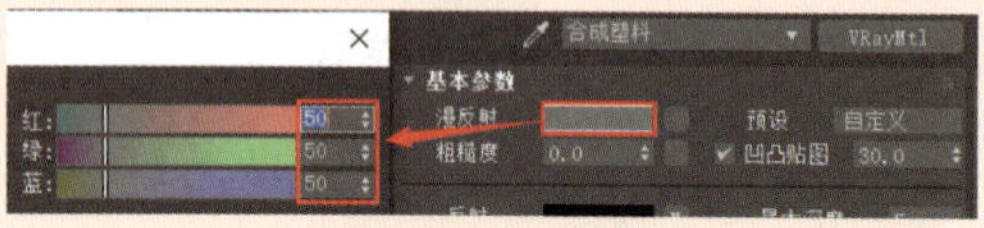

图 8-52

**02** 在“反射”的颜色通道中加载一张“衰减”程序贴图，设置“衰减类型”为“Frenel”，设置“侧”通道的颜色为（红：191，绿：191，蓝：191），模拟合成塑料的菲涅尔反射效果；设置“反射光泽度”为0.86，模拟反射性和高光性，如图8-53所示。

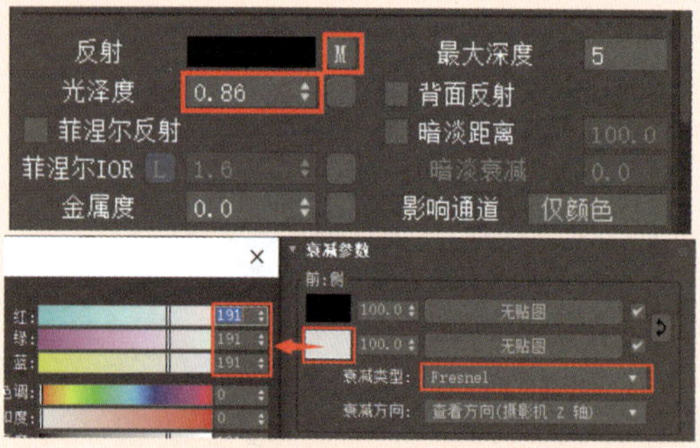


图 8-53

**03** 此时合成塑料材质设置完成，材质球效果如图8-54所示。

图 8-54

**技巧 提示**

在此，读者可能会发现合成塑料的材质与白漆极为类似。这是肯定的，这里模拟的是带高光的合成塑料，其与白漆属于同类对象，所以看起来相似。只是，相比于白漆，合成塑料在反射上明显更弱，这也是为什么“侧”通道的颜色不是纯白色。

## 8.4.5 椅子皮材质

在办公环境中，皮材质主要存在于椅子和沙发上。皮材质有自身特有的纹理。这里模拟的是高亮皮材质，所以反射强度很强，且带有菲涅尔反射；高光性很强，反射效果很好。

**01** 按M键打开“材质编辑器”窗口，选择一个空白材质球，给其指定一个VRayMtl材质，在“漫反射”贴图通道中加载“Chapter 8/材质包/003.jpg”贴图，模拟皮材质的纹理，如图8-55所示。

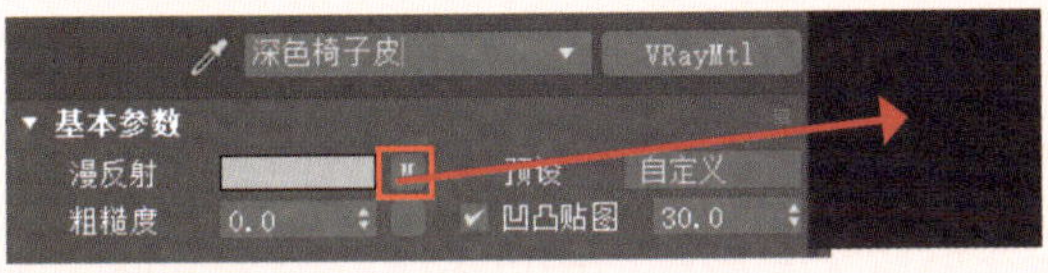


图 8-55

**02** 在“反射”的通道中加载一张“衰减”程序贴图，设置“衰减类型”为“Fresnel”，设置“侧”通道颜色为（红：180，绿：180，蓝：180），模拟皮材质的菲涅尔反射效果；设置“反射光泽度”为0.9，模拟反射性和高光性，如图8-56所示。

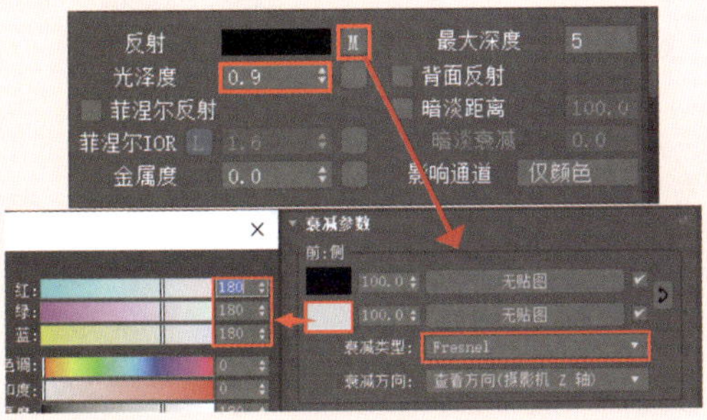


图 8-56

**03** 此时深色椅子皮材质设置完成，材质球效果如图8-57所示。

图 8-57

除了深色椅子皮这种高光皮材质，本场景中还有一种不带高光效果的皮材质，其制作过程与上述方法相同，只是在反射上要低不少；另外，还会通过“凹凸”贴图来模拟皮材质表面的褶皱感。具体参数设置如图8-58所示，材质球效果如图8-59所示。

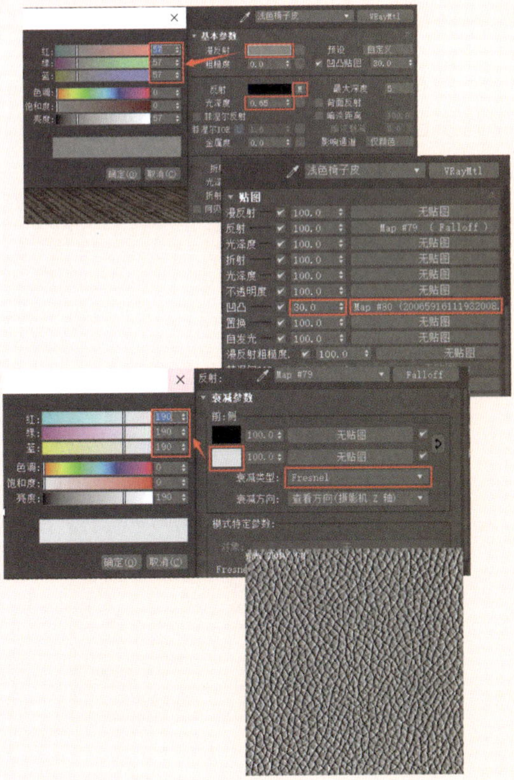


图 8-58

图 8-59

1
2
3
4
5
6
7
8
9

## 8.5 最终渲染

微课：最终渲染

当材质和灯光都处理好了以后，就将进入3ds Max制作效果图的最后一步——渲染最终效果图。在进行最终渲染参数设置之前，一定要记得取消勾选“覆盖材质”复选框。

### 8.5.1 曝光处理

在布置灯光的时候，考虑材质的反射和折射会对曝光有影响，所以未进行曝光处理，现在材质已经指定好了，下面可以进行曝光处理了。

**01** 按F10键打开“渲染设置”窗口，切换到“V-Ray”选项卡，打开“颜色映射”卷展栏，设置“类型”为“莱因哈德”，“伽玛”为0.98，“倍增”为1.3，“混合值”为0.95；勾选“子像素映射”选项，如图8-60所示。

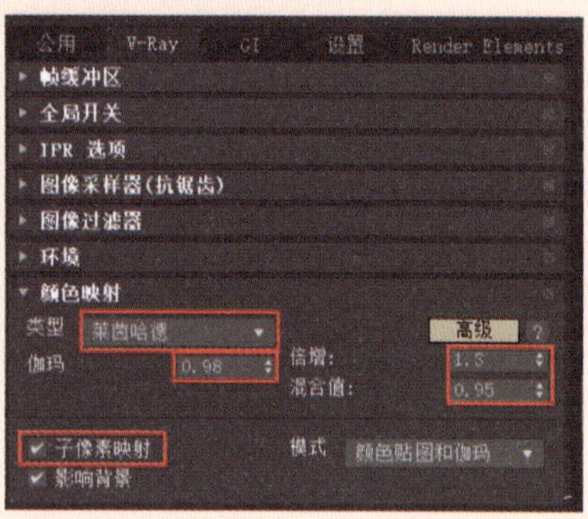


图 8-60

**02** 切换到摄影机视图，按快捷键Shift+Q渲染场景，效果如图8-61所示。

图 8-61

### 8.5.2 设置渲染参数及保存渲染图像

**01** 按F10键打开“渲染设置”窗口，设置“宽度”为4000，“高度”会自动更新为2640，如图8-62所示。

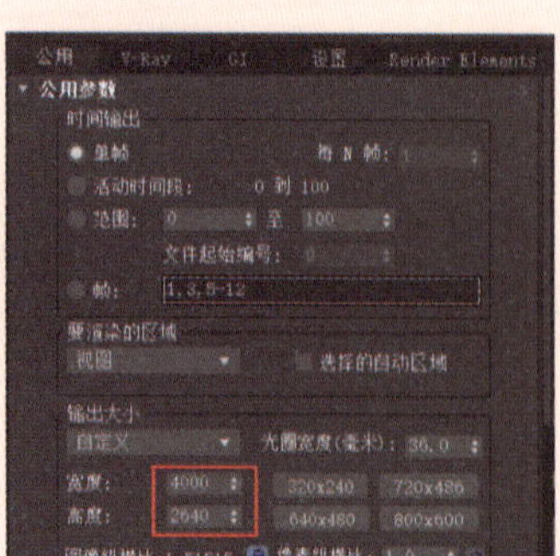


图 8-62

**02** 切换到“V-Ray”选项卡，打开“全局开关”卷展栏，设置“二次光线偏移”为0.001，防止重面，如图8-63所示。

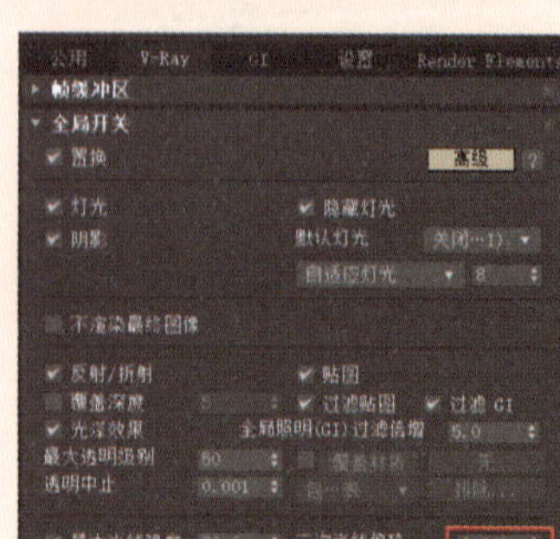


图 8-63

**03** 打开“图像采样器（抗锯齿）”卷展栏，设置“类型”为“渲染块”；打开“图像过滤器卷展栏”，选择“过滤器”为“Catmull-Rom”，如图8-64所示。

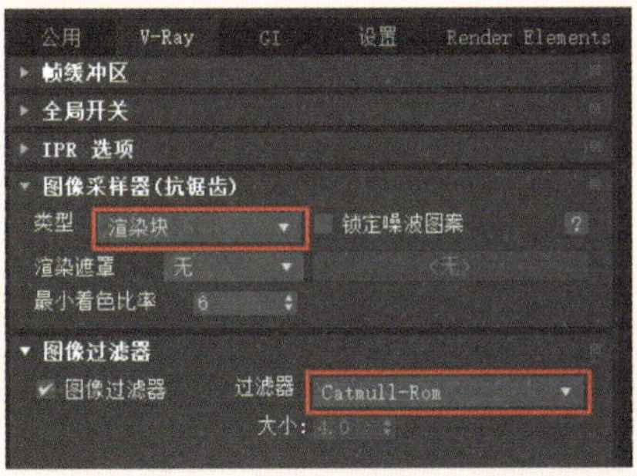


图 8-64

**04** 打开“渲染块图像采样器”卷展栏，设置“噪波阈值”为0.006，如图8-65所示。

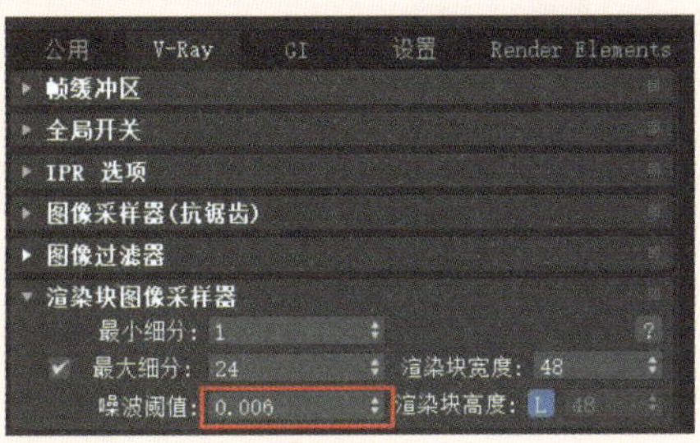


图 8-65

**05** 切换到“GI”选项卡，打开“发光贴图”卷展栏，设置“当前预设”为“中”、“细分”为60、“插值采样”为30，如图8-66所示。

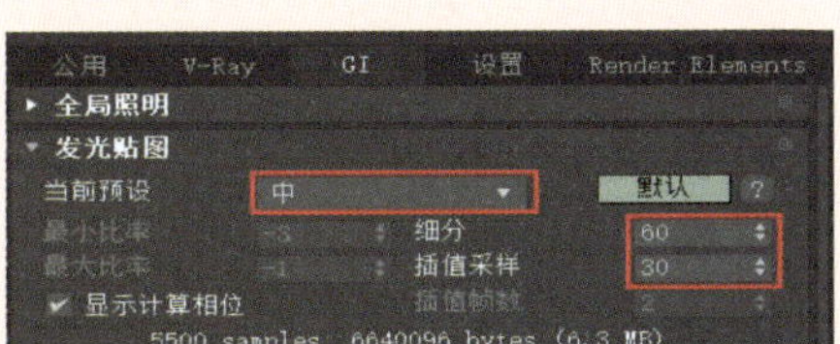


图 8-66

**06** 打开“灯光缓存”卷展栏，设置“细分”为1600、“采样大小”为0.02，勾选“显示计算相位”选项，如图8-67所示。

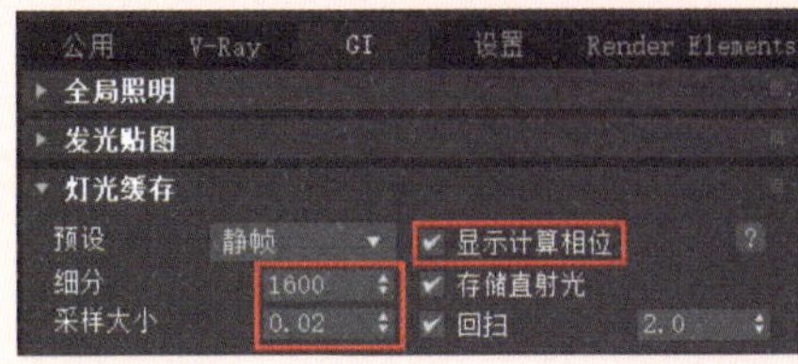


图 8-67

**07** 切换到摄影机视图，按快捷键Shift+Q渲染场景，渲染效果如图8-68所示。

图 8-68

**08** 单击“渲染帧窗口”上的“保存图像”按钮，将其保存为TIF图像文件，如图8-69所示。

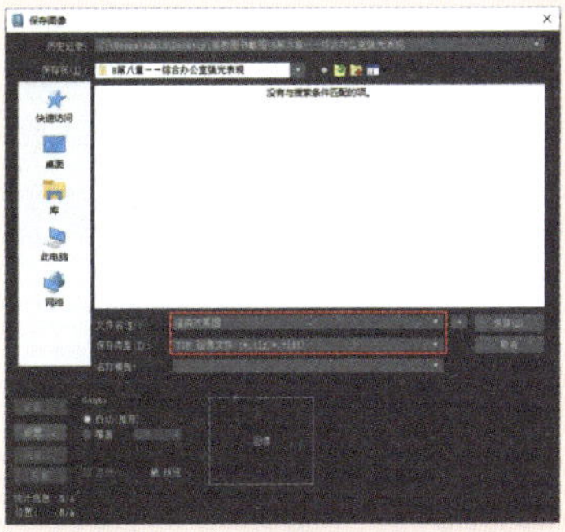

图 8-69

**09** 系统会弹出“TIF图像控制”对话框，选择“16位彩色”，如图8-70所示。

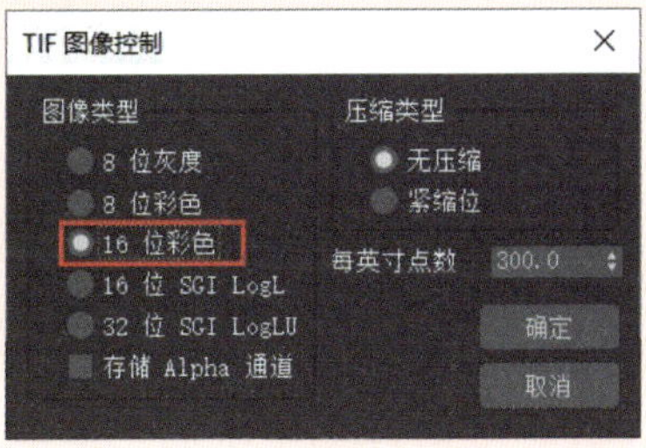


图 8-70

# 8.6 后期处理

01 在Photosthop中打开前面保存的“渲染效果图.tif”文件，如图8-71所示。

图 8-71

02 按快捷键Shift+J复制图层，图层面板如图8-72所示。

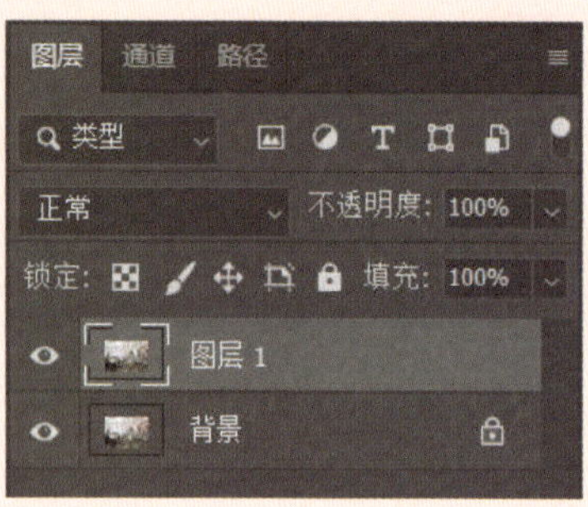


图 8-72

03 在主菜单栏中打开“滤镜”菜单→“Camera Raw 滤镜”命令，如图8-73所示，随后会弹出“Camera Raw”对话框。

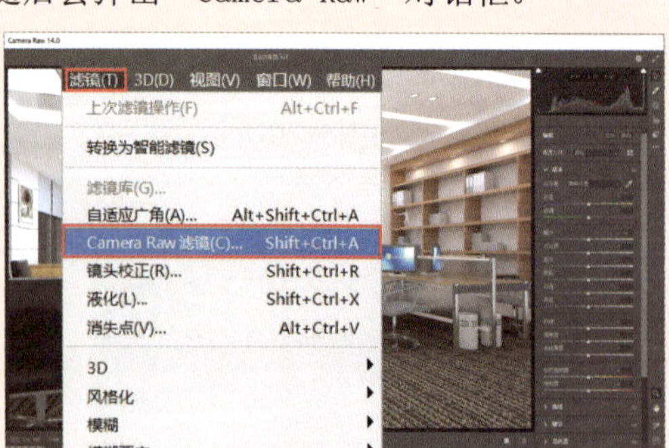


图 8-73

04 调整“基本”参数卷展栏，设置“色温”为-2、“色调”为2、“对比度”为29、“高光”为-60、“阴影”为-3、“纹理”为10、“清晰度”为5、“去除薄雾”为23、“自然饱和度”为-5，调整过后的效果图如图8-74所示。这时，可以看到图像的对比度增加了，层次也更加明显。

微课：后期处理

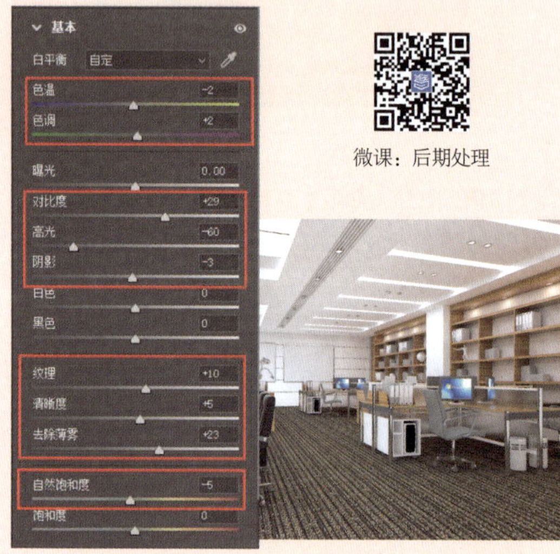


图 8-74

05 为图像添加一个“照片滤镜”调整图层，在“属性”面板中的“滤镜”下拉列表框中选择“Blue”，设置“密度”为15%，如图8-75所示。该操作使办公室环境的灯光更清冷，环境更清净，更符合办公室严肃的氛围，最终效果如图8-76所示。

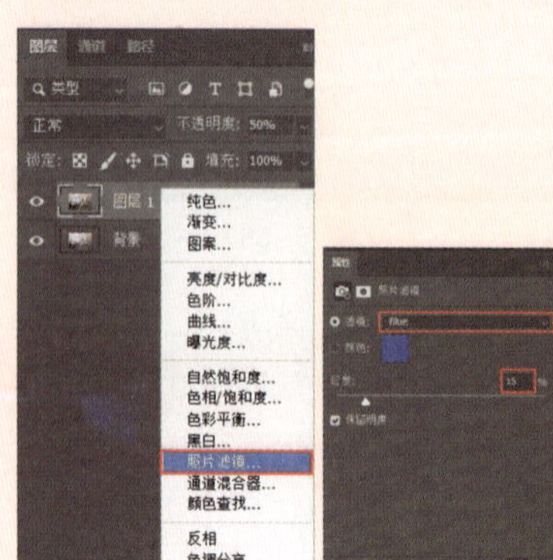

图 8-75

图 8–76

## 8.7 知识与技能梳理

本章通过办公室空间表现的案例，介绍了使用光源来模拟环境光的方法。办公空间的光线比较明亮，本章通过在顶部添加一定数量的“VRay平面灯光”来模拟办公室空间的照明环境。

在材质方面，模拟任何一种材质的时候都需要从它们的物理属性入手，只有抓住了它们的物理特点才能够很好地将材质表现出来。希望读者能够认真观察、深入分析，只有这样才能做出优秀的作品。

## 8.8 课后练习

在完成上述综合办公室空间表现的案例示范后，请读者试着进行下面的扩展训练，效果如图8–77所示。

图 8–77

Chapter 9

# 前台接待大厅表现

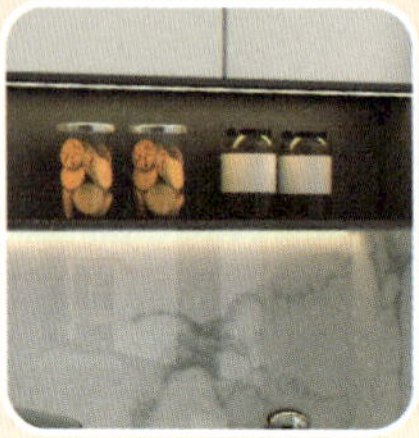

在室内效果图表现中，接待大厅空间是一种特殊的空间形式，其前台区域开阔向外，没有多余的隔断和造型，让来访者第一眼就能感受到接待大厅的形象；不同于家装的卧室、餐厅等，它有自己独特的功能性及展示性。本章将详细讲解接待大厅表现的方法和特点。

| 学习要求 | 知识点 | 学习目标 | | | |
|---|---|---|---|---|---|
| | | 了解 | 应用 | 创新 | 重点知识 |
| | 项目介绍 | 🚩 | | | |
| | 场景构图 | | 🚩 | | |
| | 灯光布置 | | | | 🚩 |
| | 材质模拟 | | | | 🚩 |
| | 最终渲染 | 🚩 | | | |
| | 后期处理 | 🚩 | | | |

能力与素养目标

## 9.1 项目介绍

本场景是一个接待前台，同样属于工装环境。该环境要表现出张扬、绚丽、色彩奔放的效果。为了烘托出该效果，会考虑使用各种装饰灯光，筒灯、灯带的使用频率特别高；在材质选择上，色彩尽量以暖色为主，材质以高光、高反射材质为主，皮、绒布、镜子等材质都是比较可取的。图9-1所示是本项目所要表现的前台接待大厅的效果。

图 9-1

## 9.2 场景构图

启动3ds Max 2024，打开本书配套资源中的“Chapter 9/前台大厅（场景文件）.max”文件，如图9-2所示，这是一个全封闭的前台空间。

微课：场景构图

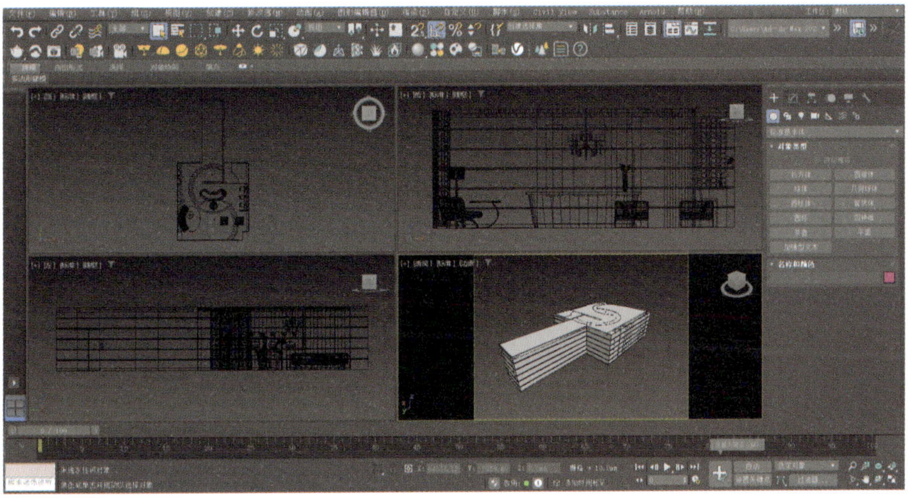

图 9-2

## 9.2.1 设置画面比例

**应该最大限度地表现前台大厅环境的空间元素，所以，此处使用横构图来表现。**

01 执行“自定义”菜单→“首选项设置”命令，打开“首选项设置”对话框，切换到“Gamma和LUT”选项卡，勾选“启用Gamma/LUT校正”复选框，设置“Gamma”为2.2，勾选“影响颜色选择器”和“影响材质选择器”复选框，单击“确定”按钮，如图9-3所示。

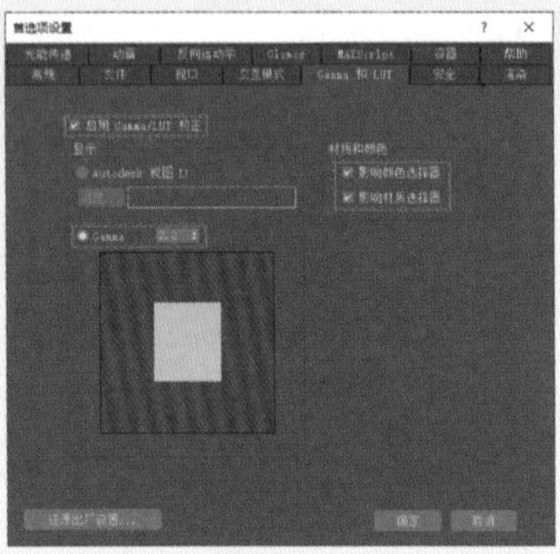

图 9-3

02 按F10键打开“渲染设置”窗口，设置“宽度”为650、“高度”为420，锁定“图像纵横比”为“1.54762”，如图9-4所示。

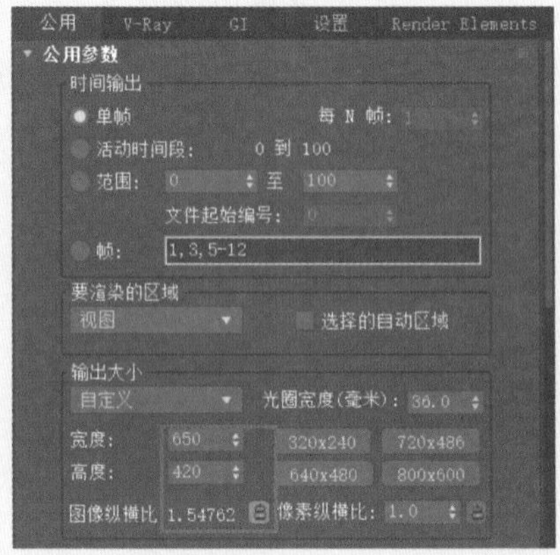


图 9-4

03 选择透视图，按快捷键Shift+F激活安全框，如图9-5所示。

图 9-5

## 9.2.2 创建目标摄影机

01 为了最大化拍摄场景，同样使用对角拍摄的方式。切换到顶视图，使用“目标摄影机”工具沿场景的对角线创建摄影机，位置如图9-6所示。

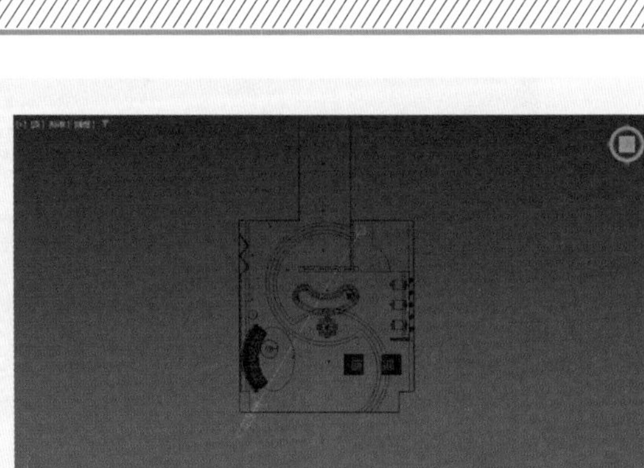

图 9-6

02 因为摄影在墙体外，所以摄影机是拍摄不到室内的，如图9-7所示。

图 9-7

03 在顶视图中选择摄影机，切换到“修改”面板，通过调整“视野”和“镜头”的大小，来控制摄影机的拍摄角度，建议将“视野”设置在70度～75度；勾选“手动剪切”复选框，根据顶视图的红线显示范围来调整摄影机的拍摄范围，如图9-8所示。

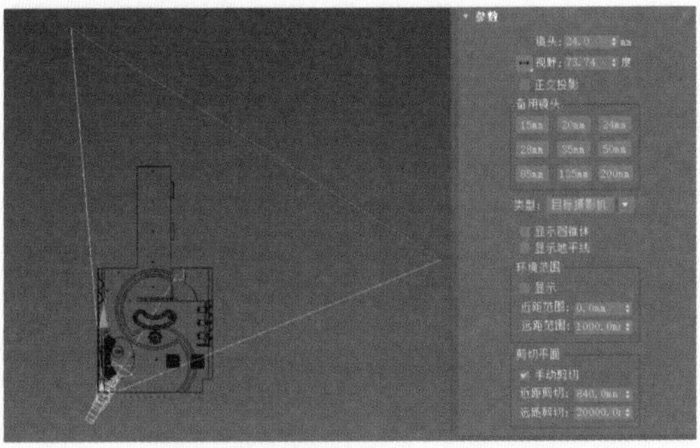

图 9-8

04 按C键切换到摄影机视图，此时的拍摄效果如图9-9所示，还需要调整摄影机的高度。

图 9-9

05 切换到前视图，调整摄影机和目标点的高度如图9-10所示。这里摄影机和目标点的高度是一致的，场景视角属于平视视角，所以不需要加载“摄影机校正”修改器。

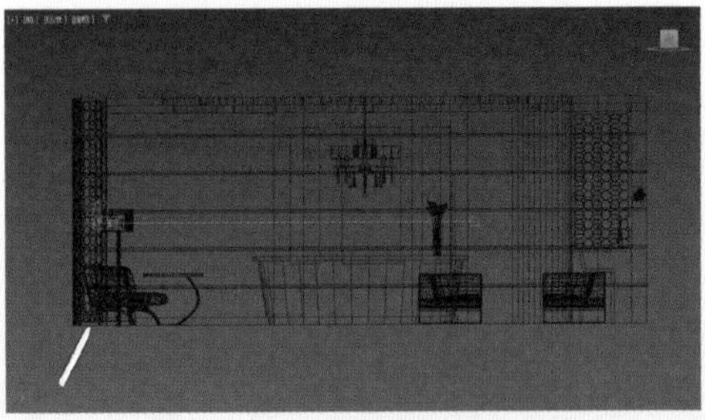

图 9-10

06 按C键切换到摄影机视图，此时的构图效果如图9-11所示，可见拍摄角度已经能够最大化拍摄视野了，几乎可以拍摄前台的大部分对象，从视图中也可以明显地看出这是一个前台场景。

图 9-11

07 摄影机的坐标如图9-12所示，目标点的坐标如图9-13所示。

图 9-12

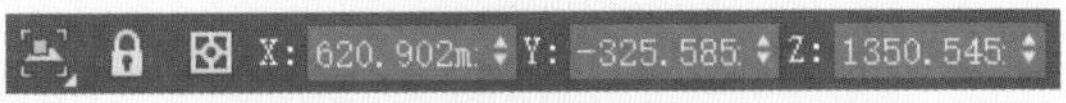


图 9-13

## 9.2.3 模型检查

**本场景是个全封闭空间，是无法从外部布光或者设置天光来进行照明的，所以，在本场景中，可以创建一个VRay灯光来模拟室内照明，以此来检查模型是否有错误。**

01 使用“VRay灯光”工具在场景的右侧墙面处创建一盏“平面”灯光，具体位置如图9-14所示。

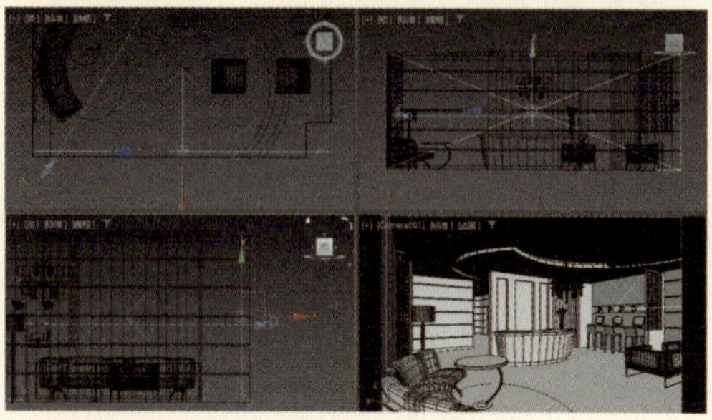

图 9-14

02 选择上一步创建的“平面”光，确认“类型”为“平面”，根据窗户的大小和覆盖面积设置灯光大小，参考值为：“长度”为7826.725mm ，“宽度”为3000mm；设置“倍增”为2.5，如图9-15所示。

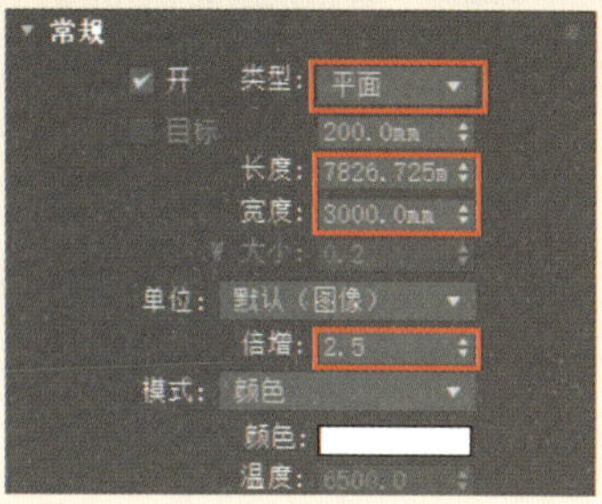


图 9-15

03 灯光布置好后，下面设置测试参数。按F10键打开“渲染设置”窗口，修改“宽度”为800、“高度”为517，如图9-16所示。

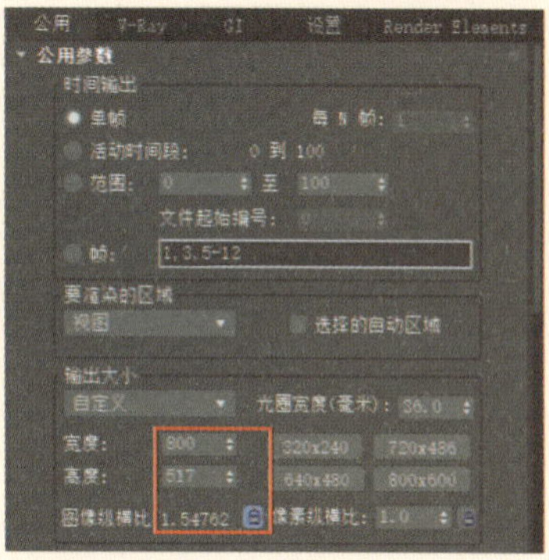


图 9-16

04 切换到“V-Ray”选项卡，打开“图像采样器（抗锯齿）”卷展栏，设置“类型”为“渲染块”；打开“图像过滤器”卷展栏，设置“过滤器”为“区域”，如图9-17所示。

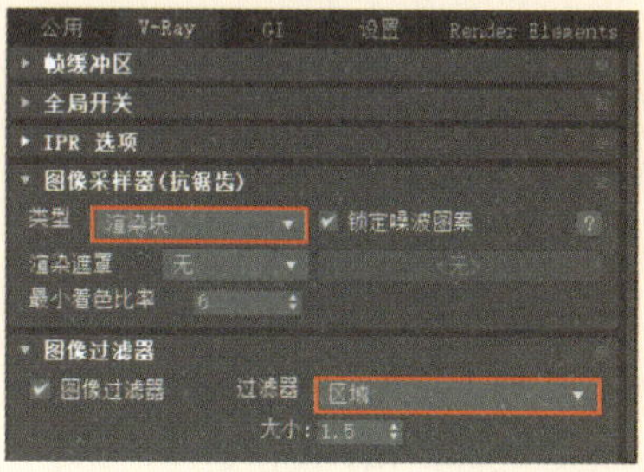


图 9-17

05 切换到“GI”选项卡，打开“全局照明”卷展栏，勾选“启用GI”复选框，设置“首次引擎”为“发光贴图”，设置“二次引擎”为“灯光缓存”，如图9-18所示。

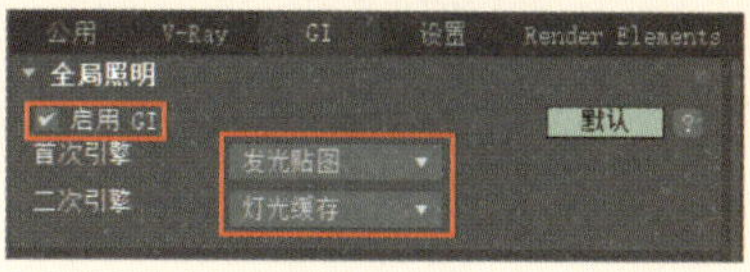


图 9-18

06 打开“发光图”卷展栏，设置“当前预设”为“非常低”，设置“细分”为20，如图9-19所示。

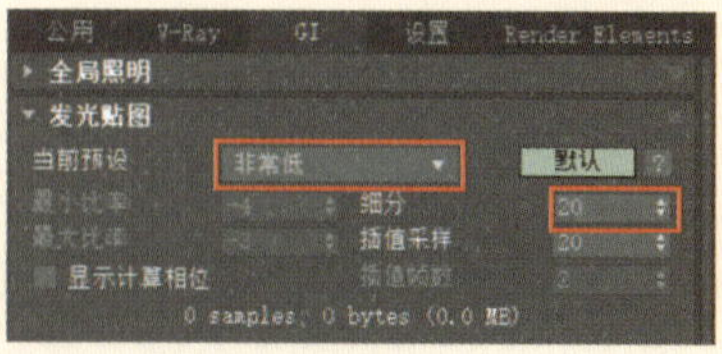


图 9-19

**07** 打开“灯光缓存”卷展栏，设置“细分”为200，勾选“显示计算相位”复选框，如图9-20所示。

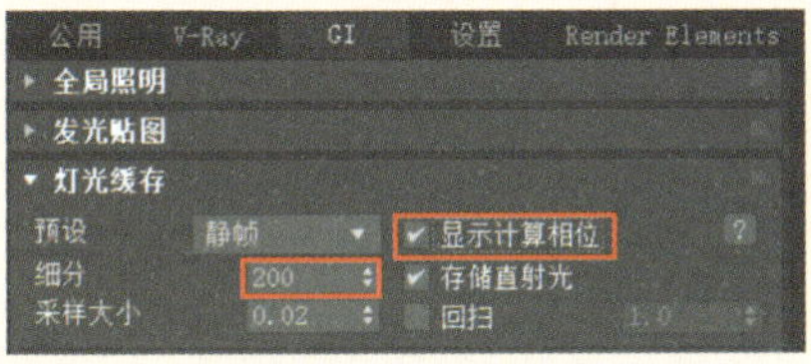


图 9-20

图 9-21

**08** 切换到摄影机视图，按快捷键Shift+Q渲染场景，效果如图9-21所示。此时，场景被照亮，且模型没有任何问题。

**09** 测试完成后，请一定要将前面创建的灯光删除。

# 9.3 灯光布置

本场景是全封闭空间，且具有独特的氛围，所以主要考虑使用筒灯和灯带来表现灯光效果；另外，灯光颜色也选取偏暖的黄色。

微课：灯光布置

## 9.3.1 创建筒灯

**01** 切换到顶视图，使用“目标灯光”工具在场景的筒灯处创建一盏灯，然后以“实例”的形式复制17盏灯，将它们移动到筒灯下方，具体位置如图9-22所示。

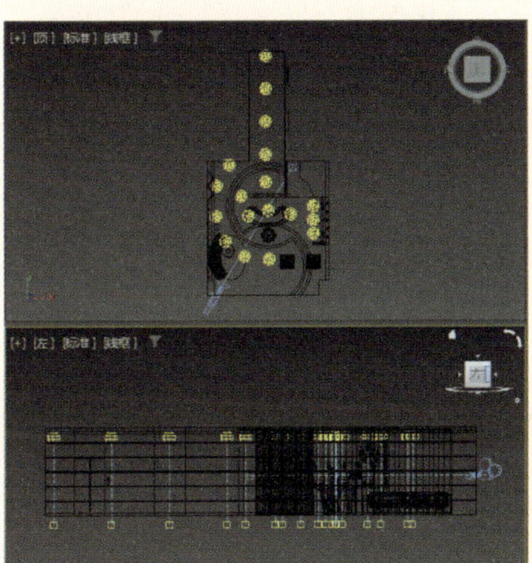

(a)

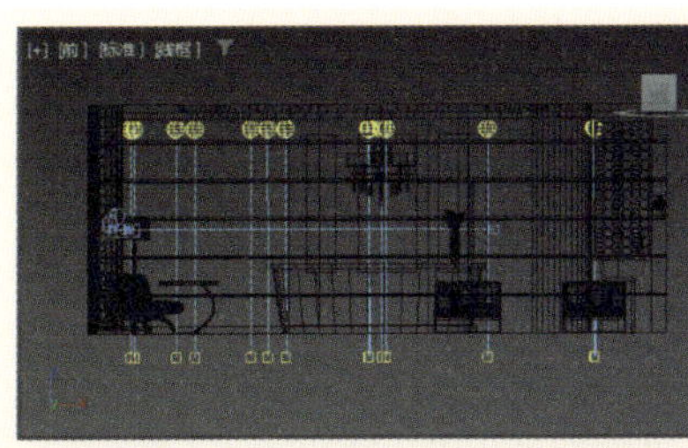

(b)

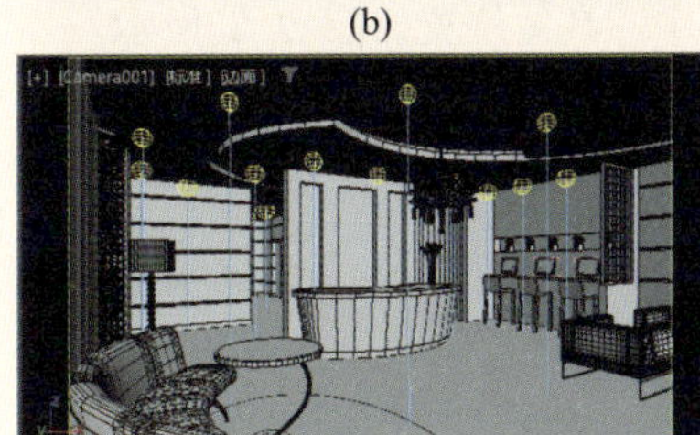

(c)

图 9-22

**02** 选择其中一盏灯光，在“常规参数”卷展栏中设置“阴影”类型为“VRayShadow”，设置“灯光分布（类型）”类型为“光度学Web”；在“分布

1
2
3
4
5
6
7
8
9

（光度学Web）”卷展栏中加载“Chapter 9/材质包/14.ies”灯光文件；在“强度/颜色/衰减”卷展栏下设置“过滤颜色”为黄色（红：255，绿：170，蓝：102），模拟暖色，设置“强度”为18000，如图9-23所示。

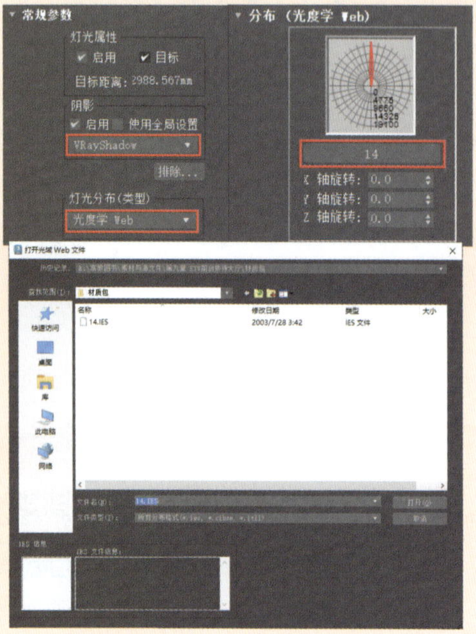


(a)

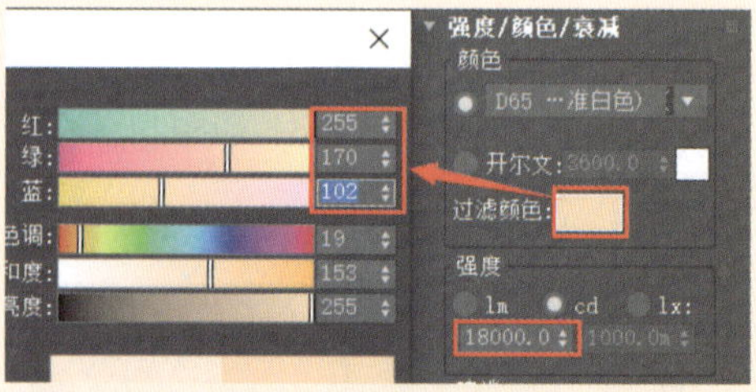


(b)

图 9-23

**03** 切换到摄影机视图，按快捷键Shift+Q渲染摄影机视图，效果如图9-24所示，此时呈现出筒灯照射效果。

图 9-24

## 9.3.2 创建吊灯

**01** 切换到顶视图，使用“VRay灯光”工具在吊灯的灯罩中创建一盏“球体”灯光，然后以“实例”的形式复制7盏，分别放置在灯罩之中，具体位置如图 9-25所示。

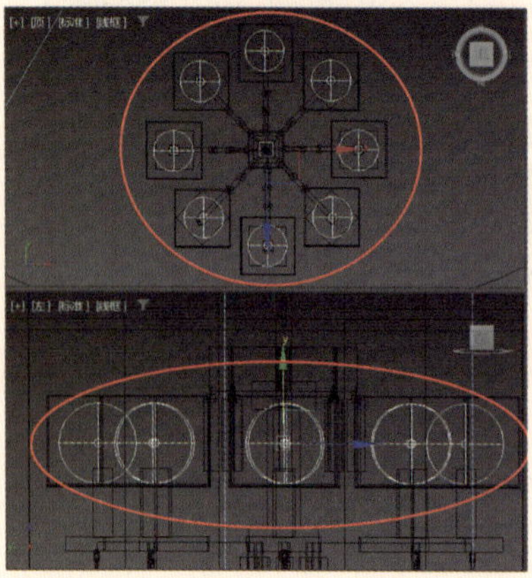

(a)

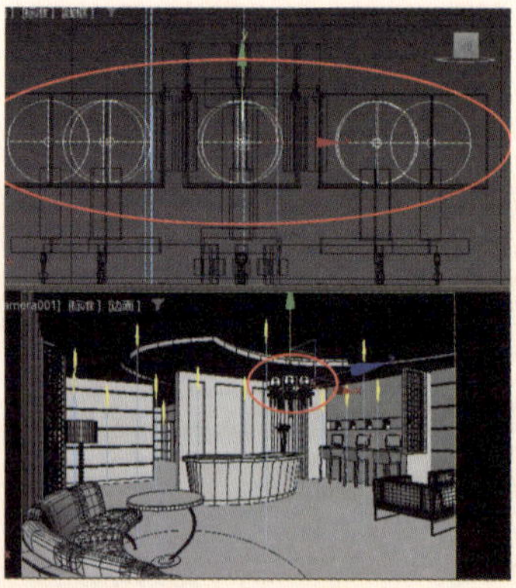

(b)

图 9-25

**02** 选择上一步创建的灯光，确认灯光的“类型”为“球体”，设置“半径”为50mm，设置“倍增”为10，“颜色”为（红：253，绿：160，蓝：60）；在“选项”卷展栏下勾选“不可见”选项，如图9-26所示。

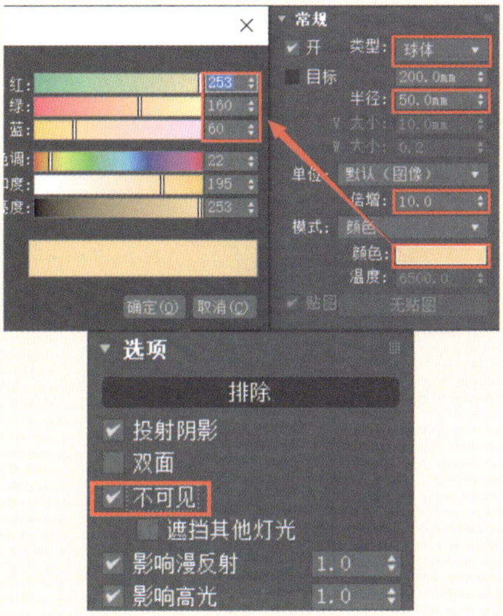

图 9-26

03按C键切换到摄影机视图，按快捷键Shift+Q渲染场景，渲染效果如图9-27所示。

图 9-27

## 9.3.3 创建天花板灯带

01按M键打开“材质编辑器”窗口，新建一个“VRay灯光材质”，然后设置“颜色”为黄色（红：246，绿：192，蓝：133），如图9-28所示，材质球效果如图9-29所示。

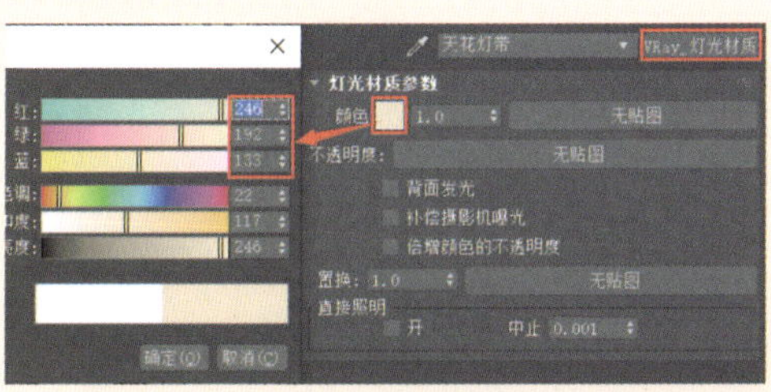
图 9-28

图 9-29

02选择吊顶上方的灯带模型，如图9-30所示，然后将灯光材质指定给选定对象，如图9-31所示。

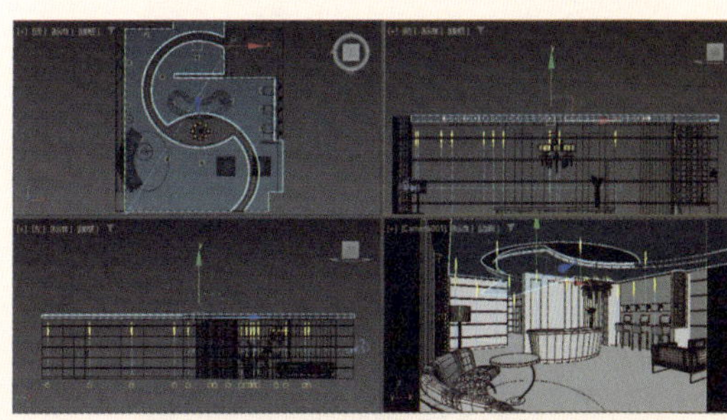
图 9-30

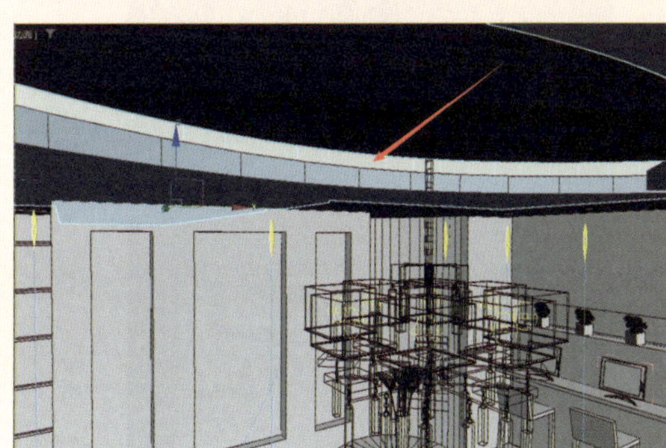
图 9-31

**03** 切换到摄影机视图，按快捷键Shift+Q渲染场景，效果如图9-32所示。从渲染效果图中可以看到，前台的整体亮度没有太大变化，但是座椅等细微部分的灯光效果呈现出来了，冷暖对比也比较明显，灯光也富有了层次感。

图 9-32

## 9.3.4 创建点缀灯光带

**该场景需要有足够的照明来营造出欢乐、热烈的气氛。灯光需要从不同的角度照射，以突出空间的层次感和立体感。下面加入修饰光来丰富场景光效。**

**01** 在窗帘处的位置，使用“VRay灯光”工具创建一盏方向向下的“平面”光，灯光位置如图9-33所示。

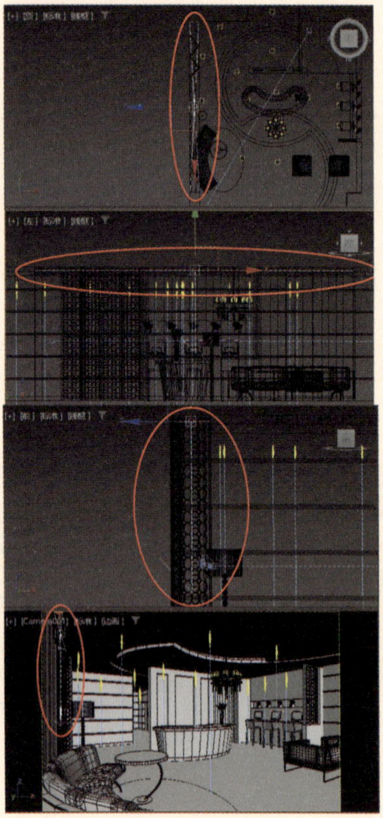

图 9-33

**02** 选择上一步创建的灯光，确认灯光的“类型”为“平面”，根据场景大小调整“长度”和“宽度”分别为440mm和7440mm，设置“倍增”为1，“颜色”为（红：254，绿：173，蓝：86）；在“选项”卷展栏下勾选“不可见”选项，如图9-34所示。

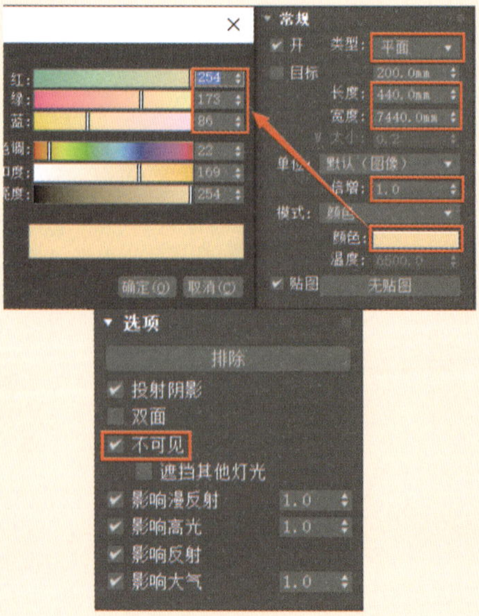


图 9-34

**03** 切换到摄影机视图，按快捷键Shift+Q渲染，效果如图9-35所示。

图 9-35

**04** 在休闲区的计算机处，也可以考虑增加一盏方向向下的照射灯光。使用“VRay灯光”工具在计算机上方的灯槽中创建一盏方向向下的“平面”光，灯光位置如图9-36所示。

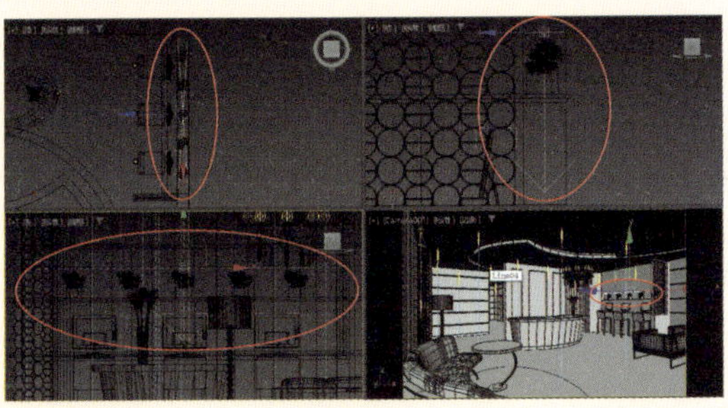

图 9-36

**05** 选择上一步创建的灯光，确认灯光的“类型”为“平面”，根据场景大小调整“长度”为200mm、“宽度”为2872.398mm，设置“倍增”为2、“颜色”为（红：255，绿：194，蓝：62）；在“选项”卷展栏下勾选“不可见”选项，如图9-37所示。

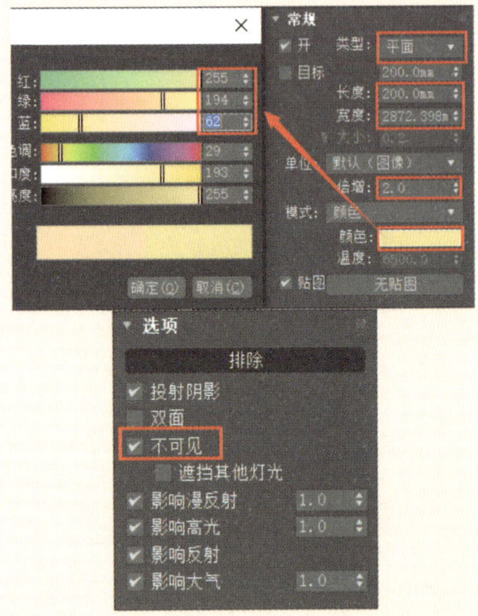


图 9-37

**06** 切换到摄影机视图，按快捷键Shift+Q渲染场景，效果如图9-38所示。此时，环境的灯光都布置好了。当然，如果大家还有其他的设计想法，可以布置其他灯光。

图 9-38

## 9.4 材质模拟

在前面的项目中已经讲解了很多种类的材质的制作方法，对于装修环境而言，大部分材质都是差不多的。所以在此仅对部分重要材质的制作进行介绍，木纹、地板之类的材质将不再赘述。图9-39说明了场景中的主要材质。

微课：材质模拟

图 9-39

## 9.4.1 绒布材质

**绒布沙发是比较常见的一种沙发，为了营造场景热烈奔放的氛围，在此选择了红色绒布材质。**

**01** 按M键打开“材质编辑器”窗口，选择一个空白材质球，在“明暗器基本参数”卷展栏下设置明暗器类型为“（P）Phong”，如图9-40所示。

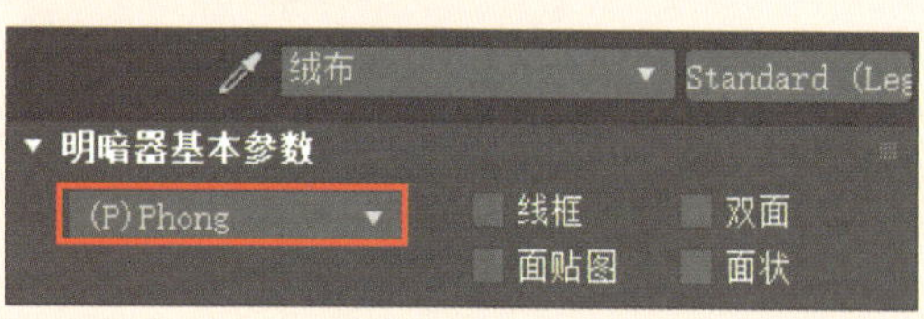


图 9-40

**02** 打开“Blinn基本参数”卷展栏，设置“漫反射”为（红：104，绿：0，蓝：0），模拟绒布的颜色，如图9-41所示。

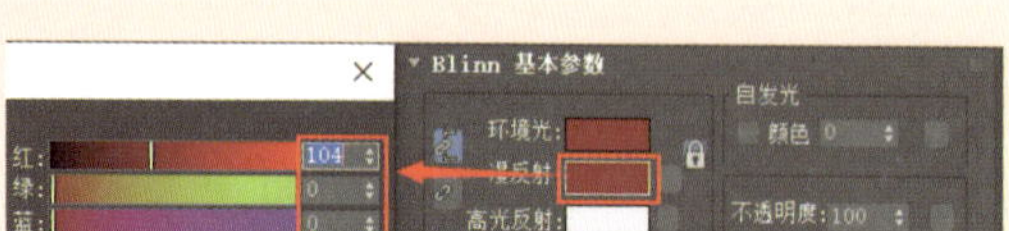


图 9-41

**03** 在“自发光”通道中加载一张“遮罩”程序贴图，然后在“贴图通道”中加载一张“衰减”程序贴图，设置“衰减类型”为“Fresnel”；将“贴图”通道中的“衰减”贴图复制到“遮罩”通道中，修改“衰减类型”为“阴影/灯光”，如图9-42所示。

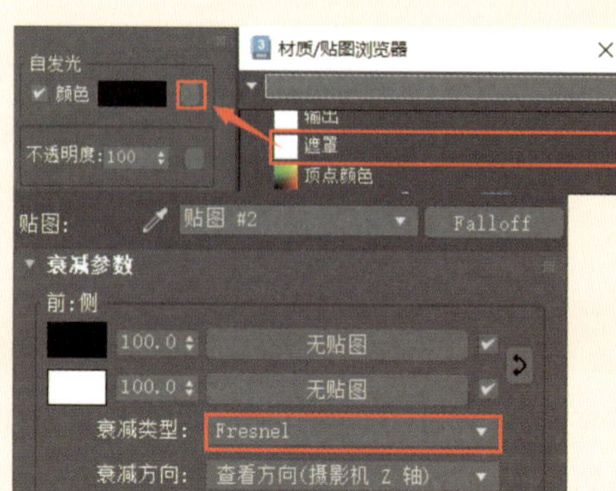


(a)

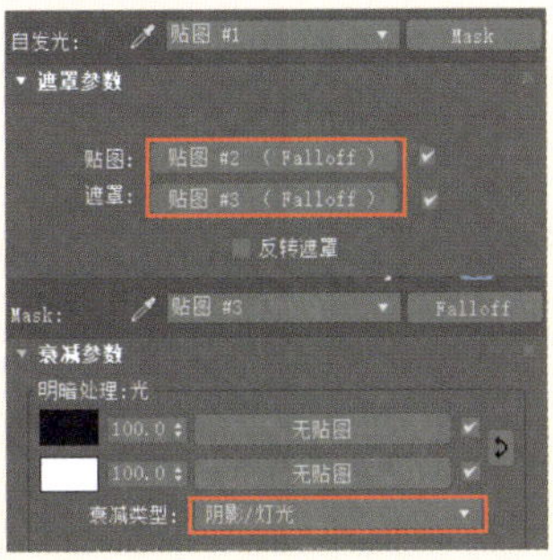

(b)

图 9-42

**04** 在“反射高光”中设置“高光级别”为10，“光泽度”为5，“柔化”为0.1，如图9-43所示。

图 9-43

**05** 此时绒布材质球设置完成，材质球效果如图9-44所示。

图 9-44

## 9.4.2 黑玻璃材质

**玻璃材质也是前台环境比较常用的高光材料。黑玻璃更能体现出该场景的魔幻特性，具体属性包括颜色为黑色、没有透视、有一定反射和高光效果。**

**01** 按M键打开“材质编辑器”窗口，选择一个空白材质球，为其指定一个VRayMtl材质，设置“漫反射”颜色为（红：0，绿：0，蓝：0），模拟黑色玻璃的固有色，如图9-45所示。

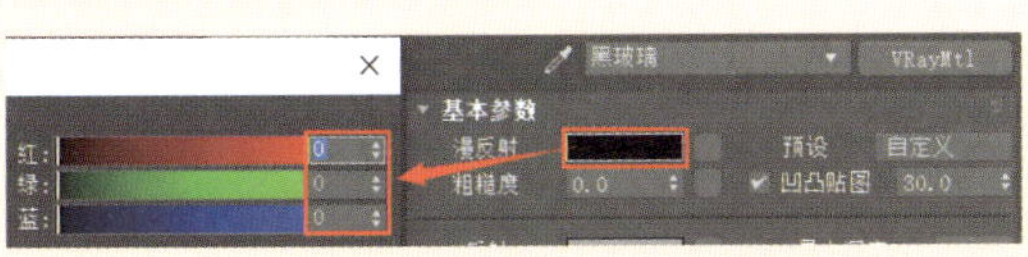

图 9-45

**02** 设置“反射”颜色为（红：86，绿：86，蓝：86），模拟反射强度；设置“反射光泽度”为1，模拟镜面反射；勾选“菲涅尔反射”复选框，这是制作有色玻璃的必选项，如图9-46所示。

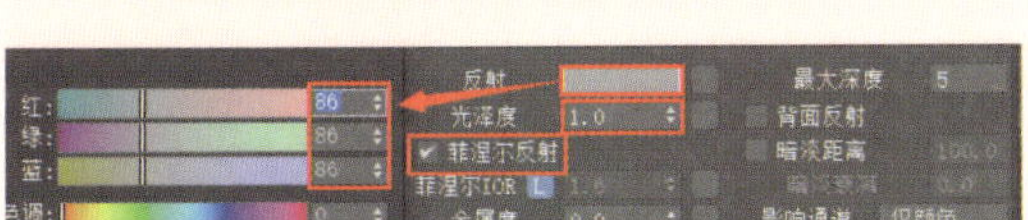

图 9-46

**03** 此时黑玻璃材质设置完成。材质球效果如图9-47所示。

图 9-47

## 9.4.3 镜面材质

前台大厅的镜子和玻璃一样随处可以见。镜子的反射很强，且属于镜面反射，其工业生产原理是在玻璃背后镀一层金属，所以镜子的漫反射属性和玻璃一样，漫反射颜色可以为深褐色。

01 按M键打开“材质编辑器”窗口，选择一个空白材质球，给其指定一个VRayMtl材质，设置“漫反射”颜色为深褐色（红：24，绿：24，蓝：24），如图9-48所示。

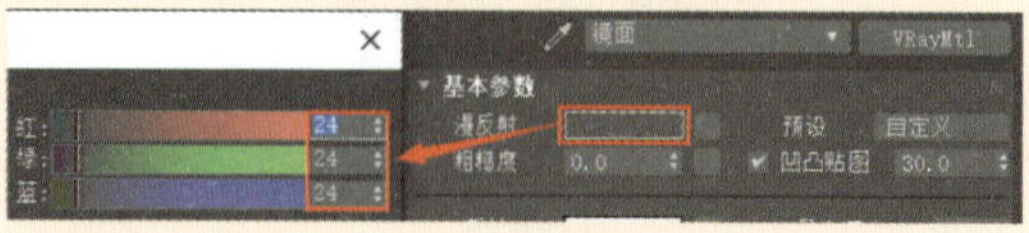

图 9-48

02 设置“反射”颜色为（红：239，绿：239，蓝：239），模拟强反射；设置“反射光泽度”为1，模拟镜面反射效果，如图9-49所示。

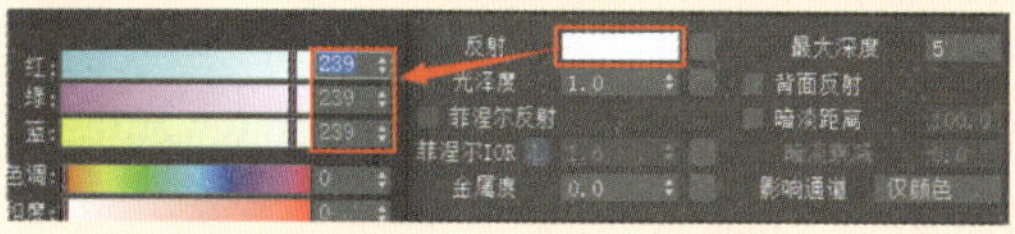

图 9-49

03 此时镜面材质设置完成，材质球效果如图9-50所示。

图 9-50

## 9.4.4 墙面木纹材质

墙面木纹材质的制作方法前面已经介绍过了，这里不再赘述，具体参数设置如图9-51所示，材质球效果如图9-52所示。

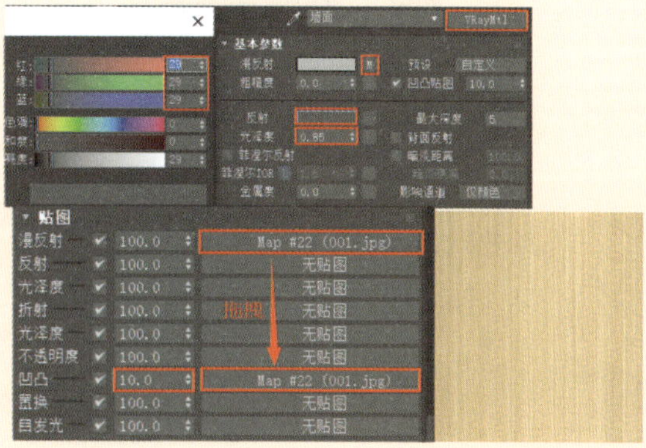

图 9-51

图 9-52

对于场景中的其他材质，比如不锈钢、灯罩、地砖等，在前面的项目中都有介绍，可以参考前面的制作方法来进行制作。

# 9.5 最终渲染

当材质都指定好后，接下来就要考虑如何渲染。在3ds Max中，ID通道是一种特殊的渲染通道，可以用来区分不同的材质或对象。在本例的效果图中，可以利用ID通道来突出重点区域或特定物体，进行后期的合成处理。

微课：最终渲染

## 9.5.1 曝光处理

**在布置灯光的时候，考虑材质的反射和折射会对曝光有影响，所以未进行曝光处理，现在，材质已经指定好了，下面可以进行曝光处理了。**

**01** 按F10键打开“渲染设置”窗口，切换到“V-Ray”选项卡，打开“颜色映射”卷展栏，设置“类型”为“莱茵哈德”，设置“倍增”为1.3，“混合值”为1.1，如图9-53所示。

图 9-53

**02** 切换到摄影机视图，按快捷键Shift+Q渲染场景，效果如图9-54所示。

图 9-54

## 9.5.2 设置渲染参数

**01** 按F10键打开“渲染设置”窗口，设置“宽度”为4000，“高度”会自动更新为2584，如图9-55所示。

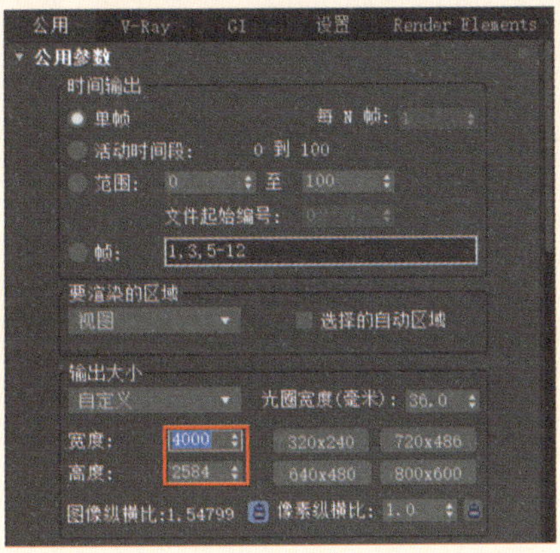


图 9-55

**02** 切换到“V-Ray”选项卡，打开“帧缓冲区”卷展栏，勾选“启用内置帧缓冲区”复选框，如图9-56所示。

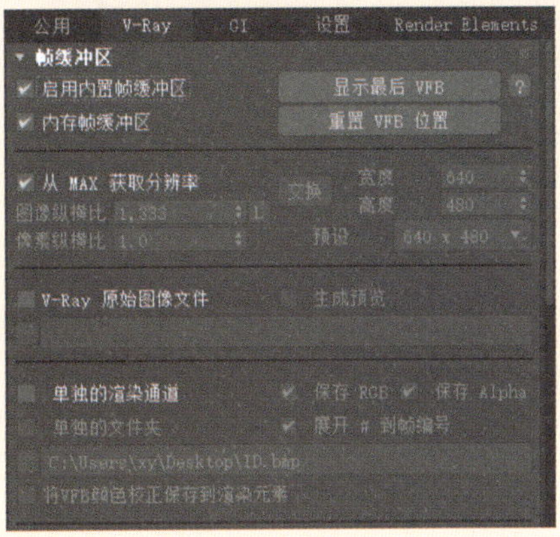


图 9-56

**03** 打开“全局开关”卷展栏，设置“二次光线偏移”为0.001，防止重面，如图9-57所示。

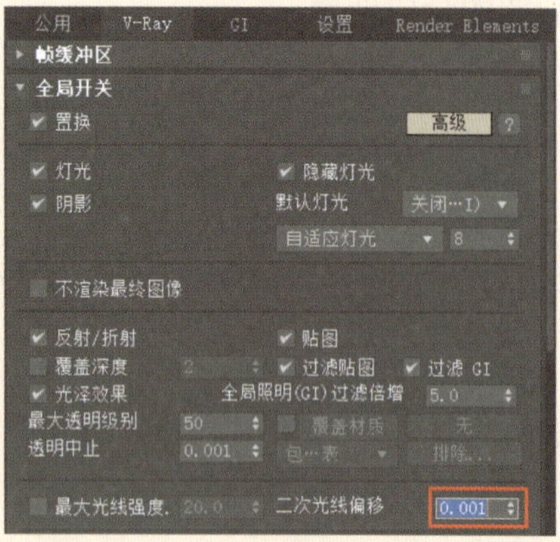


图 9-57

**04** 打开“图像采样器(抗锯齿)”卷展栏，设置“类型”为“渲染块”，选择“过滤器”为“Catmull-Rom”，设置“最大细分”为12，“噪波阈值”为0.006，如图9-58所示。

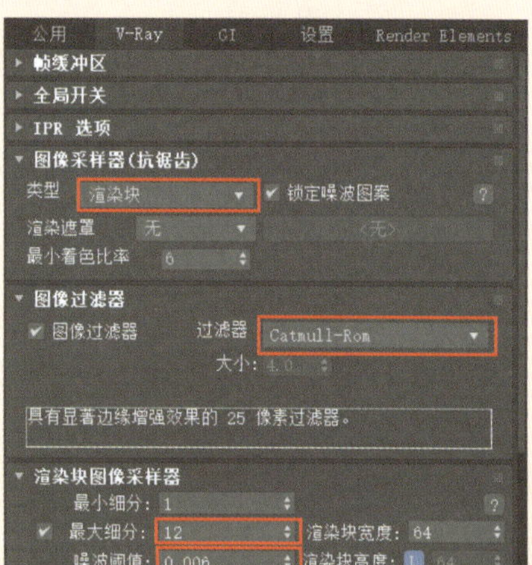


图 9-58

**05** 切换到“GI”选项卡，打开“发光贴图”卷展栏，设置“当前预设”为“中”、“细分”为50、“插值采样”为30，如图9-59所示。

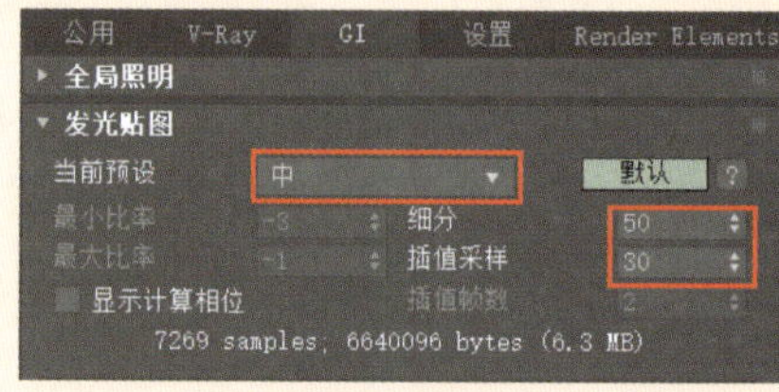


图 9-59

**06** 打开“灯光缓存”卷展栏，设置“细分”为1200、“采样大小”为0.02，勾选“显示计算相位”复选框，如图9-60所示。

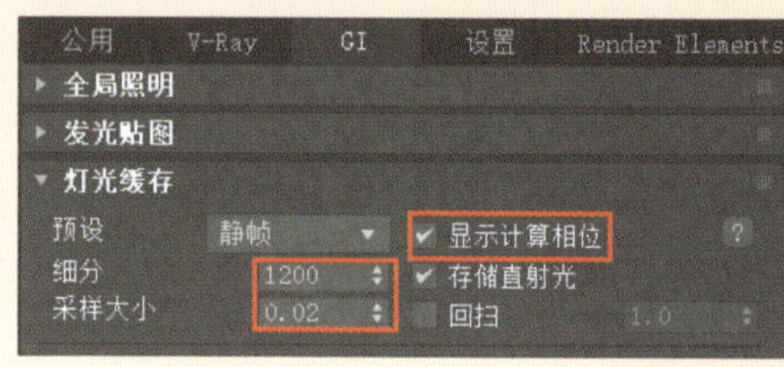


图 9-60

**07** 切换到“Render Elements”选项卡，单击“添加”按钮，在“渲染元素”对话框中选择“渲染ID”，单击“确定”按钮，设置要渲染的ID通道图，如图9-61所示。

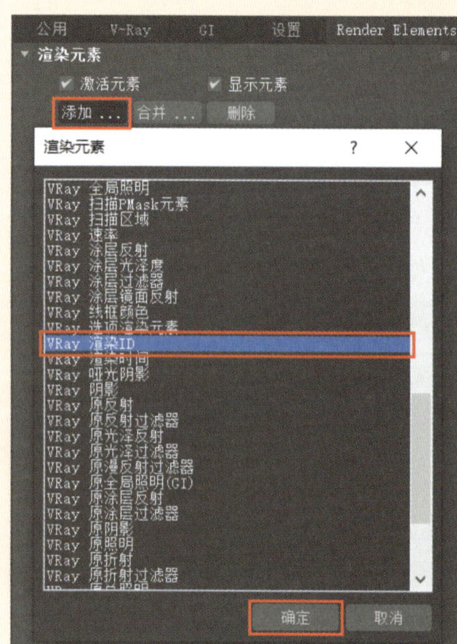


图 9-61

## 9.5.3 保存渲染图像

**渲染参数设置好后，下面开始渲染最终图像。**

**01** 切换到摄影机视图，按快捷键Shift+Q渲染场景，如图9-62所示。

图 9-62

**02** 因为VRay帧缓冲区和3ds Max默认的缓冲区的Gamma值是不匹配的，所以单击主工具栏中的“视图”菜单→“显示颜色空间”→“sRGB”命令，校正Gamma值，如图9-63所示，校正后的效果如图9-64所示。

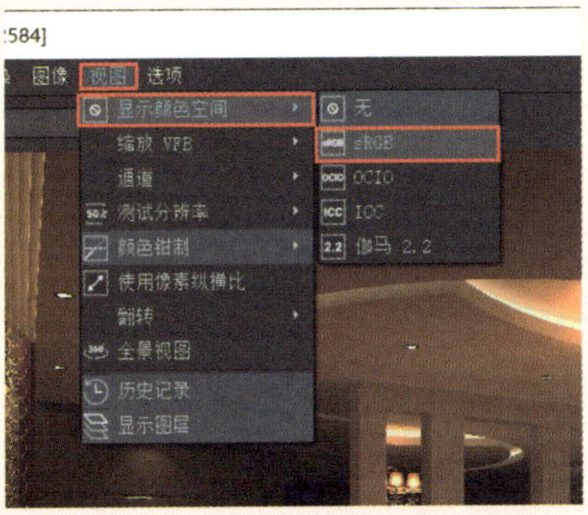


图 9-63

图 9-64

**03** 单击“渲染帧窗口”上的“保存图像”按钮保存最终效果，将文件保存为TIF格式，如图9-65所示。

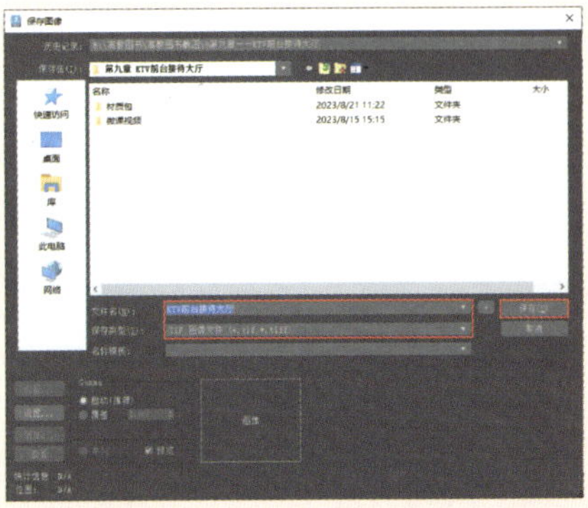

图 9-65

**04** 系统会弹出“TIF图像控制”对话框，选择“16位彩色”，如图9-66所示。

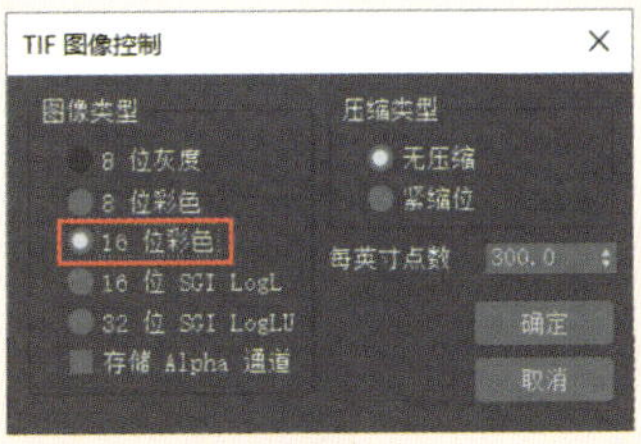


图 9-66

**05** 单击“确定”按钮保存ID通道，将其保存为BMP格式，如图9-67所示，保存后的效果如图9-68所示。

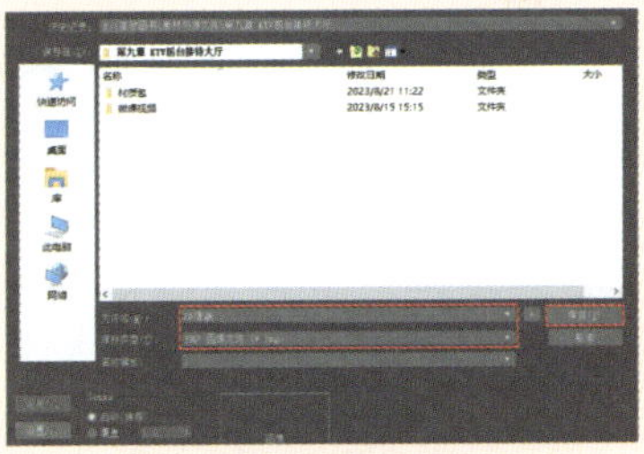

图 9-67

图 9-68

# 9.6 后期处理

**01** 在Photoshop中打开前面保存的“前台接待大厅效果表现.tif”如图9-69所示。

图 9-69

**02** 在“背景”图层上右击，在弹出的快捷菜单中，选择“复制图层”，单击“确定”按钮，系统会自动复制一个图层，如图9-70所示。

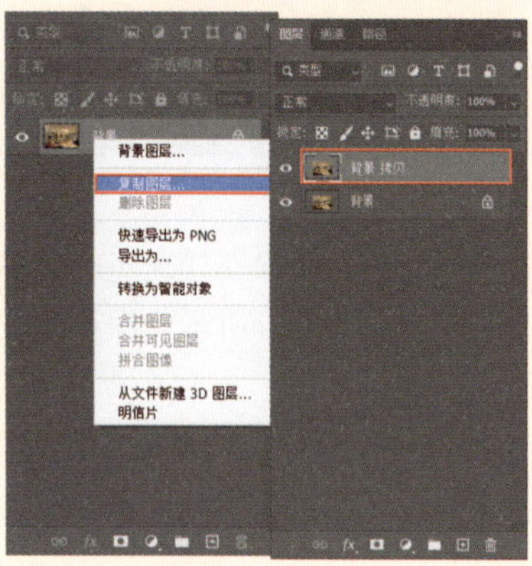


图 9-70

**03** 单击“创建新的填充或调整图层”按钮，选择“曝光度”，如图9-71所示。

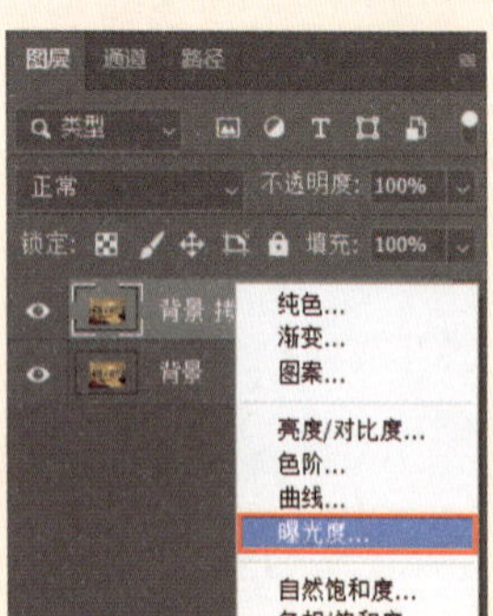


图 9-71

**04** 系统弹出“曝光度”的“属性”面板，调整“曝光度”为0.25，适当增加曝光，如图9-72所示。

图 9-72

**05** 因为渲染图比较灰，所以为效果图添加“色阶”调整图层，用于调整图像的层次感，具体参数设置如图9-73所示，调整后的效果如图9-74所示。

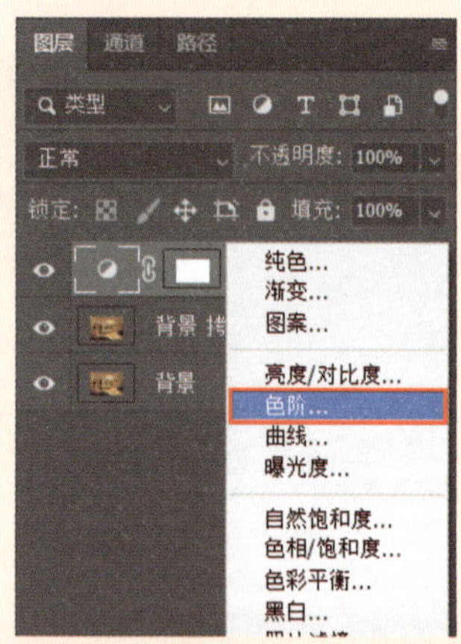


图 9-73

微课：后期处理

图 9-74

**06** 观察图9-74，图像的层次感已经很突出了，整个场景的空间感也有了，但是饱和度过高。为效果图添加“色相/饱和度”调整图层，用于调整饱和度，如图9-75所示。具体调整参数如图9-76所示。

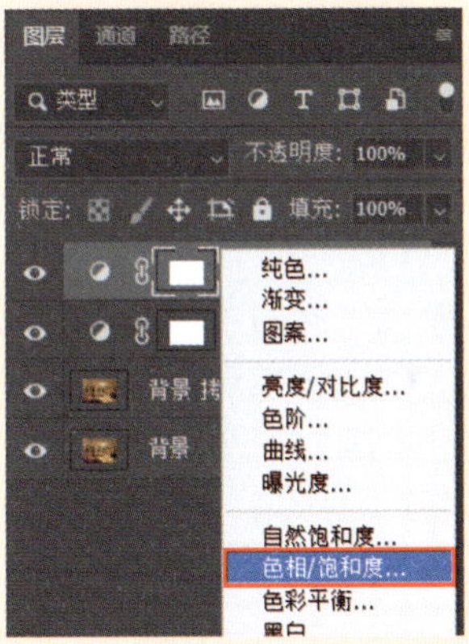


图 9-75

图 9-76

**07** 按快捷键Ctrl+Shift+Alt+E，将目前的效果盖印到一张新图层上，如图9-77所示。

图 9-77

**08** 下面，使用ID通道图来进行细调。将“ID通道.bmp”文件拖曳到Photoshop软件中，调整好位置，如图9-78所示。

图 9-78

**09** 可以考虑让场景中的红布沙发颜色更深一点。保持选中“图层2”，激活“魔棒工具”，选中红布沙发，如图9-79所示。

图 9-79

**10** 选中“图层1”，然后为其增加一个“色相/饱和度”调整图层，在“属性”面板中调整“饱和度”为15，降低“明度”为-12，此时的效果如图9-80所示。此时可以看出，红布沙发的颜色更深了，但是周围场景的效果并没有发生变化，这就是通过ID通道图来精确地对特定对象进行调整的方法。

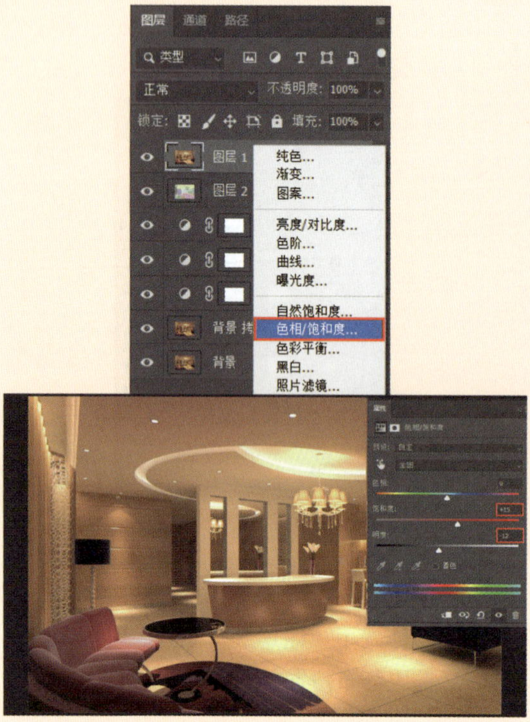


图 9-80

**11** 因为天花板吊顶处的曝光太强了，所以用同样的方法选中天花板曝光的地方，然后为其添加一个“曝光度”调整图层，具体参数设置如图9-81所示，适当降低曝光度。

图 9-81

**12** 同理，可以增加天花的亮度。用同样的方法选中天花，然后为其添加一个“曲线”调整图层，调整亮度，如图9-82所示。

图 9-82

**13** 选择最上方的图层，按快捷键Ctrl+Shift+Alt+E盖印图层，如图9-83所示，然后为其添加一个“照片滤镜”调整图层，如图9-84所示，然后在“属性”面板中选择“Colling Filter(82)”，设置“浓度”为10%，适当地中和一下黄色调，避免场景效果过于偏黄，如图9-85所示。

图 9-83

图 9-84

图 9-85

14 此时，前台接待大厅的后期处理已经完成，最终效果图如图9-86所示。

图 9-86

## 9.7 知识与技能梳理

本章主要讲解了室内大厅效果图的表现方法，通过本章，读者能够根据场景的需求来设置灯光。需注意，有些时候，为了获得更好的渲染效果，不一定要完全按照物理世界中的灯光来进行设置，即作图首先要遵循真实原则，但是也要学会灵活处理，并且后期处理对效果图的制作也是非常重要的。

## 9.8 课后练习

在完成上述前台接待大厅表现的案例示范后，请读者试着进行下面的扩展训练，制作博物馆门厅，效果如图9-87所示。

图 9-87

# 数字影像处理职业技能等级标准

数字影像处理职业技能等级分为初级、中级、高级，3个级别依次递进，高级别涵盖低级别职业技能要求。

数字影像处理（初级）：能够采集来自不同介质的数字影像，可对数字影像进行管理、备份和安全存储。能对数字影像进行初步校正和修饰，能分离和重组影像内容元素，能增强图像视觉效果，能输出符合不同介质规范要求的图像文档。可面向电商展示、网络媒体、企业宣传、影视动漫、平面设计、界面设计、游戏美术等图像处理领域。

数字影像处理（中级）：能够熟练掌握影像处理的技术要领，清晰识别不同商业应用领域的标准要求，熟练应用美学及处理规范，精确把握对象形态，深度处理图像的光感、质感和色感，有效营造图像的影调风格，大幅提升图像的整体观感。可面向广告宣传、时尚媒介、人物写真、电商展示、网络媒体、企业宣传、影视动漫、平面设计、界面设计、游戏美术等图像处理领域。

数字影像处理（高级）：能够清晰突出主体调性，精准合成虚拟场景，有效组织创作要素，熟练控制创作过程，全面提升画面的表现力和精致度，并具备处理大型商业项目的综合能力。可面向品牌宣传、数字合成、艺术创作、VR、广告宣传、时尚媒介、人物写真、电商展示、网络媒体、企业宣传、影视动漫、平面设计、界面设计、游戏美术等图像处理领域。

本标准主要面向数字艺术设计行业、摄影及平面设计领域的数字影像处理职业岗位，主要完成各类媒体图像处理、企业宣传图像处理、电商宣传图像处理、平面设计图像处理、广告产品图像处理、各类商业人像图像处理、广告合成、游戏场景合成、3D贴图制作、商业图库修图、数字图像修复等工作。

参加数字影像处理职业技能等级水平考核，成绩合格，可核发数字影像处理职业技能等级证书。

登录“良知塾”官网，了解1+X数字影像处理相关课程。

良知塾 1+X 职业技能课程介绍

## 郑重声明

高等教育出版社依法对本书享有专有出版权。任何未经许可的复制、销售行为均违反《中华人民共和国著作权法》，其行为人将承担相应的民事责任和行政责任；构成犯罪的，将被依法追究刑事责任。为了维护市场秩序，保护读者的合法权益，避免读者误用盗版书造成不良后果，我社将配合行政执法部门和司法机关对违法犯罪的单位和个人进行严厉打击。社会各界人士如发现上述侵权行为，希望及时举报，我社将奖励举报有功人员。

反盗版举报电话 （010）58581999 58582371

反盗版举报邮箱 dd@hep.com.cn

通信地址 北京市西城区德外大街4号

高等教育出版社知识产权与法律事务部

邮政编码 100120

读者意见反馈

为收集对教材的意见建议，进一步完善教材编写并做好服务工作，读者可将对本教材的意见建议通过如下渠道反馈至我社。

咨询电话 400-810-0598

反馈邮箱 gjdzfwb@pub.hep.cn

通信地址 北京市朝阳区惠新东街4号富盛大厦1座

高等教育出版社总编辑办公室

邮政编码 100029

资源服务提示

授课教师如需获得本书配套的PPT课件、案例素材、习题答案等教学资源，请登录"高等教育出版社产品信息检索系统"（xuanshu.hep.com.cn）搜索下载，首次使用本系统的用户，请先进行注册并完成教师资格认证。